高等院校课程设计案例精编

Java程序设计与开发经典课堂

金松河　钱慎一　主编

清華大学出版社
北 京

内容简介

本书遵循“理论够用，重在实践”的原则，由浅入深地对Java程序设计语言进行了全面地讲解。通过100多个实例将理论与实践相结合，帮助读者轻松掌握Java语言编程方法。

本书共14章，主要内容包括Java程序的运行与开发环境、Java语言基本语法、面向对象编程方法，Java类的定义、成员变量与成员方法、构造方法、Java对象的生成与使用、方法参数传递、访问控制、继承与多态性、常用类和接口、异常处理、图形用户界面设计、常用Swing组件、输入/输出流、多线程编程、数据库编程、网络编程等。最后还通过一个实际开发项目对全书知识进行了综合应用，使读者不仅可以温故知新，还能提高Java语言的综合编程能力。

本书体系结构合理，内容选择得当，图文并茂、浅显易懂，适合作为本专科院校相关专业的教材，也可作为社会培训机构的首选教材，还可以作为Java程序设计自学者和编程爱好者的入门指导用书。

图书在版编目(CIP)数据

Java程序设计与开发经典课堂 / 金松河，钱慎一主编. —北京：清华大学出版社，2020.8（2023. 8重印）
高等院校课程设计案例精编
ISBN 978-7-302-55647-3

Ⅰ. ①J… Ⅱ. ①金… ②钱… Ⅲ. ①JAVA语言—程序设计—课程设计—高等学校—教学参考资料
Ⅳ. ①TP312.8

中国版本图书馆CIP数据核字（2020）第101115号

责任编辑：李玉茹
封面设计：张　伟
责任校对：王明明
责任印制：杨　艳
出版发行：清华大学出版社
网　　址：http://www.tup.com.cn，http://www.wqbook.com
地　　址：北京清华大学学研大厦A座　　邮　　编：100084
社 总 机：010-83470000　　邮　　购：010-62786544
投稿与读者服务：010-62776969，c-service@tup.tsinghua.edu.cn
质量反馈：010-62772015，zhiliang@tup.tsinghua.edu.cn
印 装 者：三河市铭诚印务有限公司
经　　销：全国新华书店
开　　本：185mm×260mm　　印　　张：22　　字　　数：532千字
版　　次：2020年8月第1版　　印　　次：2023年8月第4次印刷
定　　价：79.00元

产品编号：087143-01

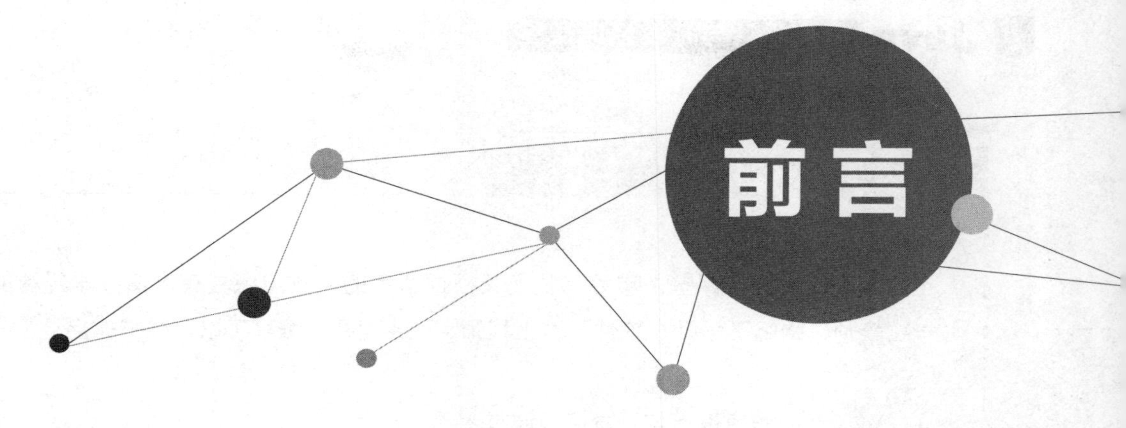

前言

为什么要学这些课程

随着科技的飞速发展，计算机行业发生了翻天覆地的变化，硬件产品不断更新换代，应用软件也得到了长足发展，应用软件不仅拓宽了计算机系统的应用领域，还促进了硬件功能的提高。那些用于开发应用软件的基础编程语言便成了人们争相学习掌握的热门语言，如3D打印、自动驾驶、工业机器人、物联网等人工智能都离不开这些基础编程语言的支持。

问：学计算机组装与维护的必要性？

答：计算机硬件设备正朝着网络化、微型化、智能化方向发展，不仅计算机本身的外观、性能、价格越来越亲民，而且它的信息处理能力也将更强大。计算机组装与维护是一门追求动手能力的课程，读者不仅要掌握理论知识，还要在理论的指导下亲身实践。掌握这门技能后，将为后期的深入学习奠定良好的基础。

问：一名合格的程序员应该学习哪些语言？

答：一名合格的程序员需要学习的程序语言包含C#、Java、C++、Python等，要是能成为一个多语言开发人员将是十分受欢迎的。学习一门语言或开发工具，语法结构、功能调用是次要的，最主要是学习它的思想，有了思想，才可以触类旁通。

问：学网络安全有前途吗？

答：目前，网络和IT已经深入到日常生活和工作当中，网络速度飞跃式的增长和社会信息化的发展，突破了时空的障碍，使信息的价值不断提高。与此同时，网页篡改、计算机病毒、系统非法入侵、数据泄密、网站欺骗、漏洞非法利用等信息安全事件时有发生，这就要求有更多的专业人员去维护。

问：没有基础如何学好编程？

答：其实，最重要的原因是你想学！不论是作为业余爱好还是作为职业，无论是有基础还是没有基础，只要认真去学，都会让你很有收获。需要强调的是，要从基础理论知识学起，只有深入理解这些概念（如变量、函数、条件语句、循环语句等）的语法、结构，吃透列举的应用示例，才能建立良好的程序思维，做到举一反三。

经典课堂系列新成员

继设计类经典课堂上市后，我们又根据读者的需求组织具有丰富教学经验的一线教师、网络工程师，软件开发工程师、IT经理共同编写了以下图书作品：

√《Java程序设计与开发经典课堂》
√《C#程序设计与开发经典课堂》
√《ASP.NET程序设计与开发经典课堂》
√《SQL Server数据库开发与应用经典课堂》
√《Oracle数据库管理与应用经典课堂》
√《计算机组装与维护经典课堂》
√《局域网组建与维护经典课堂》
√《计算机网络安全与管理经典课堂》
……

系列图书主要特点

结构合理，从课程教学大纲入手，从读者的实际需要出发，内容由浅入深，循序渐进逐步展开，具有很强的针对性。

用语通俗，在讲解过程中安排更多的示例进行辅助说明，理论联系实际，注重其实用性和可操作性，以使读者快速掌握知识点。

易教易学，每章最后都安排了针对性的练习题，读者在学习前面知识的基础上，可以自行跟踪练习，同时也达到了检验学习效果的目的。

配套齐全，包含了图书中所有的代码及实例，读者可以直接参照使用。同时，还包含了书中典型案例的视频录像，这样读者便能及时跟踪模仿练习。

获取同步学习资源

本书由金松河、钱慎一编写。同时，感谢清华大学出版社的所有编审人员为本书的出版所付出的辛勤劳动，感谢郑州轻工业大学教务处的大力支持。在编写过程中力求严谨细致，由于水平有限，书中难免会有不妥和疏漏之处，恳请广大读者给予批评指正。

本书配套教学资源请扫描此二维码获取：

素材文件

课件

适用读者群体

- 本专科院校的老师和学生。
- 相关培训机构的老师和学员。
- 步入相关工作岗位的“菜鸟”。
- 程序测试及维护人员。
- 程序开发爱好者。
- 初中级数据库管理员或程序员。

目录

CONTENTS

第 1 章　零起步学 Java

第 2 章　Java 基础语法详解

第 3 章　面向对象编程准备

第 9 章 Swing 组件详解

第 10 章 I/O 处理详解

第 11 章 多线程技术详解

第 12 章 数据库编程详解

第 13 章 网络编程技术详解

第 14 章 即时聊天系统

第1章 零起步学Java

内容概要

Java 是一种可以编写跨平台应用程序的面向对象程序设计语言。本章将对 Java 语言的发展历史、运行机制、开发环境，以及如何编译和执行 Java 应用程序等内容进行介绍。通过本章的学习，读者将会对 Java 语言有一个初步的了解，并能够顺利地搭建 Java 应用程序的运行开发环境。

学习目标

- ◆ 了解 Java 语言的发展历程
- ◆ 了解 Java 语言的特点
- ◆ 理解 Java 的工作原理
- ◆ 掌握 Java 开发环境的搭建

课时安排

- ◆ 理论学习 1 课时
- ◆ 上机操作 1 课时

1.1 Java 语言的发展历史和特点

1. Java 语言的发展历史

Java 语言的历史要追溯到 1991 年，当时美国 Sun 公司的 Patrick Naughton 及其伙伴 James Gosling 带领的工程师小组（Green 项目组）准备研发一种能够应用于智能家电（如电视机、电冰箱）的小型语言。由于家电设备的处理能力和内存空间都很有限，所以要求这种语言必须非常简练且能够生成非常紧凑的代码。同时，由于不同的家电生产商会选择不同的中央处理器（CPU），因此还要求这种语言不能与任何特定的体系结构捆绑在一起，也就是说必须具有跨平台能力。

项目开始时，项目组首先从改写 C/C++ 语言编译器着手，但是在改写过程中感到仅仅使用 C 语言无法满足需要，而 C++ 语言又过于复杂，安全性也差，无法满足项目设计的需要。于是项目组从 1991 年 6 月开始研发一种新的编程语言，并命名为 Oak，但后来发现 Oak 已被另一个公司注册，于是又将其改名为 Java，并配了一杯冒着热气的咖啡图案作为它的标志。

1992 年，Green 项目组发布了它的第一个产品，称之为“*7”。该产品具有非常智能的远程控制。遗憾的是当时的智能消费型电子产品市场还很不成熟，没有一家公司对此感兴趣，该产品以失败而告终。到了 1993 年，Sun 公司重新分析市场需求，认为网络具有非常好的发展前景，而且 Java 语言似乎非常适合网络编程，于是就将 Java 语言的应用背景转向了网络市场。

1994 年，在 James Gosling 的带领下，项目组采用 Java 语言开发了功能强大的 HotJava 浏览器。为了炫耀 Java 语言的超强能力，项目组让 HotJava 浏览器具有执行网页中内嵌代码的能力，为网页增加了“动态的内容”。这一“技术印证”在 1995 年的 SunWorld 上得到了展示，同时引发了人们延续至今的对 Java 语言的狂热追逐。

1996 年，Sun 公司发布了 Java 的第 1 个版本 Java 1.0，但它不能用来进行真正的应用开发，后来的 Java 1.1 弥补了其中大部分明显的缺陷，大大改进了反射能力，并为 GUI 编程增加了新的事件处理模型。

1998 年，Sun 公司发布了 Java 1.2 版，这个版本取代了早期玩具式的 GUI，并且它的图形工具箱更加精细而且具有较强的可伸缩性，更加接近“一次编写，随处运行”的承诺。

1999 年，Sun 公司发布 Java 三个版本：标准版（J2SE）、企业版（J2EE）和微型版（J2ME）。

2005 年，Sun 公司发布 Java SE 6。此时，Java 的各种版本已经更名，取消了其中的数字 2。J2EE 更名为 Java EE，J2SE 更名为 Java SE，J2ME 更名为 Java ME。

2010 年，Sun 公司被 Oracle 公司收购，交易金额达到 74 亿美元。

2011 年，Oracle 公司发布 Java 7.0 正式版。

2014 年，Oracle 公司发布 Java SE 8 正式版。

目前 Java SE 最新开发包是 Oracle 公司于 2018 年发布的 JDK 10.0.2。

本书主要介绍的是 Java SE，也就是 Java 标准版。

2. Java 语言的特点

Java 语言的特点与其发展历史是紧密相关的。它之所以能够受到如此多的好评以及拥有如此迅猛的发展速度，与其语言本身的特点是分不开的。其主要特点总结如下。

1）简单性

Java 语言是在 C++ 语言的基础上进行简化和改进的一种新型编程语言，它去掉了 C++ 中最难正确应用的指针和最难理解的多重继承技术等内容，因此，Java 语言具有功能强大和简单易用两个特征。

2）面向对象性

Java 语言是一种新的编程语言，没有兼容面向过程编程语言的负担，因此 Java 语言和 C++ 相比，其面向对象的特性更加突出。

Java 语言的设计集中于对象及其接口，它提供了简单的类机制及动态的接口模型。与其他面向对象的语言一样，Java 具备继承、封装及多态等核心技术，更提供了一些类的原型，程序员可以通过继承机制实现代码的复用。

3）分布性

Java 从诞生之日起就与网络联系在一起，它强调网络特性，从而使之成为一种分布式程序设计语言。Java 语言包括一个支持 HTTP 和 FTP 等基于 TCP/IP 协议的子库，它提供一个 Java.net 包，通过它可以完成各种层次上的网络连接。因此 Java 语言编写的应用程序可以凭借 URL 打开并访问网络上的对象，其访问方式与访问本地文件系统几乎完全相同。Java 语言的 Socket 类提供可靠的流式网络连接，使程序设计者可以非常方便地创建分布式应用程序。

4）平台无关性

借助于 Java 虚拟机（JVM），使用 Java 语言编写的应用程序不需要进行任何修改，就可以在不同的软、硬件平台上运行。

5）安全性

安全性可以分为四个层面，即语言级安全性、编译时安全性、运行时安全性、可执行代码安全性等。语言级安全性指 Java 的数据结构是完整的对象，这些封装过的数据类型具有安全性。编译时要进行 Java 语言和语义的检查，保证每个变量对应一个相应的值，编译后生成 Java 类。运行时，Java 类需要载入类加载器，并经由字节码校验器校验之后才可以运行。Java 类在网络上使用时，对它的权限进行了设置，保证了被访问用户的安全性。

6）多线程

多线程机制使应用程序能够并行执行，通过使用多线程，程序设计者可以分别用不同的线程完成特定的行为，而不需要采用全局的事件循环机制，这样就很容易实现网络上的实时交互行为和实时控制性能。

大多数高级语言（包括 C、C++ 等）都不支持多线程，用它们只能编写顺序执行的程序（除非有操作系统 API 的支持）。而 Java 却内置了语言级多线程功能，提供了现成的 Thread 类，只要继承这个类就可以编写多线程的程序，使用户程序并行执行。Java 提供的同步机制可保证各线程对共享数据的正确操作，完成各自的特定任务。在硬件条件允许的情况下，这些线程可以直接分布到各个 CPU 上，充分发挥硬件性能，减少用户等待的时间。

7）自动废区回收性

在用 C 及 C++ 编写大型软件时，编程人员必须自己管理所用的内存块，这项工作非常困难并往往成为出错和内存不足的根源。在 Java 环境下，编程人员不必为内存管理操心，Java 语言系统有一个叫做“无用单元收集器”的内置程序，它扫描内存，并自动释放那些不再使用的内存块。Java 语言的这种自动废区收集机制，对程序不再引用的对象自动取消其所占资源，彻底消除了存储器泄露之类的错误，并免去了程序员管理存储器的繁琐工作。

1.2 Java 程序的运行机制

Java 语言比较特殊，其编写的程序需要经过编译步骤，但这个编译步骤不会产生特定平台的机器码，而是生成一种与平台无关的字节码（也就是 .class 文件），这种字节码不是可执行性的，必须使用 Java 解释器来解释执行，也就是需要通过 Java 解释器将字节码转换为本地计算机可执行的机器代码。

Java 语言里负责解释执行字节码文件的是 Java 虚拟机，即 Java Virtual Machine（JVM）。JVM 是可以运行 Java 字节码文件的虚拟计算机，所有平台上的 JVM 向编译器提供相同的编程接口，而编译器只需要面向虚拟机，生成虚拟机能理解的代码，然后由虚拟机来解释执行。不同平台上的 JVM 都是不同的，但他们都提供了相同的接口。JVM 是 Java 程序跨平台的关键部分，只要为不同的平台实现了相应的虚拟机，编译后的 Java 字节码就可以在该平台上运行。

Java 虚拟机执行字节码的过程由一个循环组成，它不停地加载程序，进行合法性和安全性检测，以及解释执行，直到程序执行完毕（包括异常退出）。

Java 虚拟机首先从后缀为 .class 的文件中加载字节码到内存中，接着在内存中检测代码的合法性和安全性。例如，检测 Java 程序用到的数组是否越界、所要访问的内存地址是否合法等，然后解释执行通过检测的代码，并根据不同的计算机平台将字节码转化成为相应的机器代码，再交给相应的计算机执行。如果加载的代码不能通过合法性和安全性检测，则 Java 虚拟机执行相应的异常处理程序。Java 虚拟机不停地执行这个过程直到程序执行结束。Java 程序的运行机制和工作原理如图 1-1 所示。

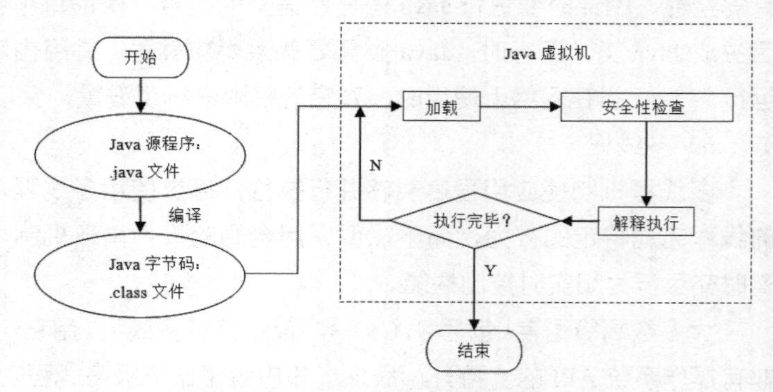

图 1-1　Java 程序的运行机制和工作原理

1.3 Java开发环境的建立

经过前面几节的介绍，相信读者已经对 Java 语言的特点、运行机制等有了一定的了解，本节将详细介绍如何在本地计算机上搭建 Java 程序的开发环境。

1.3.1 JDK的安装

JDK（Java Development Kit）是 Oracle 公司发布的免费的 Java 开发工具，它提供了调试及运行一个 Java 程序所有必需的工具和类库。在正式开发 Java 程序前，需要先安装 JDK。JDK 的最新版本可以到 http://www.oracle.com/technetwork/java/javase/downloads/index.html 上免费下载。目前 JDK 最新版本是 Oracle 公司于 2018 年 3 月发布的 JDK 10 正式版。根据运行时所对应的操作系统，JDK 10 可以划分为 for Windows、for Linux 和 for MacOS 等不同版本。

说明：从 2018 年开始，JDK 的发布周期由以前的数年一个大版本变化为 6 个月一个小版本。目前，业界使用最多的仍是 JDK 6、JDK 7、JDK 8 三个版本。本书实例基于的 Java SE 平台是 JDK 8 for Windows。

下面就以 JDK 8 for Windows 为例，来介绍它的安装和配置。

（1）通过网址 http://www.oracle.com/technetwork/java/javase/downloads/index.html 进入 Java SE 下载页面，可以找到最新版本的 JDK，如图 1-2 所示。

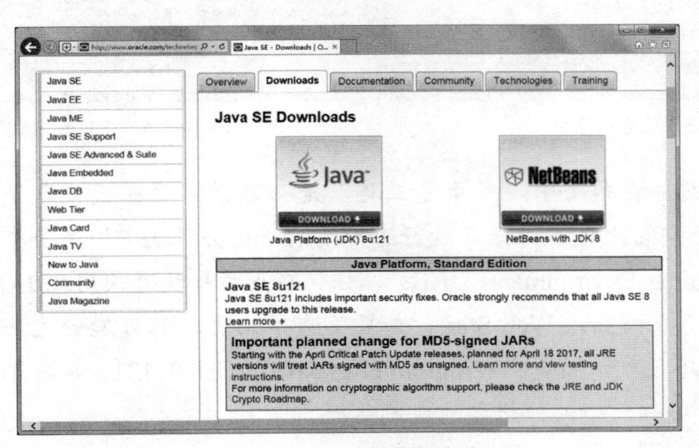

图 1-2　Java SE 下载页面

（2）单击 Java Platform（JDK）8u121 上方的 DOWNLOAD 按钮，打开 Java SE 下载列表页面，其中包括 Windows、Solaris 和 Linux 等平台的不同环境 JDK 的下载，如图 1-3 所示。

（3）在下载之前，选中 Accept License Agreement 单选按钮，接受许可协议。由于本书中使用的是 64 位版本的 Windows 操作系统，因此需要选择与平台对应的 Windows x64 类型的 jdk-8u121-windows-x64.exe 超链接，进行 JDK 的下载，如图 1-4 所示。

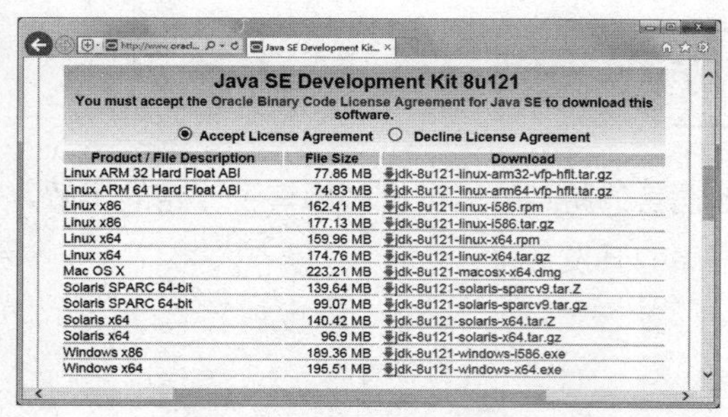

图 1-3　Java SE 下载列表页面

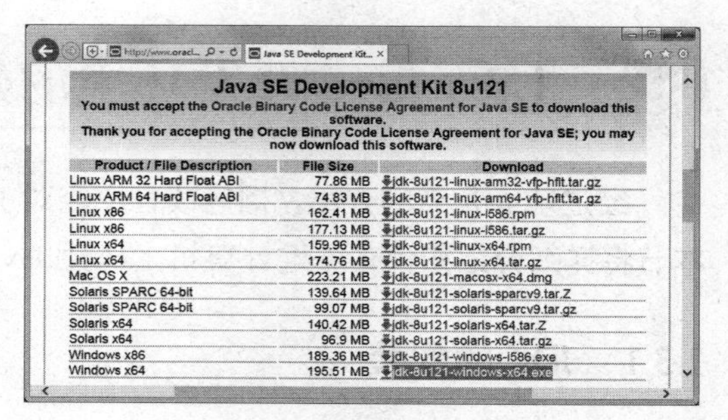

图 1-4　JDK 下载页面

（4）下载完成后，在计算机硬盘中可以发现一个名称为 jdk-8u121-windows-x64.exe 的可执行文件，双击该文件，将会弹出 JDK 安装程序的“欢迎”对话框，如图 1-5 所示。

（5）单击“下一步”按钮，进入“定制安装”界面，可以选择要安装的模块和路径，如图 1-6 所示。

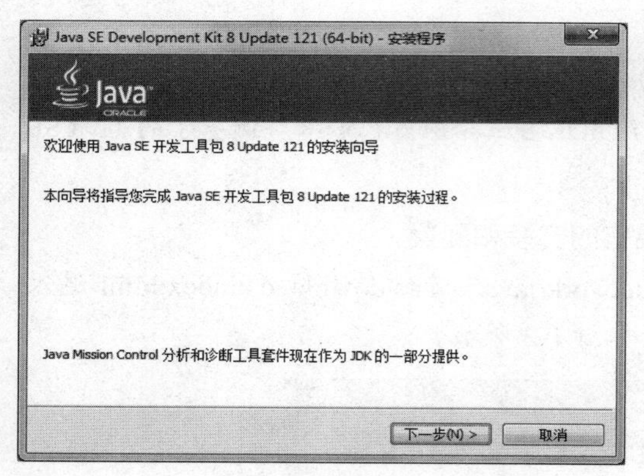

图 1-5　欢迎对话框

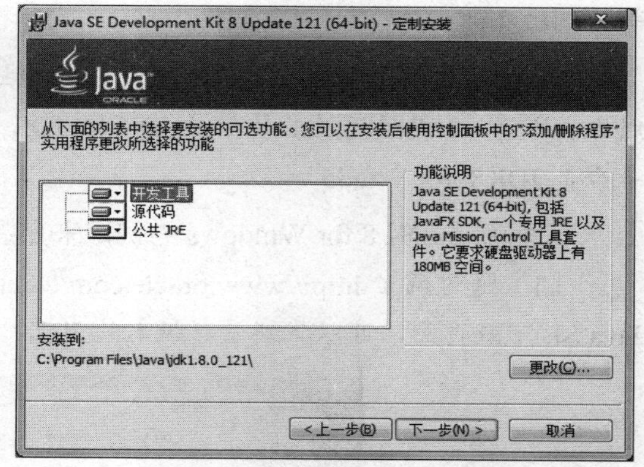

图 1-6　“定制安装”界面

注意：在上述安装界面中，“开发工具”是必选的，“源代码”是给开发者作参考的，如果硬盘剩余空间比较多的话，最好选择安装；“公共 JRE”是一个独立的 Java 运行时环境（Java Runtime Environment，JRE），任何应用程序均可使用此 JRE，它会向浏览器和系统注册 Java 插件和 Java Web Start，如果不选择此项，IE 可能会无法运行 Java 编写的 Applet 程序。安装路径默认的是 C:\Program Files\Java\jdk1.8.0_121，如果需要更改安装路径，可以单击“更改”按钮，输入你想要的安装路径。

（6）单击“下一步”按钮，进入“进度”界面，如图 1-7 所示，可以了解 JDK 安装进度。

（7）JDK 安装完毕后，自动进入自定义安装 JRE 界面，如图 1-8 所示。通过此界面可以选择 JRE 的安装模块和路径，通常情况下，不需要用户修改这些默认选项。默认的安装路径是 C:\Program Files\Java\jre1.8.0_121，也可以通过单击“更改”按钮进行修改。

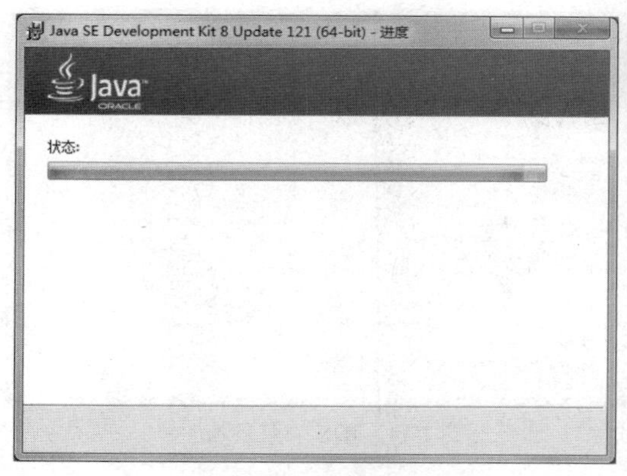

图 1-7　安装进度

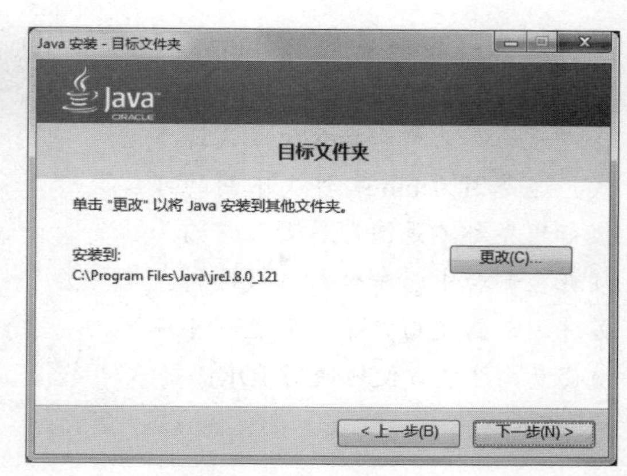

图 1-8　自定义安装 JRE

（8）单击“下一步”按钮，开始 JRE 的安装，如图 1-9 所示。

（9）JRE 安装结束后，自动进入安装完成界面，如图 1-10 所示。单击“关闭”按钮，完成安装。单击“后续步骤”按钮，可以访问教程、API 文档、开发人员指南等内容。在这里，直接单击“关闭”按钮，完成 JDK 的安装。

图 1-9　安装 JRE

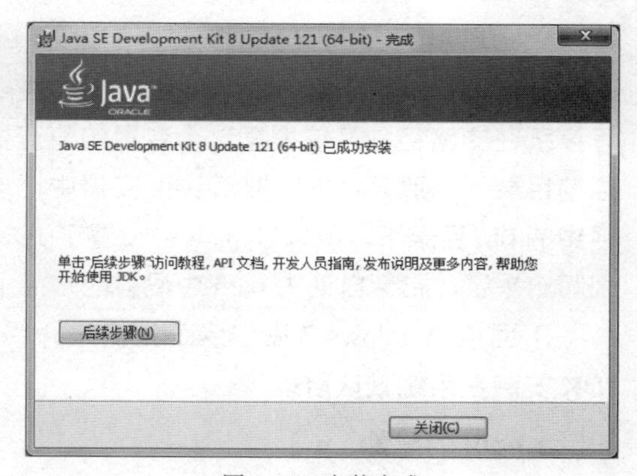

图 1-10　安装完成

JDK 安装完成后，会在安装目录下多出一个名称为 jdk1.8.0_121 的文件夹，打开该文件夹，如图 1-11 所示。

从图 1-11 中可以看出，JDK 安装目录下存在多个文件夹和文件，下面对其中一些比较重要的目录和文件进行简单介绍。

（1）bin 目录。JDK 开发工具的可执行文件，包括 java、javac、javadoc、appletviewer 等可执行文件。

（2）lib 目录。开发工具需要的附加类库和支持文件。

（3）jre。Java 运行环境，包含 Java 虚拟机、类库及其他文件，可支持执行用 Java 语言编写的程序。

（4）demo。带有源代码的 Java 平台编程示例。

（5）include。存放用于本地访问的文件。

（6）src.zip。Java 核心 API 类的源代码压缩文件。

注意：和一般的 Windows 程序不同，JDK 安装成功后，不会在“开始”菜单和桌面生成快捷方式。这是因为 bin 文件夹下面的可执行程序都不是图形界面，它们必须在控制台中以命令行方式运行。另外，还需要用户手工配置一些环境变量，才能方便地使用 JDK。

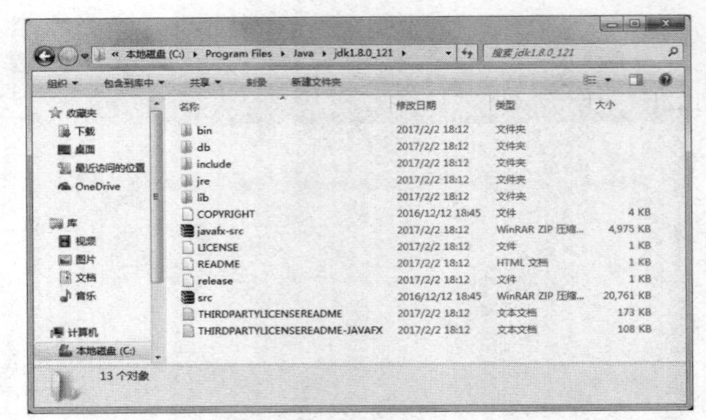

图 1-11　JDK 安装目录

1.3.2　系统环境变量的设置

环境变量是包含关于系统及当前登录用户的环境信息的字符串，一些程序使用此信息确定在何处放置和搜索文件。对于 Java 程序开发而言，主要会使用 JDK 的两个命令：javac.exe、java.exe，路径是 C:\Program Files\Java\jdk1.8.0_121\bin，但是它们不是 Windows 的命令，所以，要想使用此命令必须对其进行配置。和 JDK 相关的环境变量主要是 path 和 Classpath，JDK 1.5 以后，不设置 Classpath 也可以，所以此处只介绍 path。path 变量记录的是可执行程序所在的路径，系统根据这个变量的值查找可执行程序，如果待执行的可执行程序不在当前目录下，那就会依次搜索 path 变量中记录的路径；而 Java 的各种操作命令在其安装路径中的 bin 目录下，所以在 path 中设置了 JDK 的安装目录后就不用再把 Java 文件的完整路径写出来了，它会自动去 path 中设置的路径中寻找。

下面以 Windows 7 操作系统为例来介绍如何设置和 Java 有关的系统环境变量，假设 JDK 安装在系统默认目录下。

1.path 的配置

（1）右击“计算机”，在弹出的快捷菜单中选择“属性”选项，然后在打开的窗口中选择左侧导航栏里面的“高级系统设置”，弹出“系统属性”对话框，如图 1-12 所示。

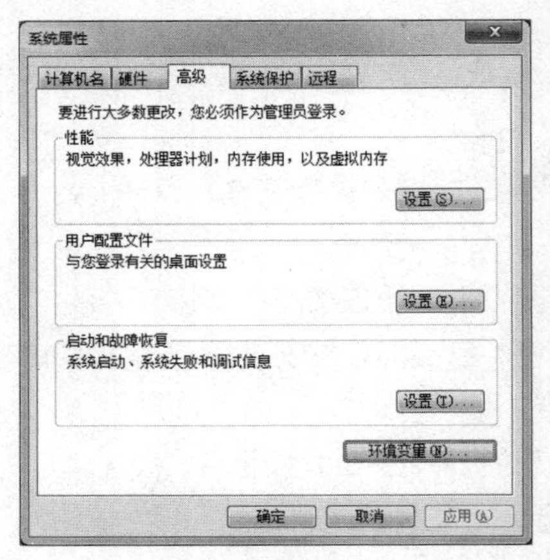

图 1-12　“系统属性”对话框

（2）单击“环境变量”按钮，弹出“环境变量”对话框，选中“系统变量”列表框中的 Path 变量，如图 1-13 所示。

（3）单击“系统变量”列表框下方的“编辑”按钮，弹出“编辑系统变量”对话框，对环境变量 Path 进行修改，如图 1-14 所示。

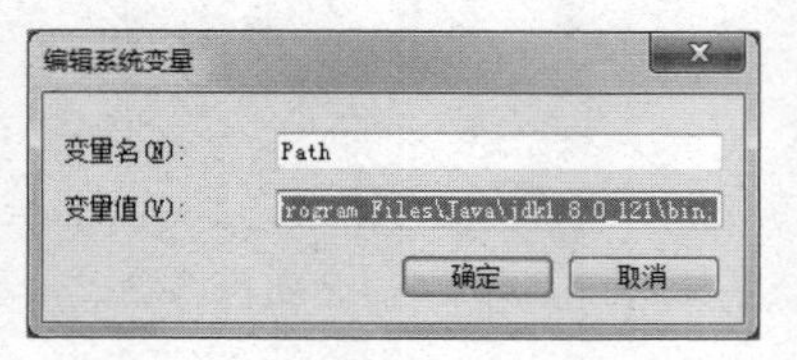

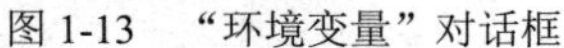

图 1-13 “环境变量”对话框　　图 1-14 “编辑系统变量”对话框

（4）在“变量值”的尾部添加“; C:\Program Files\Java\jdk1.8.0_121\bin;”，然后单击“确定”按钮，完成对 Path 环境变量的设置。

2. 测试环境变量配置是否成功

（1）按组合键 Win+R，在弹出的“运行”对话框中输入 cmd，如图 1-15 所示。

（2）单击“确定”按钮，打开 dos 命令行窗口，输入 javac 命令，然后按 Enter 键，出现图 1-16 所示的信息，表示环境变量配置成功。

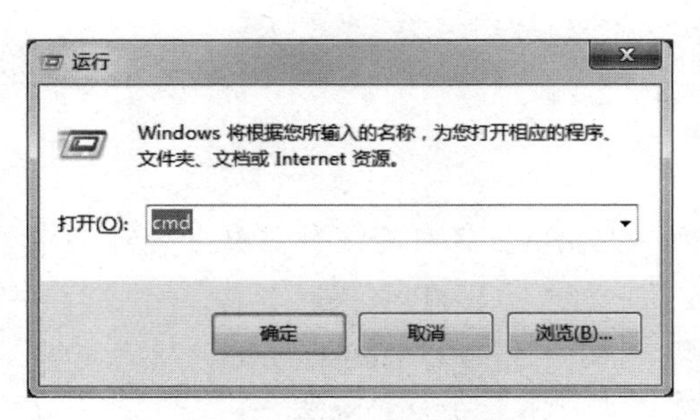

图 1-15 “运行”对话框

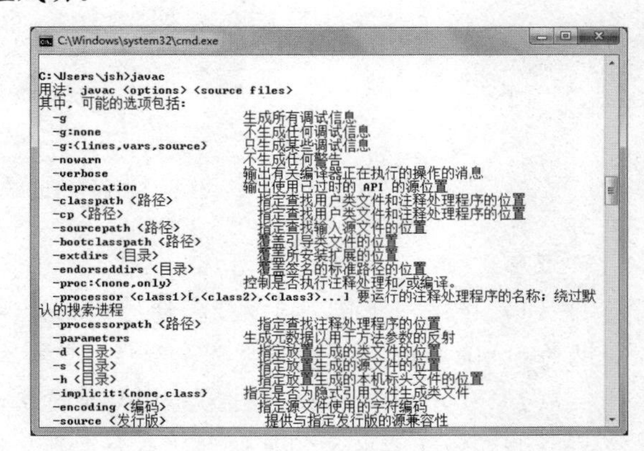

图 1-16 javac 命令执行结果

1.4 创建第一个 Java 应用程序

Java 开发环境建立好以后，就可以开始编写 Java 应用程序了。为了使读者对开发 Java 应用程序的步骤有一个初步的了解，本节将向读者展示一个完整的 Java 应用程序的开发过

程，并给出一些开发过程中应该注意的事项。

1.4.1 编写源程序

Java 源程序的编辑可以在 Windows 的记事本中进行，也可以在诸如 Edit Plus、Ultra Edit 之类的文本编辑器中进行，还可以在 Eclipse、NetBeans、JCreator、MyEclipse 等专用的开发工具中进行。

现在假设在记事本中进行源程序的编辑，启动记事本应用程序，在其窗口中输入如下程序代码：

```
public class HelloWorld {
    public static void main(String[] args) {
            System.out.println("Hello world!");
    }
}
```

程序代码输入完毕后，将该文件另存为 HelloWorld.java，“保存类型”选择“所有文件”，然后单击“保存”按钮，把文件保存到 D:\chapter1 文件夹中，如图 1-17 所示。

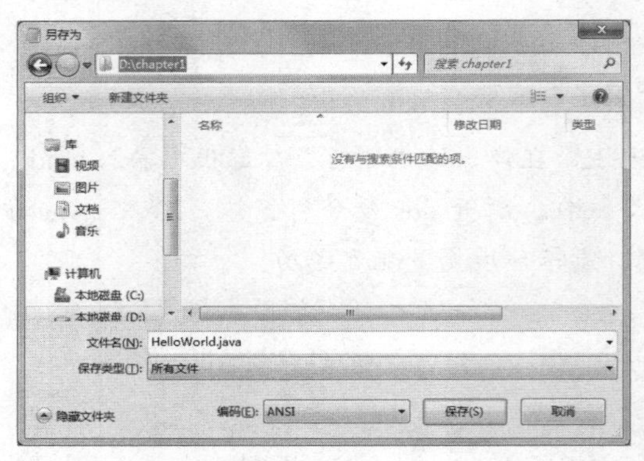

图 1-17 保存 HelloWorld.java 文件

注意：

（1）存储文件时，源程序文件的扩展名必须为 .java，且源程序文件名必须与程序中声明为 public class 的类的名字完全一致（包括大小写一致）。

（2）程序中的 public class HelloWorld 表示要声明一个名为 HelloWorld 的类，其中 class 是声明一个类必需的关键字。类由类头和类体组成，类体部分的内容由一对大括号括起来。类中不能嵌套声明其他类。类体内容包括属性和方法，具体内容将在第 4 章中介绍。

（3）Java 应用程序可以由若干类组成，每个类可以定义若干个方法，但必须有一个类中包含有一个且只能有一个 public static void main(String[] args) 方法，main 方法是所有 Java 应用程序执行的入口点，当运行 Java 应用程序时，将从 main 方法开始执行。

（4）System.out 是 Java 提供的标准输出对象，println 是该对象的一个方法，用于向屏幕输出。

1.4.2 编译和运行执行程序

JDK 所提供的开发工具主要有编译程序、解释执行程序、调试程序、Applet 执行程序、文档管理程序、包管理程序等，这些都是控制台程序，要以命令的方式执行。其中，编译程序和解释执行程序是最常用，它们都在 JDK 安装目录下 bin 文件夹中。

1．编译程序

JDK 的编译程序是 javac.exe，该命令将 Java 源程序编译成字节码，生成与类同名但扩展名为 .class 的文件。通常情况下，编译器会把 .class 文件放在和 Java 源文件相同的一个文件夹里，除非在编译过程中使用了 -d 选项。javac 的一般用法如下：

```
javac [ 选项…] file.java
```

其中，常用选项如下。

-classpath：该选项用于设置路径，在该路径上 javac 寻找需被调用的类。该路径是一个用分号分开的目录列表。

-d directory：该选项用于指定存放生成的类文件的位置。

-g：该选项在代码产生器中打开调试表，以后可凭此调试产生字节代码。

-nowarn：该选项用于禁止编译器产生警告。

-verbose：该选项用于输出有关编译器正在执行的操作的消息。

-sourcepath < 路径 >：该选项用于指定查找输入源文件的位置。

-version：该选项标识版本信息。

虽然 javac 的选项众多，但对于初学者而言，并不需要一开始就掌握全部选项的用法，只需要掌握最简单的用法就可以了。例如，编译 HelloWorld.java 源程序文件，只需在命令行输入如下命令即可：

```
javac HelloWorld.java
```

注意：javac 和 HelloWorld.java 之间必须用空格隔开，文件扩展名 .java 不能省略。

编译 HelloWorld.java 的具体步骤如下。

（1）利用第 3 节介绍的方法进入 dos 命令行窗口。

（2）在命令行窗口，输入“d: ”，按 Enter 键转到 D 盘，然后再输入“cd chapter1”，按 Enter 键进入 Java 源程序文件所在目录。

（3）输入命令“javac HelloWorld.java”，按 Enter 键，稍等一会儿，如果没有任何其他信息出现，表示该源程序已经通过了编译。

具体操作过程如图 1-18 所示。

注意：如果编译不正确，则给出错误信息，程序员可根据系统提供的错误提示信息修改源代码，直到编译正确为止。

成功编译后，可以在 D:\chapter1 文件夹中看到一个名为 HelloWorld.class 的文件，如图 1-19 所示。

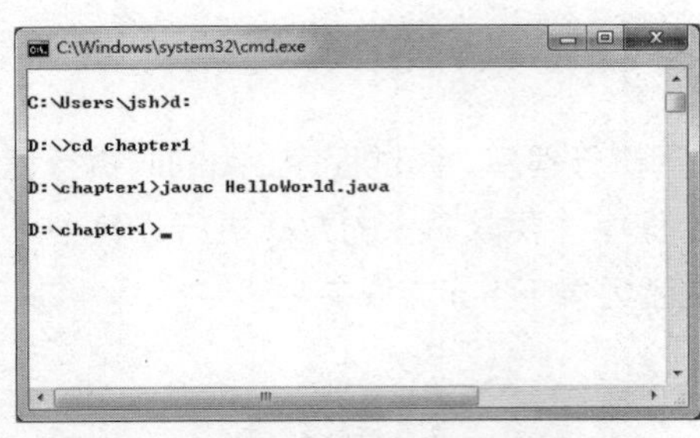

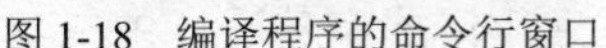
图 1-18　编译程序的命令行窗口

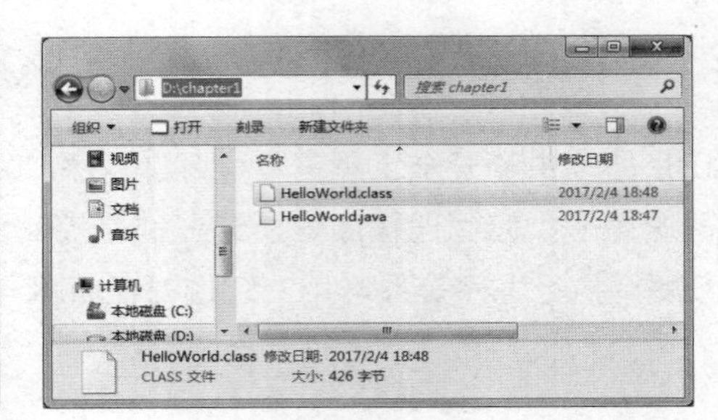

图 1-19　chapter1 文件夹

2. 解释执行程序

JDK 的解释执行程序是 java.exe，该程序用于执行编译好的 class 文件。它的一般用法如下。

```
java [ 选项…] file [ 参数…]
```

其中，常用选项如下。

-classpath：用于设置路径，在该路径上 javac 寻找需被调用的类。该路径是一个用分号分开的目录列表。

-client：选择客户虚拟机（这是默认值）。

-server：选择服务虚拟机。

-hotspot：与 client 相同。

-verify：对所有代码使用校验。

-noverify：不对代码进行校验。

-verbose：每当类被调用时，向标准输出设备输出信息。

-version：输出版本信息。

初学者只要掌握最简单的用法就可以了。

例如，要执行 HelloWorld.class 文件，只需要在命令行输入如下命令即可：

```
java HelloWorld
```

然后按 Enter 键，稍等一会儿，如果在窗口中出现“hello world！”字符串，说明程序执行成功，执行结果如图 1-20 所示。

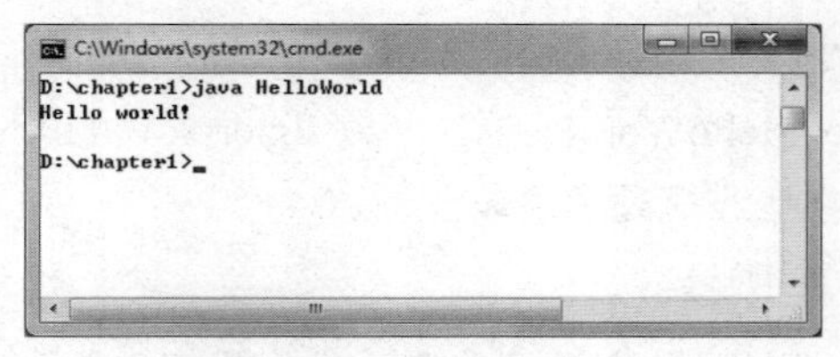

图 1-20　程序执行结果

注意：java HelloWorld 的作用是让 Java 解释器装载、校验并执行字节码文件 HelloWorld.class，在输入文件名时，大小写必须严格区分，并且文件扩展名 .class 必须省略，否则无法执行该程序。

1.5 初次使用 Eclipse

Eclipse 最初是由 IBM 公司开发的用于替代商业软件 Visual Age for Java 的下一代 IDE。2001 年 11 月，IBM 公司将 Eclipse 作为一个开放源代码的项目发布，将其贡献给开源社区。现在它由非营利软件供应商联盟 Eclipse 基金会（Eclipse Foundation）管理。

Eclipse 只是一个框架和一组服务，它通过各种插件来构建开发环境。Eclipse 最初主要用于 Java 语言开发，但现在可以通过安装不同的插件使其支持不同的计算机语言，比如 C++ 和 Python 等。

Eclipse 本身只是一个框架平台，但是众多插件的支持使其拥有其他功能相对固定的 IDE 软件很难具有的灵活性。现在，许多软件开发商以 Eclipse 为框架开发自己的 IDE。

1.5.1 Eclipse 下载与安装

读者可以到 Eclipse 的官方网站下载最新版本的 Eclipse 软件，具体步骤如下。

（1）打开浏览器，在地址栏中输入“http://www.eclipse.org/downloads/”，按 Enter 键，进入 Eclipse 官方网站的下载页面，如图 1-21 所示。

图 1-21 Eclipse 下载页面

（2）单击 DOWNLOAD 64 BIT 按钮，下载页面会根据客户所在的地理位置，分配合理的下载镜像站点，如图 1-22 所示。单击 DOWNLOAD 按钮，开始进行软件下载，读者只需耐心等待下载完成即可。

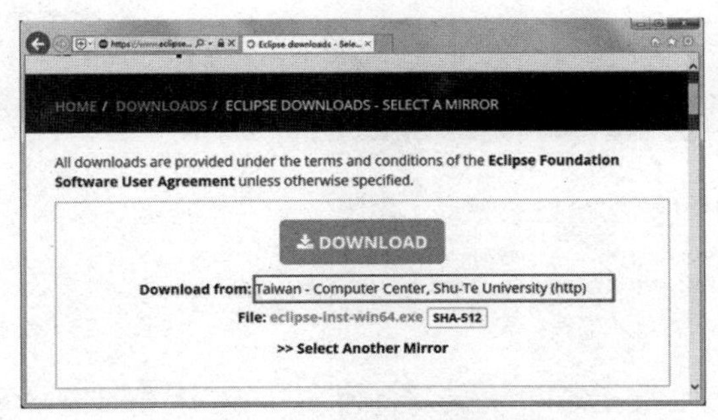

图 1-22 选择下载镜像站点

（3）下载完成后，在本地计算机中会出现一个 eclipse-inst-win64.exe 可执行文件，如图 1-23 所示。

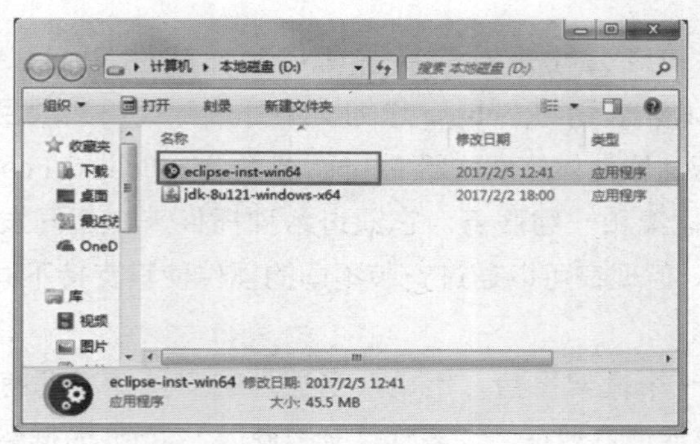

图 1-23　下载到本地的可执行文件

Eclipse 是基于 Java 的可扩展开发平台，所以读者在安装 Eclipse 前要确保自己的计算机上已安装 JDK。我们的计算机上安装的 JDK 是 64 位的 jdk-8u121-windows-x64 正式版，该 JDK 和已下载的 64 位的 eclipse-inst-win64 是完全兼容的。

Eclipse 的具体安装步骤如下。

（1）双击已下载的 eclipse-inst-win64.exe 可执行文件，打开下载列表窗口，如图 1-24 所示。在下载列表中列出了不同语言的 Eclipse IDE，其中第一个是 Java 开发 IDE，第二个是 Java EE 开发 IDE，第三个是 C/C++ 开发 IDE，第四个是 Java web 开发 IDE，第五个是 PHP 开发 IDE。本书使用的是第一个版本，即 Java 开发 IDE。

（2）单击超链接 Eclipse IDE for Java Developers，进入选择安装路径界面，如图 1-25 所示。选择安装路径，建议不要安装在 C 盘，路径下面的两个选项分别是创建开始菜单和创建桌面快捷方式，读者可根据需要自行选择。

图 1-24　Eclipse 下载列表

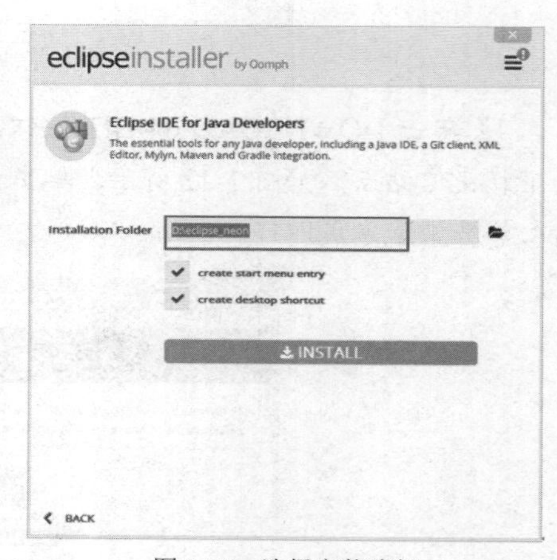

图 1-25　选择安装路径

（3）单击 INSTALL 按钮，开始安装 Eclipse，在安装过程中会出现安装协议，如图 1-26 所示。

（4）单击 Accept 按钮，耐心等待安装即可。安装完成后进入图 1-27 所示的界面。

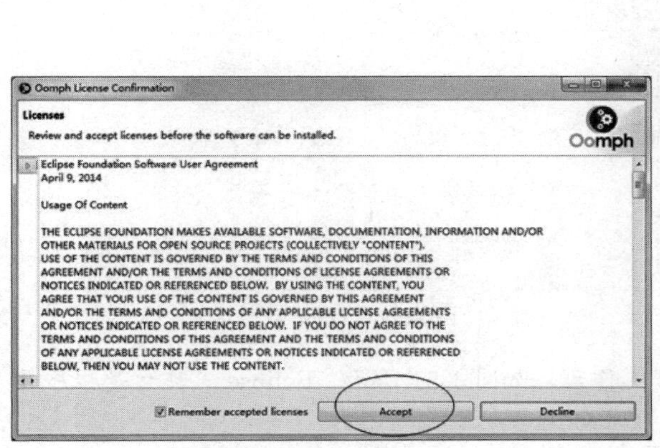

图 1-26　Eclipse 安装协议

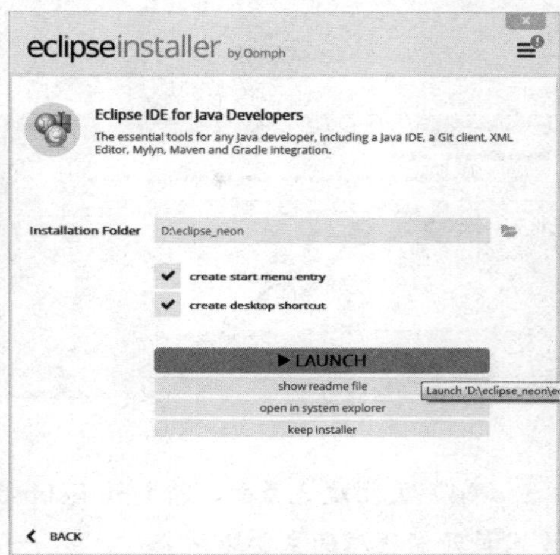

图 1-27　Eclipse 安装完成

关闭窗口，安装过程结束。

1.5.2　Eclipse 配置与启动

Eclipse 安装结束后，可以按照如下的步骤启动 Eclipse。

（1）在 Eclipse 的安装目录 D:\eclipse_neon\，找到 eclipse 目录下的 eclipse 图标，如图 1-28 所示。

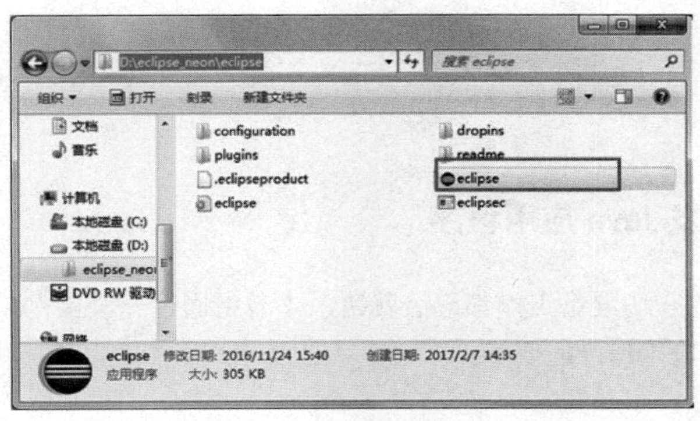

图 1-28　Eclipse 的安装文件夹

（2）双击 eclipse 图标，启动 Eclipse，弹出选择工作空间对话框，如图 1-29 所示。第一次打开 Eclipse，需要设置 Eclipse 的工作空间（用于保存 Eclipse 建立的项目和相关设置），读者可以使用默认的工作空间，或者选择新的工作空间。我们的工作空间是 c:\workspace，并且将其设置为默认工作空间，下次启动时就无须再配置工作空间了。

（3）单击 OK 按钮，即可启动 Eclipse。Eclipse 首次启动时，会显示欢迎页面，其中包括 Eclipse 概述、新增内容、示例、教程、创建新工程、导入工程等相关按钮，如图 1-30 所示。

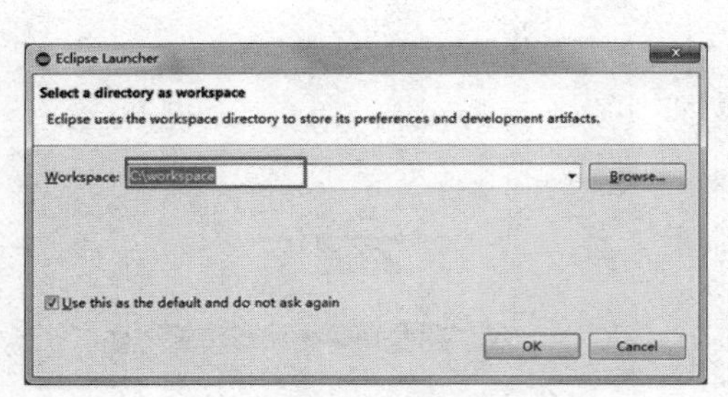

图 1-29　选择工作空间

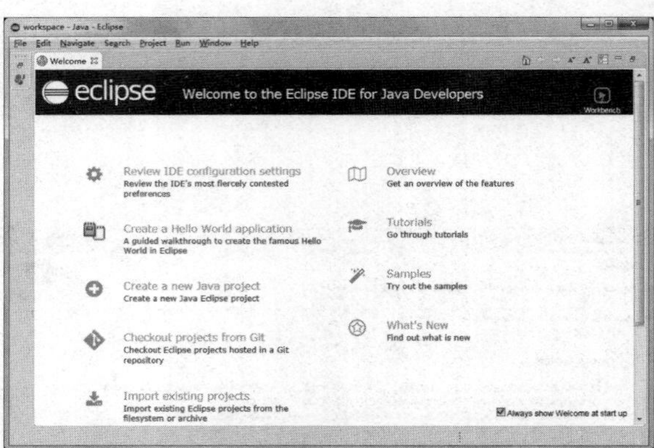

图 1-30　Eclipse 欢迎界面

（4）关闭欢迎界面，将打开 Eclipse 工作台，如图 1-31 所示。Eclipse 工作台是程序开发人员开发程序的主要场所。

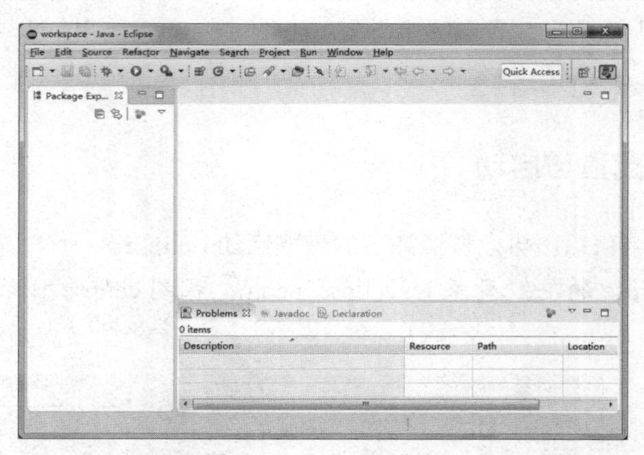

图 1-31　Eclipse 工作台

1.5.3　Eclipse 开发 Java 应用程序

此时，开发前的一切准备工作都已经就绪，本节将通过一个实例来与读者一起体验使用 Eclipse 开发 Java 应用程序的便捷。

1. 选择透视图

透视图是为了定义 Eclipse 在窗口里显示的最初的设计和布局，主要用于控制在菜单和工具上显示什么内容。比如，一个 Java 透视图包括常用的编辑 Java 源程序的视图，而用于调试的透视图则包括调试 Java 程序时要用到的视图。可以转换透视图，但是必须为一个工作区设置好初始的透视图。

打开 Java 透视图的具体步骤如下。

（1）在 Eclipse 菜单栏选择 Window → Perspective → Open Perspective → Other 命令，如图 1-32 所示，弹出“打开透视图”对话框，如图 1-33 所示。

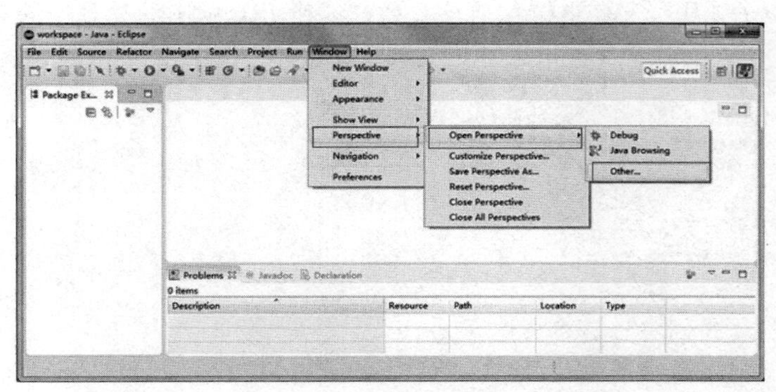

图 1-32　选择 Other 菜单命令

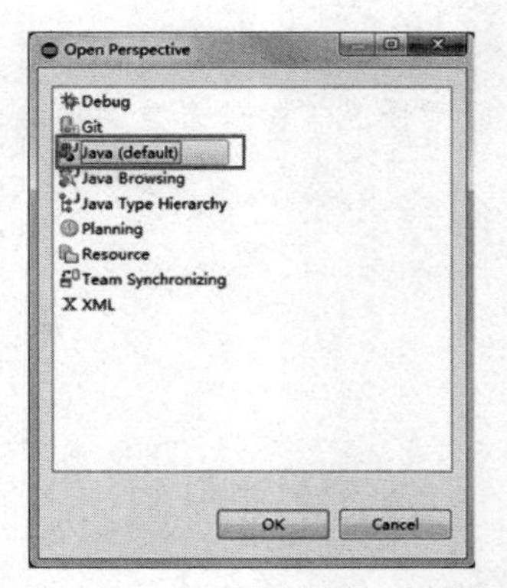

图 1-33　“打开透视图”对话框

（2）选择 Java（default）选项，然后单击 OK 按钮，即可打开 Java 透视图，如图 1-34 所示。

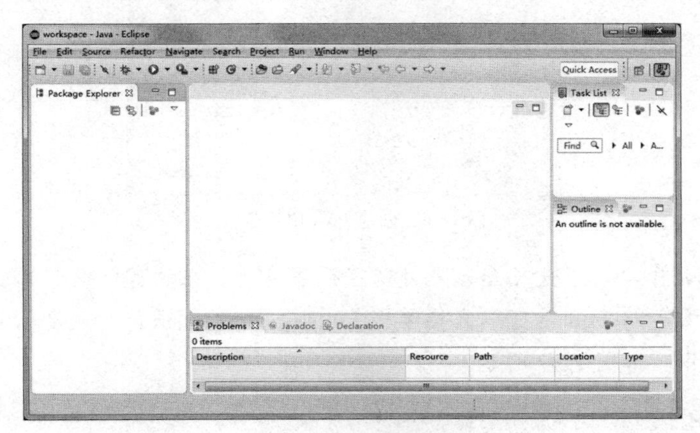

图 1-34　Java 透视图

2．新建 Java 项目

通过新建 Java 项目向导可以很容易地创建 Java 项目。

（1）选择 Eclipse 菜单栏中的 File → New → Java Project 命令，如图 1-35 所示。

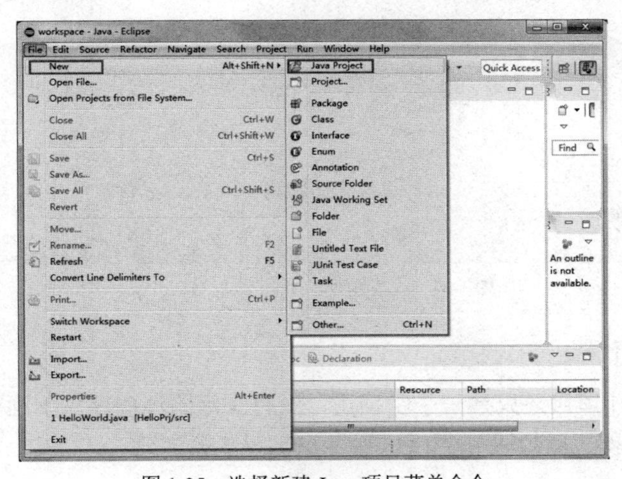

图 1-35　选择新建 Java 项目菜单命令

（2）在打开的“新建 Java 项目”窗口中输入项目名称、选择 JRE 版本和项目布局。通常情况下，读者只需要输入项目名称，其他内容直接采用默认值即可，如图 1-36 所示。

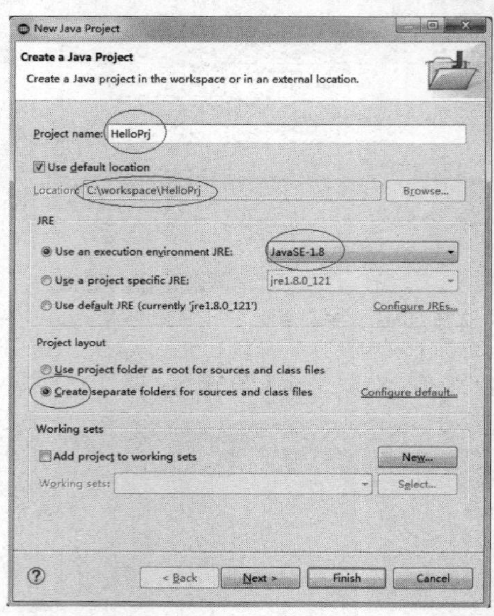

图 1-36　创建 Java 项目窗口

（3）单击 Next 按钮，进入 Java 构建路径设置窗口，在该窗口中可以修改 Java 构建路径等信息。对于初学者而言，可以直接单击 Finish 按钮完成项目的创建，新建项目会自动出现在包浏览器中，如图 1-37 所示。

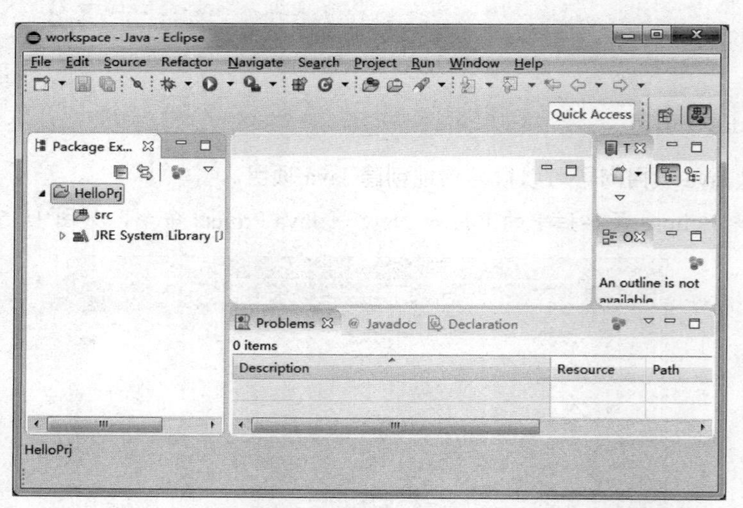

图 1-37　查看新建的 Java 项目 HelloPrj

3. 编写 Java 代码

创建的 HelloPrj 项目还只是一个空项目，没有实际的源程序。下面就在该项目中建立一个 Java 源程序文件，体验一下在 Eclipse 中编写代码的乐趣。

（1）右击项目名称HelloPrj，在弹出的快捷菜单中选择New → Class命令，如图1-38所示。

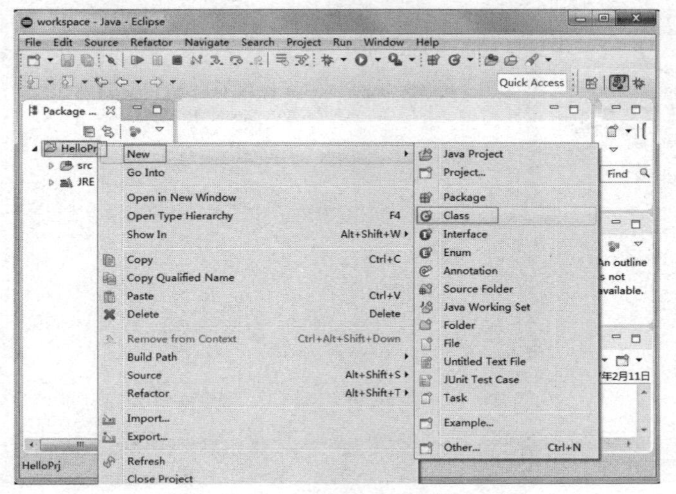

图1-38　选择Class命令

（2）在打开的新建Java类窗口中输入包名、类名、修饰符，选择要创建的方法等内容。在这里，我们输入了类名，并选择了创建main方法，具体情况如图1-39所示。

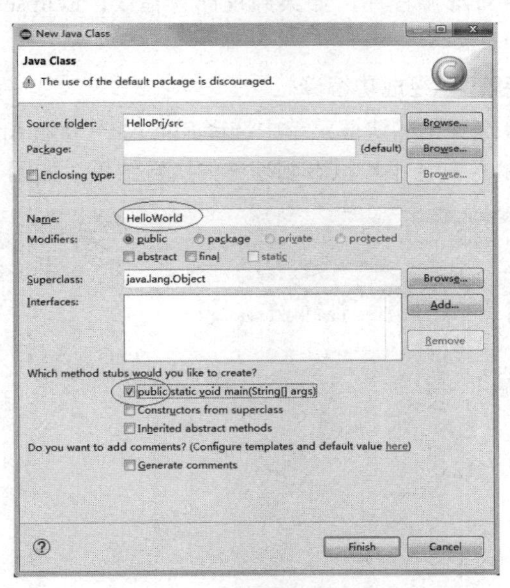

图1-39　新建Java类窗口

（3）单击Finish按钮，系统将创建一个Java文件HelloWorld.java，如图1-40所示。

（4）编辑Java源程序文件。在源程序的main方法中添加下面的语句：

```
System.out.println("Hello World！ ");
```

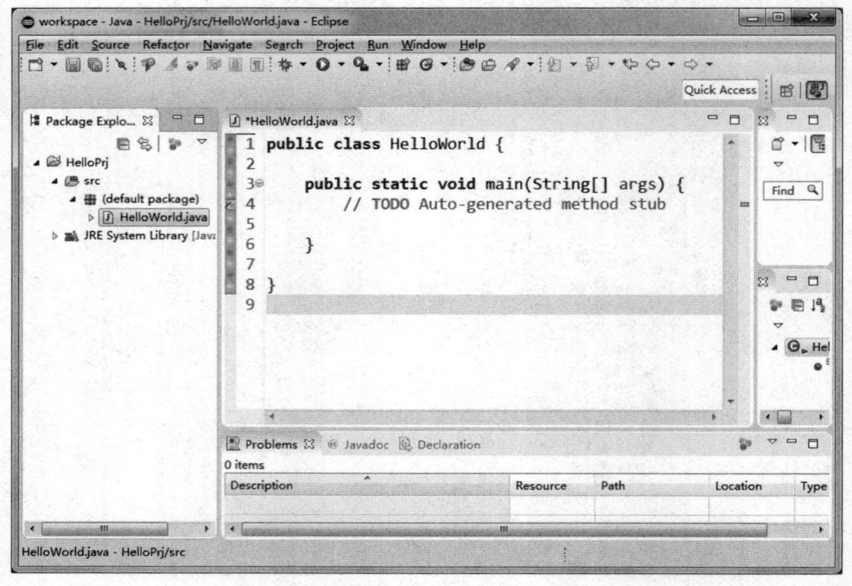

图 1-40　编辑 Java 类

4．编译和执行程序

Eclipse 会自动编译 Java 源程序，如果源程序有错误，Eclipse 会自动给出相应的提示信息。

运行程序前要确保程序已经成功编译。

右击要执行的程序，在弹出的快捷菜单中选择 Run As → Java Application 命令，如图 1-41 所示。稍后即可在下方的控制台中可以看到程序的执行结果，如图 1-42 所示。

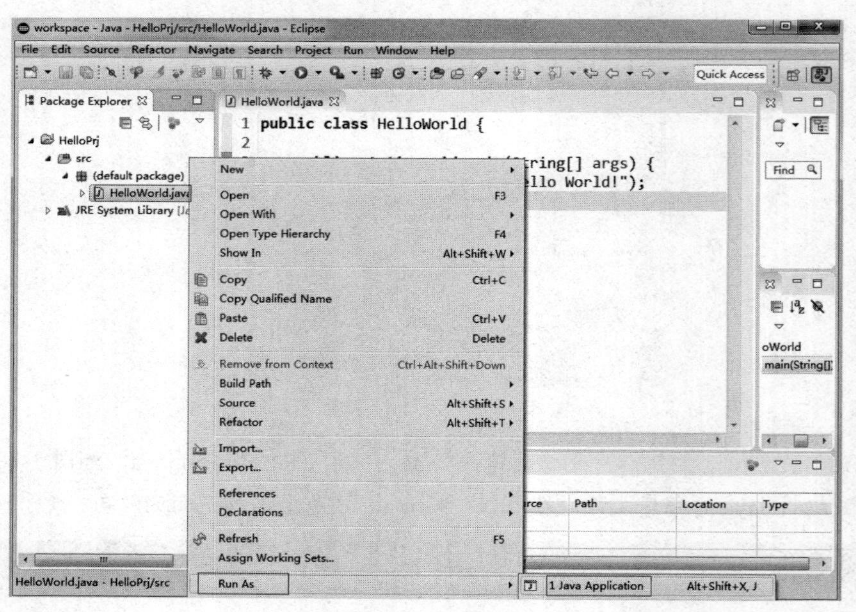

图 1-41　执行程序

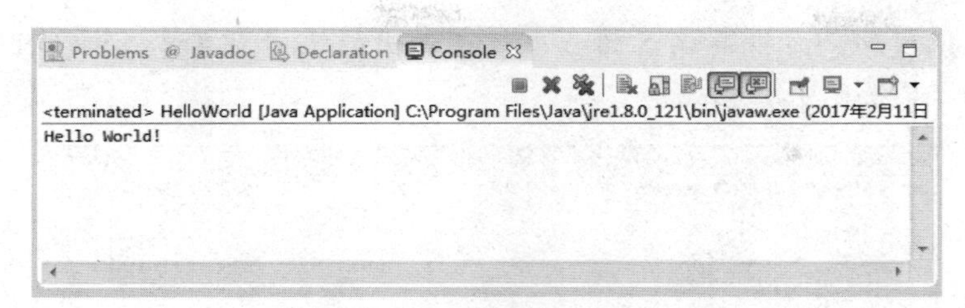

图 1-42　程序执行结果

5. 调试程序

Eclipse 还集成了程序调试工具，开发者不用离开集成开发环境就能通过 Eclipse 调试器找到程序的错误。

Eclipse 调试器提供了断点设置的功能，可以一行一行地执行程序。在程序执行过程中，可以查看变量的值，研究哪个方法被调用了，并且知道程序将要发生什么事件。

下面通过一个简单的例子介绍如何使用 Eclipse 调试器来调试程序。

```
public class DebugTest {
    public static void main(String[] args) {
            int sum =0;
            for(int i=1;i<=5;i++){
                sum=sum +i;
            }
            System.out.println(sum);
    }
}
```

上述代码的核心功能是：计算 1 ～ 5 的所有整数之和，并输出计算结果，即 sum 的值。但对于初学者来说，可能对 sum 值的变化过程不是非常了解，接下来通过 Eclipse 调试器来了解 sum 的变化过程。

（1）设置断点。双击要插入断点的语句前面的蓝色区域，这时该行最前面会出现一个蓝色的圆点，这就是断点，如图 1-43 所示。如果要取消该断点，直接双击断点处即可。

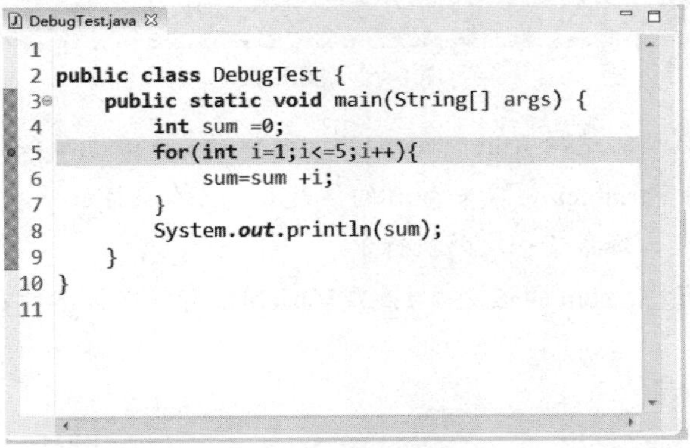

```
DebugTest.java
 1
 2 public class DebugTest {
 3⊖    public static void main(String[] args) {
 4         int sum =0;
 5         for(int i=1;i<=5;i++){
 6             sum=sum +i;
 7         }
 8         System.out.println(sum);
 9     }
10 }
11
```

图 1-43　设置断点

（2）调试程序。右击要调试的程序，在弹出的快捷菜单中选择 Debug As → Java Application 命令，如图 1-44 所示。

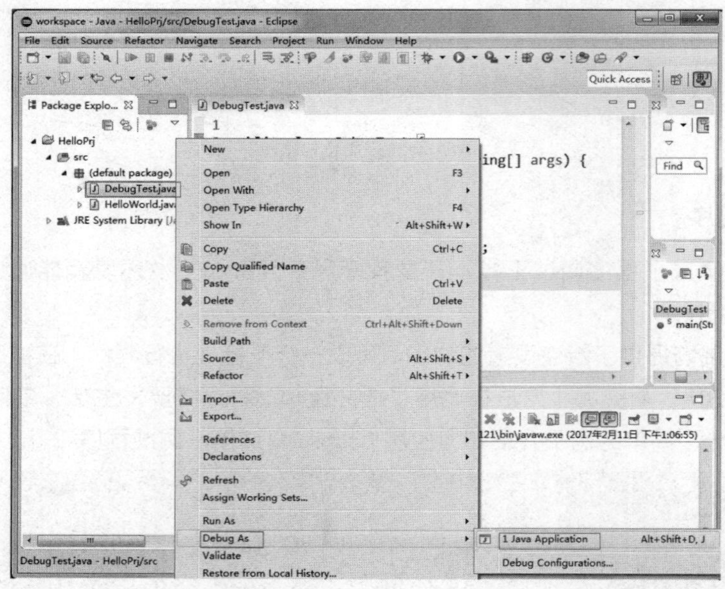

图 1-44　调试程序

（3）程序开始执行，执行到断点位置，弹出图 1-45 所示的对话框，单击 Yes 按钮进入 Debug 透视图模式，如图 1-46 所示。从图中可以发现，设置了断点的语句已经被绿色光带覆盖。

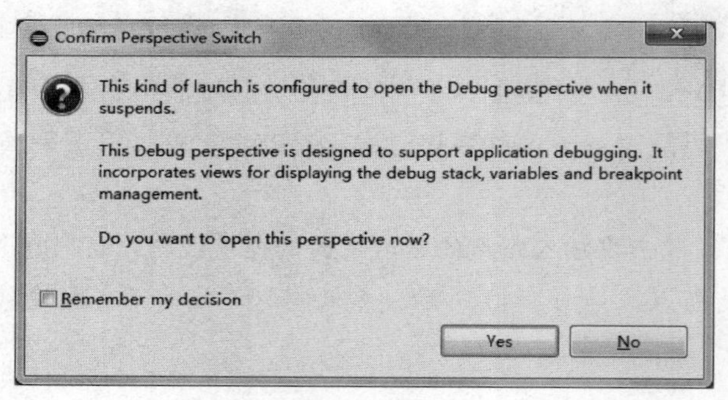

图 1-45　提示信息

（4）逐行执行代码。选择 Run → step Over 菜单命令或者直接按 F6 键，程序开始单步执行，这时可以看到 Variables 窗口中 sum 的值是 0。继续执行程序，这时会发现重新回到了 for 循环开始的位置，准备下一次的执行了。

（5）继续执行程序，sum 的值变成 1，且 Variables 窗口中 sum 所在行被黄色光带覆盖，如图 1-47 所示。

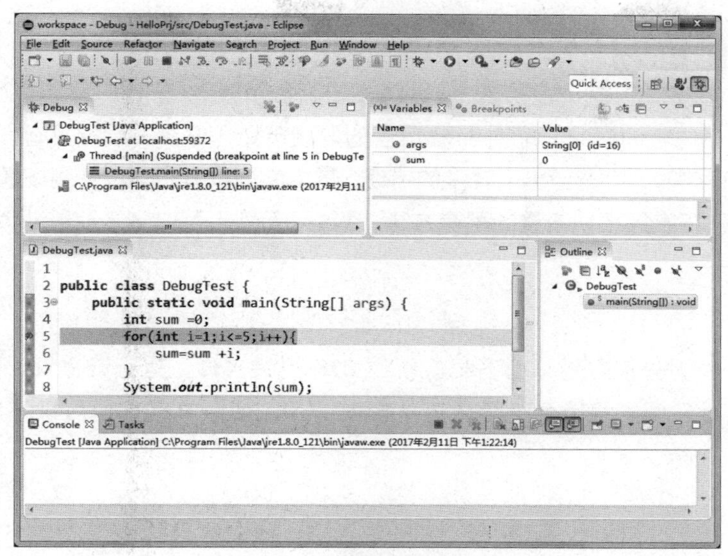

图 1-46　Debug 透视图

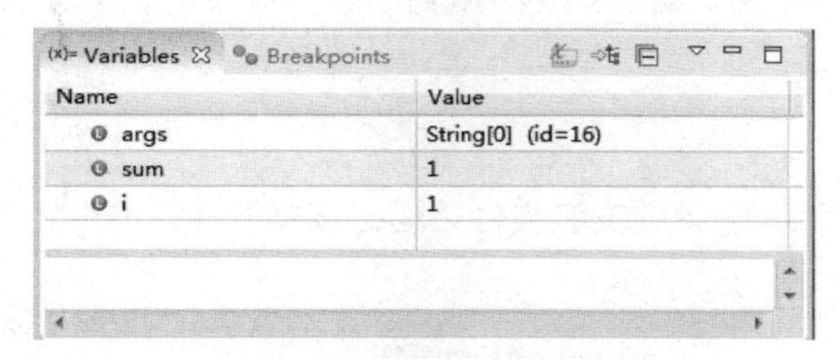

图 1-47　Variables 透视图

（6）继续按F6键，程序继续执行，直到执行完毕。在此过程中，sum的值从1依次变成3、6、10、15，程序执行结束，并在控制台输出sum的值15，如图1-48所示。

图 1-48　程序执行结果

注意：Eclipse调试器是一个不可缺少的、功能强大的工具，它可以帮助读者快速提高自己的编程水平。一开始读者需要花费一些时间去熟悉它，但是你的努力会在将来得到很好的回报。

强化练习

通过对本章内容的学习，能对 Java 语言的发展历史、编译、运行等有大概的了解。刚开始编译运行程序时，可能会出现较多的错误，其中大多数是由环境变量配置错误造成的，所以需要读者熟练掌握环境变量的配置方法。通过以下练习可以更好地帮助读者打牢基础。

练习 1:

到 Oracle 公司的官方网站上下载最新的 JDK 安装文件，运行该文件，建立 Java 应用程序的开发运行环境，编辑系统环境变量 path 的值，使系统在任何目录下都能识别 javac 指令。

练习 2:

利用记事本编写一个简单的 Java 应用程序，并用命令行方式对其进行编译和运行。

练习 3:

从官方网站上下载 Eclipse 的安装文件，运行该文件并在本机上安装 Eclipse 软件。

练习 4:

利用 Eclipse 开发环境，编写一个简单的 Java 应用程序，并用 Eclipse 调试器调试程序，观察程序执行过程。

第2章 Java基础语法详解

内容概要

所有的计算机编程语言都有一套属于自己的语法规则，Java 语言自然也不例外。要使用 Java 语言进行程序设计，就需要对其语法规则进行充分的了解。本章将对 Java 语言的标识符、数据类型、变量、常量、运算符、表达式、控制语句和数组等基础知识进行介绍。通过对本章内容的学习，读者可以对 Java 语言有一个最基本的了解，并能够编写一些简单的 Java 应用程序。

学习目标

- ◆ 理解标识符定义
- ◆ 熟悉 Java 基本数据类型
- ◆ 掌握 Java 各种运算符
- ◆ 熟练掌握各种流程控制语句
- ◆ 了解 Java 注释格式
- ◆ 理解 Java 数组和 C 语言的不同

课时安排

- ◆ 理论学习 2 课时
- ◆ 上机操作 2 课时

2.1 标识符和关键字

标识符和关键字是 Java 语言的基本组成部分，本节将对二者进行介绍。

2.1.1 标识符

标识符（identifier）可以简单地理解为一个名字，是用来标识类名、变量名、方法名、数组名、文件名的有效字符序列。

Java 语言规定标识符由任意顺序的字母、下画线（_）、美元符号（$）和数字组成，并且第一个字符不能是数字。

下面是不合法的标识符：

```
birthday
User_name
_system_varl
$max
```

下面是非法的标识符：

```
3max    （变量名不能以数字开头）
room#   （不允许包含字符 #）
class   （class 为关键字）
```

注意：①标识符不能是关键字；② Java 语言是严格区分大小写的，例如：标识符 republican 和 Republican 是两个不相同的标识符；③ Java 语言使用 Unicode 标准字符集，最多可以标识 65 535 个字符，因此，Java 语言中的字母不仅包括通常的拉丁文字 a、b、c 等，还包括汉字、日文以及其他许多语言中的文字。

2.1.2 关键字

关键字是 Java 语言中已经被赋予特定意义的一些单词，其对 Java 编译器有着特殊的含义。Java 的关键字可以划分为 5 种类型：类类型（Class Type）、数据类型（Data Type）、控制类型（Control Type）、存储类型（Storage Type）、其他类型（Other Type）。

每种类型所包含的关键字如下。

（1）类类型（Class Type）。

```
package, class, abstract, interface, implements, native, this, super, extends, new, import，instanceof, public, private, protected
```

（2）数据类型（Data Type）

```
char, double, enum, float, int, long, short, boolean, void, byte
```

（3）控制类型（Control Type）。

```
break, case, continue, default, do, else, for, goto, if, return, switch, while, throw, throws,try, catch, synchronized,
final, finally, transient, strictfp
```

（4）存储类型（Storage Type）。

```
register, static
```

（5）其他类型（Other Type）。

```
const, volatile
```

关键字值得注意的地方包括以下几点。

（1）所有 Java 关键字都是由小写字母组成的。

（2）Java 语言无 sizeof 关键字，因为 Java 语言的数据类型长度和表示是固定的，与程序运行环境没有关系，在这一点上 Java 语言和 C 语言是有区别的。

（3）goto 和 const 在 Java 语言中并没有具体含义，之所以把它们列为关键字，只是因为它们在某些计算机语言中是关键字。

2.2 基本数据类型

Java 是一种强类型语言，这是 Java 安全性的重要保障之一。Java 中有 8 种基本数据类型来存储数值、字符和布尔值，如图 2-1 所示。

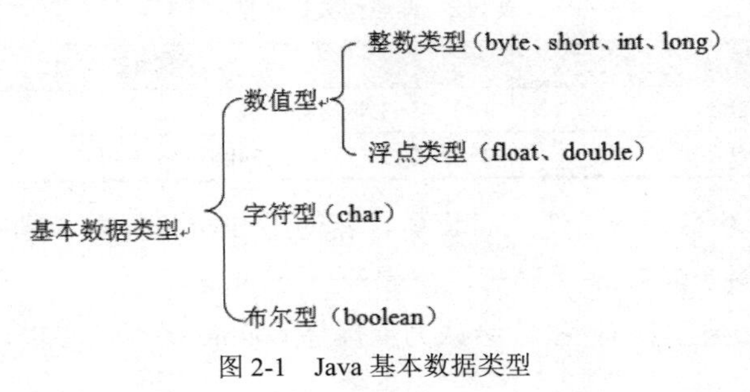

图 2-1　Java 基本数据类型

2.2.1 整数类型

整数类型用来存储整数数值，即没有小数部分的数值，可以是正数，也可以是负数。整型数据在 Java 程序中有 3 种表示形式，分别为十进制、八进制和十六进制。

（1）十进制。十进制的表现形式大家都很熟悉，如 15、309、27。

（2）八进制。八进制必须以 0 开头，如 0123（转换成十进制数为 83）。

（3）十六进制。十六进制必须以 0x 开头，如 0x25（转换成十进制数为 37）。

整型数据根据它所占内存大小的不同，可分为 byte、short、int 和 long 共 4 种类型。它们具有不同的取值范围，见表 2-1。

表 2-1　整型数据类型

数 据 类 型	内 存 空 间	取 值 范 围
byte	8bit	−128~127
short	16bit	−32 768~32 767
int	32bit	−2 147 483 648~2 147 483 647
long	64bit	−9 223 372 036 854 775 808~9 223 372 036 854 775 807

下面以 int 型变量为例讲解整型变量的定义。

【例 2-1】定义 int 型变量，实例代码如下：

```
int x;                              //定义 int 型变量 x
int x,y = 100;                      //定义 int 型变量 x、y
int x = 450,y = -462;               //定义 int 型变量 x、y 并赋给初值
```

在定义上述变量时，要注意变量的取值范围，超出取值范围就会出错。对于 long 型值，若赋给的值大于 int 型的最大值或小于 int 型的最小值，则需要在数字后加 L 或 l，表示该数值为长整数，如 long num = 3117112897L。

2.2.2　浮点类型

浮点类型表示有小数部分的数字。在 Java 语言中，浮点类型分为单精度浮点类型（float）和双精度浮点类型（double），它们具有不同的取值范围，见表 2-2。

表 2-2　浮点型数据类型

数 据 类 型	内 存 空 间	取 值 范 围
float	32bit	1.4E-45~3.4028235E38
double	64bit	4.9E-324~1.7976931348623157E308

在默认情况下，小数都被看作 double 型，若使用 float 型小数，则需要在小数后面添加 F 或 f。可以使用后缀 d 或 D 来明确表明这是一个 double 类型数据，不加 d 不会出错，但声明 float 型变量时如果不加 f，系统会认为变量是 double 类型而出错。下面举例讲解浮点型变量的定义。

【例 2-2】定义浮点型变量，实例代码如下：

```
float x = 100.23f;
double y1 = 32.12d;
double y2 = 123.45;
```

在定义上述变量时，要注意变量的取值范围，超出取值范围就会出错。

2.2.3　字符类型

字符类型（char）用于存储单个字符，占用 16 位（两个字节）的内存空间。在定义字

符型变量时，要以单引号表示，如 's' 表示一个字符，而 "s" 则表示一个字符串。

下面举例说明使用 char 关键字定义字符变量。

【例 2-3】声明字符型变量，实例代码如下：

```
char c1 = 'a' ;
```

同 C 和 C++ 语言一样，Java 语言也可以把字符作为整数对待。由于字符 a 在 Unicode 表中的排序位置是 97，因此允许将上面的语句写成：

```
char c1 = 97;
```

由于 Unicode 采用无符号编码，可以存储 65 536 个字符（0x0000~0xffff），所以 Java 中的字符几乎可以处理所有国家的语言文字。若想得到一个 0~65 536 之间的数所代表的 Unicode 表中相应位置上的字符，也必须使用 char 型显式转换。

有些字符（如回车符）不能通过键盘录入到字符串中，针对这种情况，Java 提供了转义字符，以反斜杠（\）开头，将其后的字符转变为另外的含义，例如：'\n'（换行）、'\b'（退格）、'\t'（水平制表符）。

注意： 用双引号引用的文字，就是我们平时所说的字符串，它不是原始类型，而是一个类（class）String，它被用来表示字符序列。字符本身符合 Unicode 标准，且上述 char 类型的转义字符适用于 String。

2.2.4　布尔类型

布尔类型又称逻辑类型，通过关键字 boolean 来定义，只有 true 和 false 两个值，分别代表布尔逻辑中的“真”和“假”。布尔类型通常被用在流程控制中作为判断条件。

【例 2-4】声明 boolean 型变量，实例代码如下：

```
boolean b1;                                  // 定义布尔型变量 b1
boolean b2 = true;                           // 定义布尔型变量 b2，并赋给初值 true
```

注意： 在 Java 语言中，布尔值不能与整数类型进行转换，而 C 和 C++ 允许。

2.3　常量和变量

在程序执行过程中，其值不能被改变的量称为常量，其值能被改变的量称为变量。变量与常量的命名都必须使用合法的标识符。本节将向读者介绍常量与变量的定义和使用方法。

2.3.1　常量

在程序运行过程中其值一直不会改变的量称为常量（constant），通常也被称为“final 变量”。常量在整个程序中只能被赋值一次。

在 Java 语言中声明一个常量除了要指定数据类型外，还需要通过 final 关键字进行限定。声明常量的标准语法如下：

```
final datatype CONSTNAME=VALUE;
```

其中，final 是 Java 的关键字，表示定义的是常量，datatype 为数据类型，CONSTNAME 为常量的名称，VALUE 是常量的值。

【例 2-5】声明常量，实例代码如下：

```
final double PI = 3.1415926;                  // 声明 double 型常量 PI 并赋值
final boolean FLAG = true;                    // 声明 boolean 型常量 FLAG 并赋值
```

注意：*常量名通常使用大写字母，但这并不是必需的，只是很多 Java 程序员已经习惯使用大写字母来表示常量，通过这种命名方法实现与变量的区别。*

2.3.2 变量

变量（variable）是一块取了名字的、用来存储 Java 程序信息的内存区域。在程序中，定义的每块被命名的内存区域都只能存储一种特定类型的数据。假如定义了一个存储整数的变量，那么就不能用它来存储 0.12 这样的数据，因为每个变量能够存储的数据类型是固定的，所以无论什么时候在程序中使用变量，编译器都要对它进行检查，确认是否有类型不匹配或操作不当的地方。如果程序中有一个处理整数的方法，而误用它处理了其他类型的数据，比如一个字符串或一个浮点型数据，编译器都会把它检查出来。

在 Java 中，使用变量之前需要先声明变量。变量声明通常包括 3 部分：变量类型、变量名和初始值，其中变量的初始值是可选的。声明变量的语法格式如下：

```
type identifier [= value][, identifier [= value]…];
```

其中，type 是 Java 语言的基本数据类型，或者类、接口复杂类型的名称（类和接口将在本书的后面章节中进行介绍），identifier（标识符）是变量的名称，=value 表示用具体的值对变量进行初始化，即把某个值赋给变量。

【例 2-6】声明变量，实例代码如下：

```
int age;                                      // 声明 int 型变量
double d1 = 12.27;                            // 声明 double 型变量并赋值
```

2.3.3 变量作用域

由于变量被定义出来后只是暂存在内存中，等到程序执行到某一个点，该变量会被释放掉，也就是说变量有它的生命周期。因此，变量的作用域是指程序代码能够访问该变量的区域，若超出该区域则在编译时会出现错误。

根据作用域的不同，可将变量分为不同的类型：类成员变量、局部变量、方法参数变量和异常处理参数变量等。下面将对这几种变量进行详细说明。

1. 类成员变量

类成员变量在类中声明，它不属于任何一个方法，其作用域为整个类。

【例 2-7】 声明类成员变量，实例代码如下：

```
class ClassVar{
  int x = 45;
  int y ;
}
```

在上述代码中，定义的两个变量 x、y 均为类成员变量，其中第一个进行了初始化，而第二个没有进行初始化。

2. 局部变量

在类的成员方法中定义的变量（在方法内部定义的变量）称为局部变量。局部变量只在当前代码块中有效。

【例 2-8】 声明两个局部变量，实例代码如下：

```
class LocalVar{
    public static void main(String []args){
            int x = 45;   // 局部变量，作用域为整个 main() 方法
            if(x>5){
                    int y = 0; // 局部变量 , 作用域为 if 语句块
                    System.out.println(y);
            }
            System.out.println(x);
    }
}
```

在上述代码中，定义的两个变量 x、y 均为局部变量，其中 x 的作用域是整个 main() 方法，而 y 的作用域仅仅局限于 if 语句块。

3. 方法参数变量

声明为方法参数的变量的作用域是整个方法。

【例 2-9】 声明一个方法参数变量，实例代码如下：

```
class FunctionParaVar{
    public static int getSum(int x){
            x = x + 1;
            return x;
    }
}
```

在上述代码中，定义了一个成员方法 getSum()，方法中包含一个 int 类型的参数变量 x，其作用域是整个 getSum() 方法。

4. 异常处理参数变量

异常处理参数变量的作用域在异常处理代码块中，该变量是将异常处理参数传递给异常处理代码块，与方法参数变量的用法类似。

【例 2-10】 声明一个异常处理参数变量，实例代码如下：

```
public class ExceptionParVar {
    public static void main(String []args){
            try{
                    System.out.println("exception");
            }catch(Exception e){ // 异常处理参数变量，作用域是异常处理代码块
                    e.printStackTrace();
            }
    }
}
```

在上述代码中，定义了一个异常处理代码块 catch，其参数为 Exception 类型的变量 e，作用域是整个 catch 代码块。

有关变量的声明、作用域和使用方法等更多内容将在后续的章节中通过大量的实例进行进一步讲解。

2.4 运算符

运算符是一些特殊的符号，主要用于数学计算、赋值语句和逻辑比较等方面。Java 提供了丰富的运算符，如赋值运算符、算术运算符、比较运算符等。本节将向读者介绍这些运算符。

2.4.1 赋值运算符

赋值运算符以符号“=”表示，它是一个二元运算符（对两个操作数作处理），其功能是将右方操作数所含的值赋给左方的操作数。例如：

```
int a = 100;
```

该表达式是将 100 赋值给变量 a。左方的操作数必须是一个变量，而右边的操作数则可以是任何表达式，包括变量。

2.4.2 算术运算符

Java 中的算术运算符主要有 +（加）、-（减）、*（乘）、/（除）、%（求余），它

们都是二元运算符。另外，还有一些单目运算符，如 ++（自增）和 --（自减）运算符。Java 中运算符的功能及使用方式见表 2-3。

表 2-3　算术运算符

运算符		含　义	示　例	结　果
双目运算符	+	加法	4 + 3	7
	-	减法	4 - 3	1
	*	乘法	4 * 3	12
	/	除法	4 / 2	2
	%	取余	4 % 2	0
单目运算符	++	自增	a ++	a = a + 1
	--	自减	a --	a = a - 1
	-	取负	- 4	- 4

注：表中的变量 a 为整型变量。

Java 中算术运算符的优先级见表 2-4。

表 2-4　算术运算符的优先级

顺　序	运算符	规　则
高	()	如果有多重括号，首先计算最里面的子表达式的值。若同一级有多对括号，则计算时从左至右
	++，--	变量自增，变量自减
	*，/，%	若同时出现，计算时从左至右
低	+，-	若同时出现，计算时从左至右

在算术运算符中比较难以理解的是“++”和“--”运算符，下面对这两个运算符作一个较为详细的介绍。

自增运算和自减运算是两个快捷运算符（常称作“自动递增”和“自动递减”运算）。其中，自减操作符是“--”，意为“减少一个单位”；自增操作符是“++”，意为“增加一个单位”。例如，a 是一个 int 变量，则表达式 ++a 等价于 a = a + 1。递增和递减操作符不仅改变了变量，并且以变量的值作为生成的结果。

这两个操作符各有两种使用方式，通常称为“前缀式”和“后缀式”。“前缀递增”表示 ++ 操作符位于变量或表达式的前面；而“后缀递增”表示 ++ 操作符位于变量或表达式的后面。“前缀递减”意味着“--”操作符位于变量或表达式的前面；而“后缀递减”意味着“--”操作符位于变量或表达式的后面。

对于前缀递增和前缀递减（如 ++a 或 --a ），会先执行运算，再生成值。而对于后缀递增和后缀递减（如 a++ 或 a--），是先生成值，再执行运算。下面是一个有关“++”运算符的例子。

【例 2-11】++ 运算符在程序中的使用。

```
public class AutoInc {
    public static void main(String[] args) {
        int i = 1;
```

```
            int j = 1;
            System.out.println("i 后缀递增的值 = " + (i++)); // 后缀递增
            System.out.println("j 前缀递增的值 = " + (++j)); // 前缀递增
            System.out.println(" 最终 i 的值 =" + i);
            System.out.println(" 最终 j 的值 =" + j);
    }
}
```

程序执行结果如图 2-2 所示。

```
Problems @ Javadoc Declaration Console
<terminated> AutoInc [Java Application] C:\Program Files\Java\jre1.8.0_121\bin\javaw.exe (2017年2月12日
i后缀递增的值= 1
j前缀递增的值= 2
最终i的值 =2
最终j的值 =2
```

图 2-2　程序执行结果

从运行结果中可以看到，放在变量前面的自增运算符，会先将变量的值加 1，然后再使该变量参与其他运算。放在变量后面的自增运算符，会先使变量参与其他运算，然后再将该变量加 1。

2.4.3　关系运算符

关系运算实际上就是“比较运算”，将两个值进行比较，判断比较的结果是否符合给定的条件，如果符合，则表达式的结果为 true，否则为 false。

Java 中的关系运算符都是二元运算符，由关系运算符组成的关系表达式的计算结果为逻辑型，具体的关系运算符及其说明见表 2-5。

表 2-5　关系运算符

运 算 符	含　义	示　例	结　果
<	小于	4 < 3	false
<=	小于等于	4 <= 3	fasle
>	大于	4 > 3	true
>=	大于等于	4 >= 3	true
= =	等于	4 ==3	fasle
!=	不等于	4 != 3	true

【例 2-12】使用关系运算符对变量进行比较运算，并将运算后的结果输出。

```
public class Compare {
    public static void main(String[] args) {
            int x = 21;
            int y = 100;
```

```
            // 依次将变量 x 与变量 y 的比较结果输出
            System.out.println("x >y 返回值为："+ (x > y));
            System.out.println("x <y 返回值为："+ (x < y));
            System.out.println("x==y 返回值为："+ (x== y));
            System.out.println("x!=y 返回值为："+ (x != y));
            System.out.println("x>=y 返回值为："+ (x >= y));
            System.out.println("x<=y 返回值为："+ (x <= y));
    }
}
```

程序执行结果如图 2-3 所示。

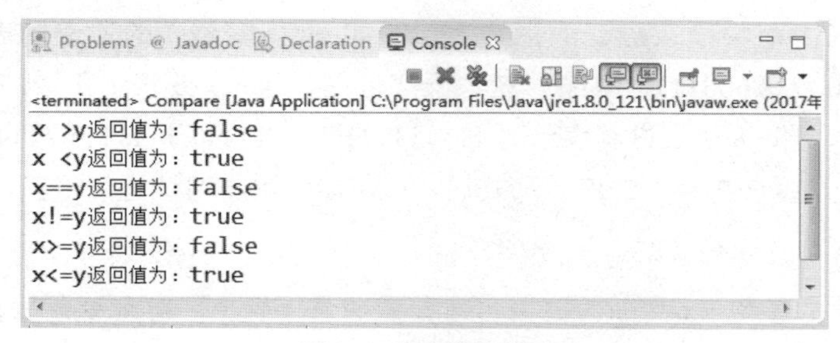

图 2-3　程序执行结果

2.4.4　逻辑运算符

Java 语言中的逻辑运算符有 3 个，分别是 &&（逻辑与）、||（逻辑或）、!（逻辑非），其中前两个是双目运算符，第三个为单目运算符。具体的运算规则见表 2-6。

表 2-6　逻辑运算符

操作数 a	操作数 b	！ a	a&&b	a||b
false	false	true	false	false
false	true	true	false	true
true	false	false	false	true
true	true	false	true	true

【例 2-13】逻辑运算符在程序中的应用。

```
public class CLoperation {
    public static void main(String[] args){
            int i = 1;
            boolean b1=((i>0)&&(i<100));
            System.out.println("b1 的值为："+b1);
    }
}
```

程序执行结果如图 2-4 所示。

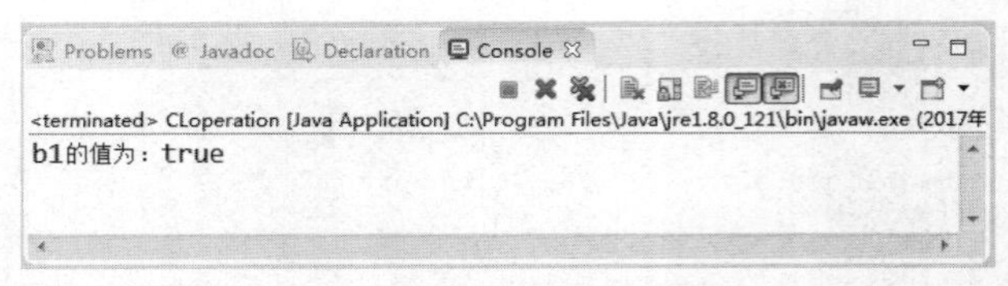

图 2-4　程序执行结果

2.4.5　位运算符

位运算符用来对二进制的位进行操作，其操作数的类型是整数类型以及字符型，运算结果是整数数据。

整型数据在内存中以二进制的形式表示，如 int 型变量 7 的二进制表示是 00000000 00000000 00000000 00000111。其中，左边最高位是符号位，0 表示正数，1 表示负数。负数采用补码表示，如 -8 的二进制表示为 111111111 111111111 1111111 11111000。

了解了整型数据在内存中的表示形式后，就可以开始学习位运算符了。

1. “按位与”运算符（&）

“按位与”运算符“&”为双目运算符，其运算法则是：先将参与运算的数转换成二进制数，然后低位对齐，高位不足补零，如果对应的二进制位都是 1，则结果为 1，否则结果为 0。

使用“按位与”运算符的示例如下：

```
int a = 3;    //0000 0011
int b = 5;    //0000 0101
int c = a&b;  //0000 0001
```

按照“按位与”运算符的计算规则，3&5 的结果是 1。

2. “按位或”运算符（|）

“按位或”运算符“|”为双目运算符，其运算法则是：先将参与运算的数转换成二进制数，然后低位对齐，高位不足补零，对应的二进制位只要有一个为 1，则结果为 1，否则结果为 0。

使用按位或运算符的示例如下：

```
int a = 3;    //0000 0011
int b = 5;    //0000 0101
int c = a|b;  //0000 0111
```

按照“按位或”运算符的计算规则，3|5 的结果是 7。

3. “按位异或”运算符（^）

“按位异或”运算符“^”为双目运算符，其运算法则是：先将参与运算的数转换成二进制数，然后低位对齐，高位不足补零，如果对应的二进制位相同，则结果为 0，否则结果为 1。

使用“按位异或”运算符的示例如下：

```
int a = 3;    //0000 0011
int b = 5;    //0000 0101
int c = a^b;  //0000 0110
```

按照“按位异或”运算符的计算规则，3^5 的结果是 6。

4. “按位取反”运算符（~）

“按位取反”运算符“~”为单目运算符，其运算法则是：先将参与运算的数转换成二进制数，然后把各位的 1 改为 0，0 改为 1。

使用按位取反运算符的示例如下：

```
int a = 3;    //0000 0011
int b = ~ a;  //0000 1100
```

按照“按位取反”运算符的计算规则，~3 的结果是 -4。

5. “右移位”运算符（>>）

“右移位”运算符“>>”为双目运算符，其运算法则是：先将参与运算的数转换成二进制数，然后所有位置的数统一向右移动对应的位数，低位移出（舍弃），高位补符号位（正数补 0，负数补 1）。

使用右移位运算符的示例如下：

```
int a = 3;     //0000 0011
int b = a>>1;  //0000 0001
```

按照“右移位”运算符的计算规则，3 >>1 的结果是 1。

6. “左移位”运算符（<<）

“左移位”运算符“<<”为双目运算符，其运算法则是：先将参与运算的数转换成二进制数，然后所有位置的数统一向左移动对应的位数，高位移出（舍弃），低位的空位补 0。

使用左移位运算符的示例如下：

```
int a = 3;     //0000 0011
int b = a<<1;  //0000 0110
```

按照“左移位”运算符的计算规则，3 <<1 的结果是 6。

7. “无符号右移位”运算符（>>>）

“无符号右移位”运算符“>>>”为双目运算符，其运算法则是：先将参与运算的数转换成二进制数，然后所有位置的数统一向右移动对应的位数，低位移出（舍弃），高位补 0。

使用无符号右移位运算符的示例如下：

```
int a = 3;     //0000 0011
int b = a>>>1;  //0000 0001
```

按照“无符号右移位”运算符的计算规则，3 >>>1 的结果是 1。

【例 2-14】位运算符的使用。

```
public class BitOperation {
    public static void main(String[] args) {
        int i = 3;
        int j = 5;
        System.out.println("i&j 的值为：" + (i&j));
        System.out.println("i|j 的值为：" + (i|j));
        System.out.println("i^j 的值为：" + (i^j));
        System.out.println("~i 的值为：" + (~i));
        System.out.println("i>>1 的值为：" + (i>>1));
        System.out.println("i<<1 的值为：" + (i<<1));
    }
}
```

程序执行结果如图 2-5 所示。

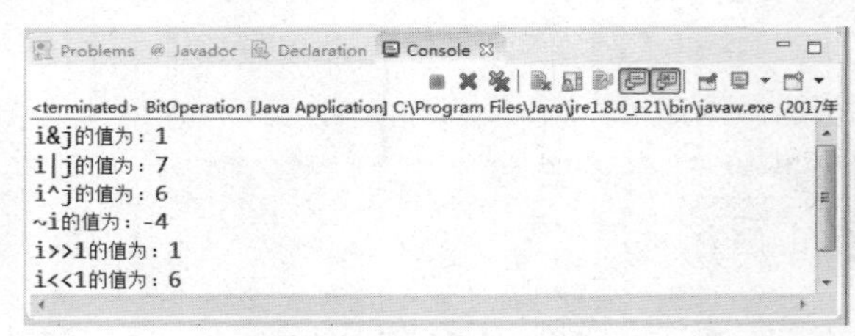

图 2-5　程序执行结果

2.4.6　条件运算符

条件运算符“? :”需要三个操作数，所以又被称为三元运算符。条件运算符的语法规则如下：

```
< 布尔表达式 > ? value1:value2
```

如果“布尔表达式”的结果为 true，就返回 value1 的值；如果“布尔表达式”的结果为 false，则返回 value2 的值。

使用条件运算符的示例如下：

```
int a = 3;
int b = 5;
```

```
int c = (a > b)? 1:2;
```

按照条件运算符的计算规则，执行后 c 的值为 2。

2.4.7 运算符的优先级与结合性

Java 语言规定了运算符的优先级与结合性。在表达式求值时，先根据运算符的优先级，按由高到低的次序执行，例如，算术运算符中的乘、除运算优先于加、减运算。

对于同优先级的运算符，要按照它们的结合性来决定执行顺序。运算符的结合性决定它们是从左到右计算（左结合性）还是从右到左计算（右结合性）。左结合性很好理解，因为大部分的运算符都是从左到右来计算的。需要注意的是右结合性的运算符，主要有 3 类：赋值运算符（如“=”“+=”等）、一元运算符（如“++”“！”等）和三元运算符（即条件运算符）。表 2-7 列出了各个运算符优先级的排列与结合性，请读者参考。

表 2-7 运算符的优先级与结合性

优 先 级	描 述	运 算 符	结 合 性
1	括号运算符	()、[]	自左至右
2	自增、自减、逻辑非	++、--、!	自右至左
3	算术运算符	*、/、%	自左至右
4	算术运算符	+、-	自左至右
5	移位运算符	<<、>>、>>>	自左至右
6	关系运算符	<、<=、>、>=	自左至右
7	关系运算符	= =、!=	自左至右
8	位逻辑运算符	&	自左至右
9	位逻辑运算符	^	自左至右
10	位逻辑运算符	|	自左至右
11	逻辑运算符	&&	自左至右
12	逻辑运算符	||	自左至右
13	条件运算符	? :	自左至右
14	赋值运算符	=、+=、-=、*=、/=、%=	自右至左

因为括号优先级最高，所以不论任何时候，当读者无法确定某种计算的执行次序时，可以使用加括号的方法来明确指定运算的顺序，这样不容易出错，同时也是提高程序可读性的一个重要方法。

2.5 数据类型转换

当一种数据类型变量的值赋给另外一种数据类型的变量时，就会涉及数据类型的转换。数据类型的转换有两种方式：隐式类型转换（自动转换）和显式类型转换（强制转换）。

2.5.1 隐式类型转换

从低级类型向高级类型的转换，系统将自动执行，程序员无须进行任何操作。这种类型的转换称为隐式转换。

基本数据类型会涉及数据转换（不包括逻辑类型和字符类型），其按精度从低到高排列的顺序为 byte < short < int < long < float < double。

【例 2-15】使用 int 型变量为 float 型变量赋值，此时 int 型变量将隐式转换成 float 型变量。实例代码如下：

```
int a = 3;    // 声明 int 型变量 a
double b = a;  // 将 a 赋值给 b
```

此时如果输出 b 的值，结果将是 3.0。

整型、浮点、字符型数据可以混合运算。不同类型的数据先转换为同一类型（从低级到高级），然后进行运算，转换规则见表 2-8。

表 2-8　数据类型自动转换规则

操作数 1 类型	操作数 2 类型	转换后的类型
byte、short、char	int	int
byte、short、char、int	long	long
byte、short、char、int、long	float	float
byte、short、char、int、long、float	double	double

2.5.2 显式类型转换

当把高精度变量的值赋给低精度变量时，必须使用显式类型转换运算，又称强制类型转换。需要注意的是：强制类型转换可能会导致数据精度的损失。

强制类型转换的语法规则如下：

```
(type) variableName;
```

其中，type 为 variableName 要转换的数据类型，而 variableName 是将要进行类型转换的变量名称，示例如下：

```
int a = 3;
double b = 5.0;
a = (int)b;  // 将 double 类型的变量 b 的值转换为 int 类型，然后赋值给变量 a
```

如果此时输出 a 的值，结果将是 5。

2.6 流程控制语句

流程控制语句用来决定程序的走向并完成特定的任务。在默认情况下，系统按照语句

的先后顺序依次执行，这就是所谓的顺序结构。顺序结构学习起来虽然简单，但在处理复杂问题时往往捉襟见肘，为此，在计算机编程语言中又出现了分支结构、循环结构和跳转结构等。

本节主要对分支结构、循环结构和跳转结构中涉及的流程控制语句进行介绍。

2.6.1 分支语句

分支语句提供了一种机制，这种机制使得程序在执行过程中可以跳过某些语句不执行（根据条件有选择地执行某些语句），它解决了顺序结构不能判断的缺点。

Java 语言中用的最多的分支语句是 if 语句和 if-else 语句，它们也被称为条件语句或选择语句。

1. if 语句

if 语句的语法格式如下：

```
if ( 条件表达式 ) {
    语句块 ;
}
```

当 if 后面的“条件表达式”为 true 时，则执行紧跟其后的“语句块”；如果“条件表达式”为 false，则执行程序中 if 语句后面的其他语句，其执行流程如图 2-6 所示。语句块中如果只有一个语句，可以不用 {} 括起来，但为了增强程序的可读性最好不要省略。

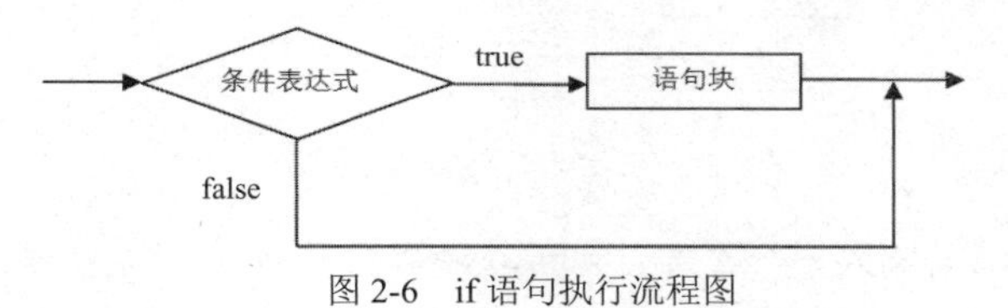

图 2-6　if 语句执行流程图

【例 2-16】通过键盘输入一个整数，判断该整数是否大于 18。

```
import java.util.Scanner; // 导入包
public class IFTest {
    public static void main(String[] args){
            System.out.println(" 请输入你的年龄：");
            Scanner sc = new Scanner(System.in);
            int age = sc.nextInt(); // 接收键盘输入的数据
            if (age>=18){
                    System.out.println(" 你已经是成年人了！ ");
            }
    }
}
```

程序执行结果如图 2-7 所示。

```
Problems  Javadoc  Declaration  Console
<terminated> IFTest [Java Application] C:\Program Files\Java\jre1.8.0_121\bin\javaw.exe (2017年2月13日 下午6:02:24)
请输入你的年龄：
21
你已经是成年人了！
```

图 2-7　程序执行结果

2．if-else 语句

if-else 语句的语法格式如下：

```
if ( 条件表达式 ) {
    语句块 1;
} else {
    语句块 2;
}
```

上述语法格式表达的意思是：如果 if 关键字后面的“条件表达式”成立，那么程序就执行“语句块 1”，否则执行“语句块 2”。其执行流程如图 2-8 所示。

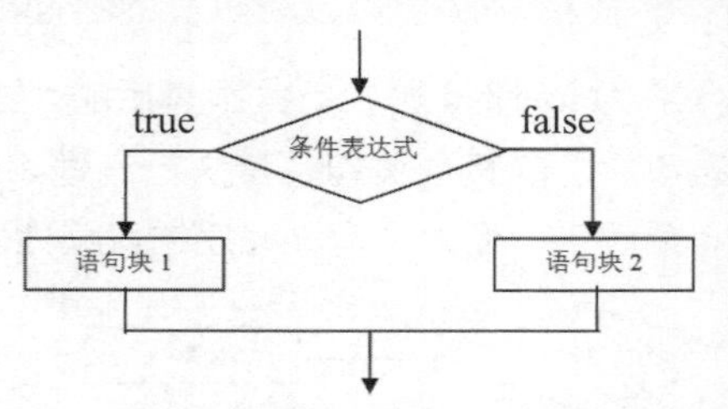

图 2-8　if-else 语句执行流程图

【例 2-17】通过键盘输入一个整数，判断其是否大于 18，如果大于 18 输出“成年人”，否则输出“未成年人”。

```
import java.util.Scanner; // 导入包
public class IfElseTest {
    public static void main(String[] args){
            System.out.println(" 请输入你的年龄：");
            Scanner sc = new Scanner(System.in);
            int age = sc.nextInt(); // 接收键盘输入的数据
            if (age>=18){
                    System.out.println(" 成年人 ");
            }else{
                    System.out.println(" 未成年人 ");
            }
    }
}
```

程序执行结果如图 2-9 所示。

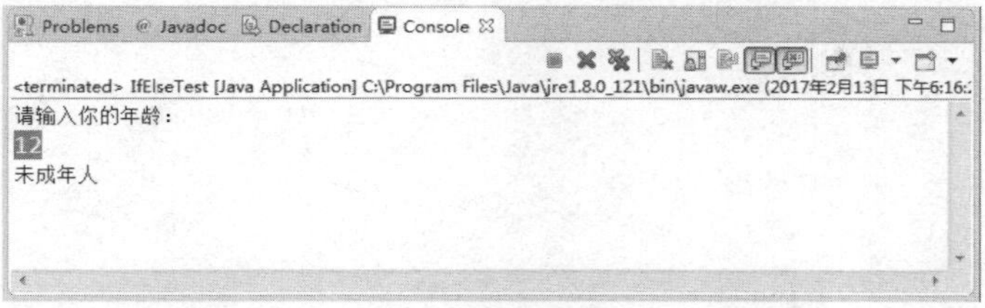

```
<terminated> IfElseTest [Java Application] C:\Program Files\Java\jre1.8.0_121\bin\javaw.exe (2017年2月13日 下午6:16:
请输入你的年龄：
12
未成年人
```

图 2-9　程序执行结果

3．if-else 嵌套语句

if-else 嵌套语句是功能最为强大的分支语句，它可以解决几乎所有的分支问题。if-else 嵌套语句的语法格式如下：

```
if ( 条件表达式 1) {
    if ( 条件表达式 2) {
            语句块 1;
    } else {
            语句块 2;
    }
} else {
    if ( 条件表达式 3) {
            语句块 3;
    } else {
            语句块 4;
    }
}
```

其执行流程如图 2-10 所示。

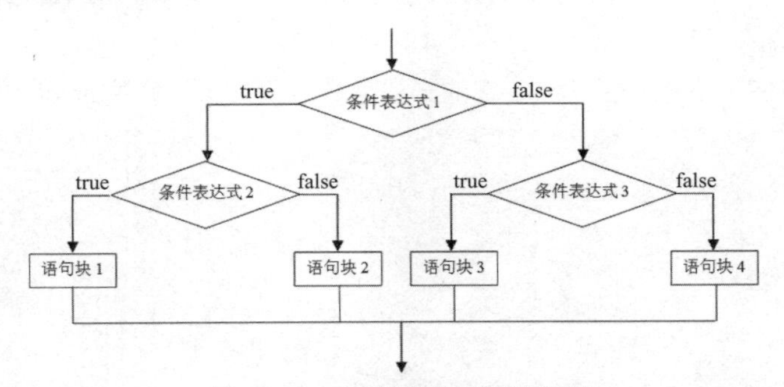

图 2-10　if-else 嵌套语句执行流程图

【例 2-18】通过键盘输入两个整数，比较它们的大小。

```
import java.util.Scanner; // 导入包
public class IfElseNestTest {
    public static void main(String[] args){
```

```
                Scanner sc = new Scanner(System.in);
                System.out.println(" 请输入 x1:");
                int x1 = sc.nextInt();
                System.out.println(" 请输入 x2:");
                int x2 = sc.nextInt();
                 if(x1>x2){
                        System.out.println(" 结果是 :" + "x1 > x2");
                        }else{
                        if(x1<x2){
                        System.out.println(" 结果是 :" + "x1 < x2");
                        }else{
                        System.out.println(" 结果是： " + "x1 = x2");
                        }
                 }
        }
}
```

程序执行结果如图 2-11 所示。

```
Problems  Javadoc  Declaration  Console
<terminated> IfElseNestTest [Java Application] C:\Program Files\Java\jre1.8.0_121\bin\javaw.exe (2017年2月13日 下午
请输入x1:
1
请输入x2:
2
结果是:x1 < x2
```

图 2-11　程序执行结果

4. switch 语句

在 Java 语言中，除了 if 语句和 if-else 分支语句之外，还有一个常用的多分支开关语句，那就是 switch 语句。

switch 语句是多分支的开关语句，它的一般格式定义如下（其中 break 语句是可选的）：

```
switch（表达式）{
      case        值 1：
                  语句块 1；
                  break;
      case        值 2：
                  语句块 2；
                  break;
      …
      case        值 n:
                  语句块 n；
                  break;
      default：
```

```
                语句块 n+1;
}
```

其中，switch、case、break 是 Java 的关键字。

使用 switch 语句，需要特别注意的地方有以下几个方面。

（1）switch 后面括号中“表达式”的值必须是整型（byte， short，int）或字符型（char）类型的常量表达式，而不能用浮点类型或 long 类型，也不能为一个字符串。

（2）default 子句是可选的。

（3）break 语句在执行完一个 case 分支后，使程序跳出 switch 语句，即终止 switch 语句的执行。但在特殊情况下，多个不同的 case 值要执行一组相同的操作，此时同一组中前面的 case 分支可以去掉 break 语句。

（4）一个 switch 语句可以代替多个 if-else 语句组成的分支语句，且 switch 语句从思路上显得更清晰。

【例 2-19】利用 switch 语句处理表达式中的运算符，并输出运算结果。

```
public class SwitchTest {
    public static void main(String[] args){
        int x=6;
        int y=9;
        char op='+'; // 运算符
        switch(op){
        // 根据运算符，执行相应的运算
                case '+':  // 输出 x+y
                        System.out.println("x+y="+ (x+y));
                        break;
                case '-':  // 输出 x-y
                        System.out.println("x-y="+ (x-y));
                        break;
                case '*':  // 输出 x*y
                        System.out.println("x*y="+ (x*y));
                        break;
                case '/':  // 输出 x /y
                        System.out.println("x/y="+ (x/y));
                        break;
                default:
                        System.out.println(" 输入的运算符不合适！ ");
                }
        }
}
```

程序执行结果如图 2-12 所示。

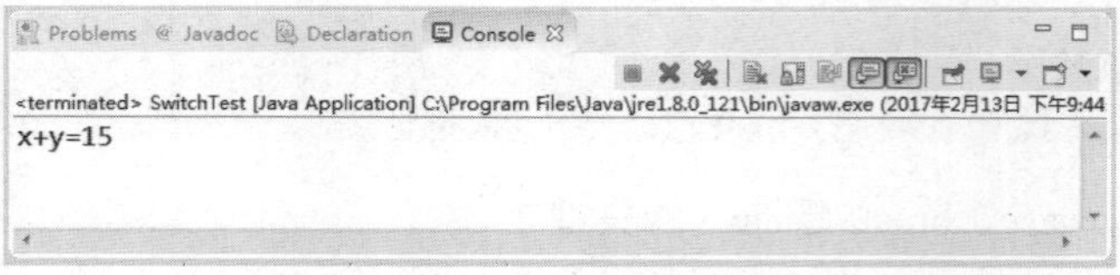

```
<terminated> SwitchTest [Java Application] C:\Program Files\Java\jre1.8.0_121\bin\javaw.exe (2017年2月13日 下午9:44
x+y=15
```

图 2-12　程序执行结果

2.6.2　循环语句

循环语句的作用是反复执行一段代码，直到满足特定条件为止。Java 语言中提供的循环语句主要有 3 种，分别是 while 语句、do-while 语句、for 语句。

1. while 语句

```
while 语句的格式如下：
while( 条件表达式 ){
    语句块;
}
```

执行 while 循环时，首先判断“条件表达式”的值，如果为 true，则执行“语句块”。每执行一次“语句块”，都会重新计算“条件表达式”的值，如果为 true，则继续执行“语句块”，直到“条件表达式”的值为 false 时结束循环。

while 语句执行流程如图 2-13 所示。

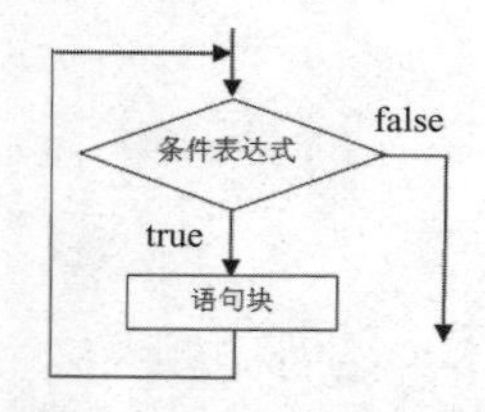

图 2-13　while 语句执行流程图

【例 2-20】利用 while 语句计算 1~100 的整数之和，并输出运算结果。

```
public class WhileTest {
    public static void main(String[] args){
            int sum=0;
            int i=1;
            // 如果 i<=100，则执行循环体，否则结束循环
            while(i<=100){
                    sum = sum + i;
                    // 改变循环变量的值，防止死循环
                    i = i +1;
            }
            System.out.println("sum = " + sum);
    }
```

```
}
```

程序执行结果如图 2-14 所示。

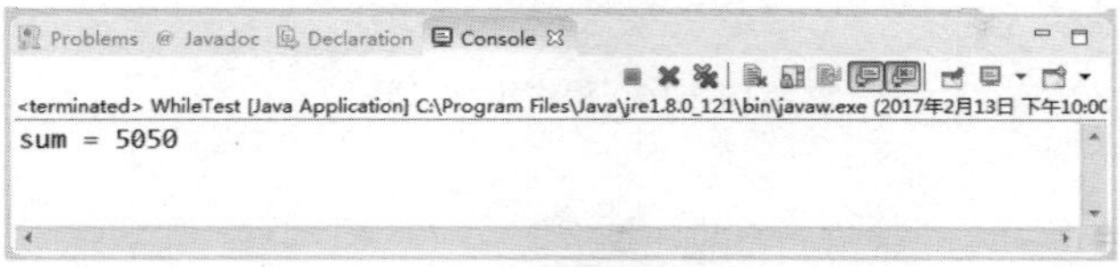

Problems @ Javadoc Declaration Console
<terminated> WhileTest [Java Application] C:\Program Files\Java\jre1.8.0_121\bin\javaw.exe (2017年2月13日 下午10:0
sum = 5050

图 2-14 程序执行结果

2. do-while 语句

do-while 语句的格式如下：

```
do{
    语句块;
}while( 条件表达式 );
```

do-while 循环与 while 循环的不同在于：它先执行“语句块”，然后再判断“条件表达式”的值是否为 true，如果为 true 则继续执行“语句块”，直到“条件表达式”的值为 false 为止。因此，do-while 语句至少要执行一次语句块。

do-while 语句执行流程如图 2-15 所示。

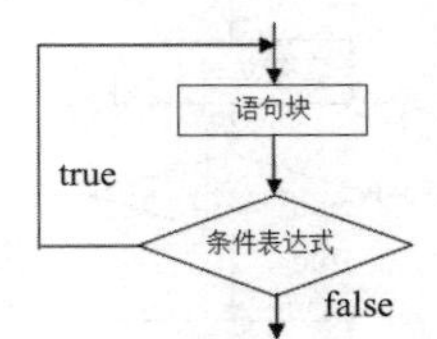

图 2-15 do-while 语句执行流程图

【例 2-21】利用 do-while 语句计算 5 的阶乘，并输出计算结果。

```
public class DoWhileTest {
    public static void main(String[] args){
      int result=1;
      int i=1;
      do{
              result = result * i;
              // 改变循环变量的值，防止死循环
              i = i +1;
      } while(i<=5) ;
      System.out.println("result = " + result);
    }
}
```

程序执行结果如图 2-16 所示。

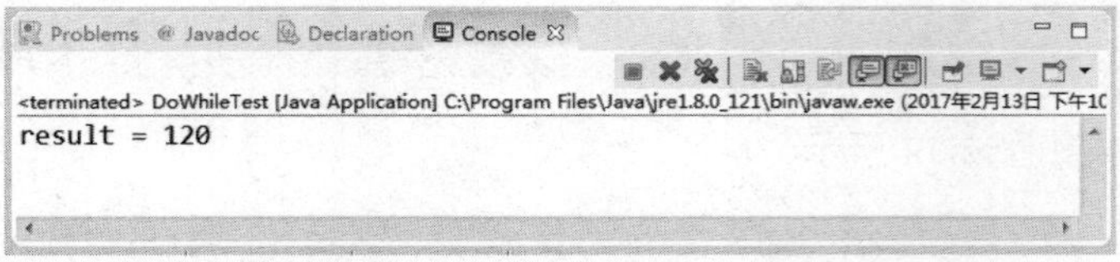

```
Problems @ Javadoc Declaration Console
<terminated> DoWhileTest [Java Application] C:\Program Files\Java\jre1.8.0_121\bin\javaw.exe (2017年2月13日 下午1(
result = 120
```

图 2-16　程序执行结果

3．for 语句

for 语句是功能最强，使用最广泛的一个循环语句。for 语句的语法格式如下：

```
for( 表达式 1; 表达式 2; 表达式 3){
    语句块 ;
}
```

for 语句中 3 个表达式之间用“;”分开，它们的具体含义如下。

表达式 1：初始化表达式，通常用于给循环变量赋初值。

表达式 2：条件表达式，它是一个布尔表达式，只有值为 true 时才会继续执行 for 语句中的“语句块”。

表达式 3：更新表达式，用于改变循环变量的值，避免死循环。

for 语句的执行流程如图 2-17 所示。

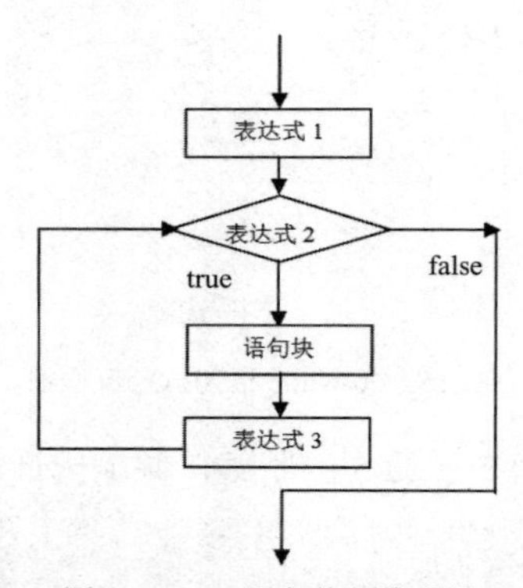

图 2-17　for 语句执行流程图

for 语句的执行流程如下。

（1）循环开始时，首先计算“表达式 1”，完成循环变量的初始化工作。

（2）计算“表达式 2”的值，如果值为 true，则执行“语句块”，否则不执行“语句块”，跳出循环语句。

（3）执行完一次循环后，计算“表达式 3”，改变循环变量的状态。

（4）转入步骤（2）继续执行。

【例 2-22】利用 for 语句计算 1~100 之间能被 3 整除的数之和，并输出计算结果。

```
public class ForTest {
    public static void main(String[] args){
        int sum=0;
```

```
        int i=1;
        for(i=1;i<=100;i++)  {
        if (i%3==0){ // 判断 i 能否整除 3
            sum = sum + i;
        }
      }
        // 打印计算结果
        System.out.println("sum = " + sum);
      }
}
```

程序执行结果如图 2-18 所示。

```
Problems @ Javadoc Declaration Console
<terminated> ForTest [Java Application] C:\Program Files\Java\jre1.8.0_121\bin\javaw.exe (2017年2月14日
sum = 1683
```

图 2-18　程序执行结果

4. 循环语句嵌套

所谓循环语句嵌套就是循环语句的循环体中包含另外一个循环语句。Java 语言支持循环语句嵌套，如 for 循环语句嵌套、while 循环语句嵌套，也支持二者的混合嵌套。

【例 2-23】利用 for 循环语句嵌套打印九九乘法表。

```
public class MulForTest {
    public static void main(String[] args){
      for(int i=1;i<=9;i++){                    // 第一重循环
          for(int j=1;j<=i;j++){                // 第二重循环
                  System.out.print(i+"*"+j+"=" + (i*j)+ "\t");
          }
      System.out.println();
      }
    }
}
```

程序执行结果如图 2-19 所示。

```
Problems @ Javadoc Declaration Console
<terminated> MulForTest [Java Application] C:\Program Files\Java\jre1.8.0_121\bin\javaw.exe (2017年2月14日 上午9:01:22)
1*1=1
2*1=2	2*2=4
3*1=3	3*2=6	3*3=9
4*1=4	4*2=8	4*3=12	4*4=16
5*1=5	5*2=10	5*3=15	5*4=20	5*5=25
6*1=6	6*2=12	6*3=18	6*4=24	6*5=30	6*6=36
7*1=7	7*2=14	7*3=21	7*4=28	7*5=35	7*6=42	7*7=49
8*1=8	8*2=16	8*3=24	8*4=32	8*5=40	8*6=48	8*7=56	8*8=64
9*1=9	9*2=18	9*3=27	9*4=36	9*5=45	9*6=54	9*7=63	9*8=72	9*9=81
```

图 2-19　程序执行结果

2.6.3 跳转语句

跳转语句用来实现循环语句执行过程中的流程转移。如 switch 语句中，用到的 break 语句就是一种跳转语句。在 Java 语言中，经常使用的跳转语句主要包括 break 语句和 continue 语句。

1. break 语句

在 Java 语言中，break 用于强行跳出循环体，不再执行循环体中 break 后面的语句。如果 break 语句出现在嵌套循环中的内层循环，则 break 的作用是跳出内层循环。

【例 2-24】利用 for 循环语句计算 1~100 的整数之和，当和大于 500 时，使用 break 跳出循环，并打印此时的求和结果。

```
public class BreakTest {
    public static void main(String[] args){
      int sum=0;
      for(int i=1;i<=100;i++){
              sum = sum + i;
              if(sum>500)
                 break;
      }
      System.out.println("sum = " + sum);
    }
}
```

程序执行结果如图 2-20 所示。

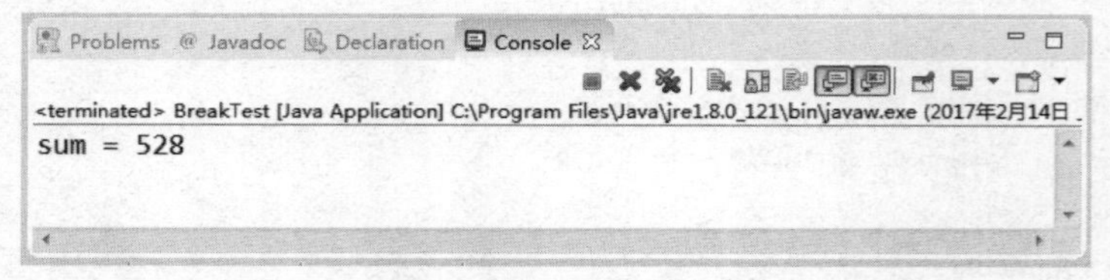

图 2-20　程序执行结果

从程序执行结果可以发现，当 sum 大于 500 时，程序执行 break 语句跳出循环体，不再继续执行求和运算，此时 sum 的值为 528，而不是 1~100 的所有数之和 5050。

2. continue 语句

continue 语句只能用在循环语句中，否则将会出现编译错误。当程序在循环语句中执行到 continue 语句时，程序一般会自动结束本轮次循环体的执行，并回到循环的开始处重新判断循环条件，决定是否继续执行循环体。

【例 2-25】输出 1~10 所有不能被 3 整除的自然数。

```
public class ContinueTest {
    public static void main(String[] args){
```

```
        for(int i=1;i<=10;i++){
            if(i%3==0){
                continue; // 结束本轮次循环
            }
            System.out.println("i = " + i);
        }
    }
}
```

程序执行结果如图 2-21 所示。

从程序执行结果可以发现，1~10 能被 3 整除的自然数在结果中均没有出现。这是因为当程序遇到能被 3 整除的自然数时，满足了 if 语句的判断条件，因而执行了 continue 语句，不再执行 continue 语句后面的输出语句，而是开始了新一轮次的循环，所以能被 3 整除的数没有出现在结果中。

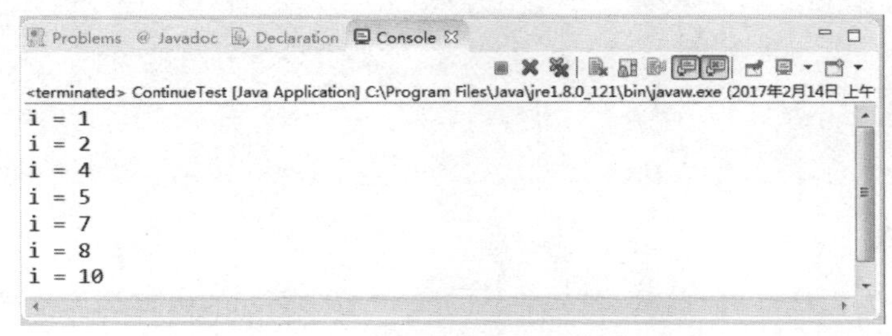

图 2-21　程序执行结果

2.7　Java 注释语句

使用注释可以提高程序的可读性，可以帮助程序员更好地阅读和理解程序。在 Java 源程序文件中，任意位置都可添加注释语句，注释中的文字 Java 编译器不进行编译，代码中的所有注释文字对程序不产生任何影响。Java 语言提供了 3 种添加注释的方法，分别为单行注释、多行注释和文档注释。

1. 单行注释

“//” 为单行注释标记，从符号 “//” 开始直到换行为止的所有内容均为注释内容。

单行注释语法如下：

```
// 注释内容
```

例如，以下代码为声明的 int 型变量添加注释：

```
int age ;                          // 定义 int 型变量用于保存年龄信息
```

2. 多行注释

“/*　*/”为多行注释标记，符号“/*”与“*/”之间的所有内容均为注释内容。注释中的内容可以换行。

多行注释语法如下：

```
/*
注释内容 1
注释内容 2
…
*/
```

有时为了多行注释的美观，编程人员习惯上在每行的注释内容前面加入一个“*”符号，构成如下的注释格式：

```
/*
* 注释内容 1
* 注释内容 2
*…
*/
```

3. 文档注释

“/**　*/”为文档注释标记。符号“/**”与“*/”之间的内容均为文档注释内容。当文档注释出现在声明（如类的声明、类的成员变量声明、类的成员方法声明等）之前时，会被 Javadoc 文档工具读取为 Javadoc 文档内容。文档注释的格式与多行注释的格式相同。对于初学者而言，文档注释并不是很重要，了解即可。

文档注释语法如下：

```
/**
*    注释内容 1
*    注释内容 2
*    …
*/
```

文档注释方法与多行注释很相似，但它以“/**”符号作为注释的开始标记。与单行、多行注释一样，被“/**”和“*/”符号注释的所有内容均会被编译器忽略。

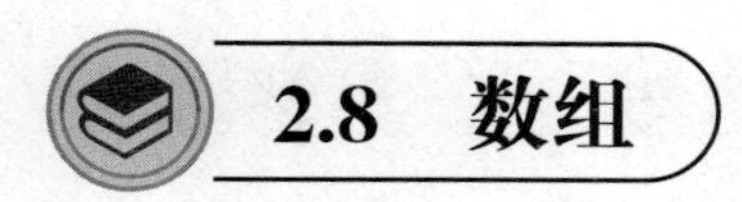

2.8　数组

在解决实际问题过程中，往往需要处理大量相同类型的数据，而且这些数据被反复使用。这种情况下，可以考虑使用数组来处理这种问题。数组就是相同数据类型的数据按顺序组成的一种复合型数据类型。数据类型可以是基本数据类型，也可以是引用数据类型。当数组元素的类型仍然是数组时，就构成了多维数组。

数组名可以是任意合法的 Java 标识符。通过数组名和下标来使用数组中的数据，下标从 0 开始。使用数组的最大好处是：可以让一批相同性质的数据共用一个变量名，而不必为每个数据取一个名字。使用数组不仅使程序书写大为简便清晰，可读性大大提高，而且便于用循环语句处理这类数据。

2.8.1 一维数组

一维数组是指维度为 1 的数组，它是数组最简单的形式，也是最常用的数组。

1. 声明数组

与变量一样，使用数组之前，必须先声明这个数组。声明一维数组的语法格式有以下两种方式：

```
数据类型 数组名 [ ];
数据类型 [ ] 数组名 ;
```

其中，“数据类型”可以是基本数据类型，也可以是引用数据类型。“数组名”可以是任意合法的 Java 标识符。

【例 2-26】采用不同方式声明两个一维数组。

```
int [] a1;    // 整型数组
double b1[]; // 浮点型数组
```

在声明数组时，不能指定数组的长度，否则编译无法通过。

2. 分配空间

声明数组仅为数组指定了数组名和数组元素的类型，并没有为元素分配实际的存储空间，若要使用需要为数组分配空间。

为数组分配空间就是在内存中为它分配几个连续的位置来存储数据，在 Java 中使用 new 关键字来为数组分配空间。其语法格式如下：

```
数组名 = new 数据类型 [ 数组长度 ];
```

其中，“数组长度”就是数组中能存放的元素个数，是大于 0 的整数。

【例 2-27】为例 2-25 的数组分配空间。

```
a1 = new int[10];
b1 = new double[20];
```

也可以在声明数组时就为它分配空间，语法格式如下：

```
数据类型 数组名 [ ] = new 数据类型 [ 数组长度 ];
```

【例 2-28】声明数组时就为它分配空间。

```
int a2[] = new int[10];
```

一旦声明了数组的大小，就不能再修改。

3. 一维数组的初始化

初始化一维数组是指分别为数组中的每个元素赋值。可以通过以下两种方法进行数组的初始化。

1）直接指定初值的方式

在声明一个数组的同时，将数组元素的初值依次写入赋值号后的一对花括号内，表示给这个数组的所有元素赋初始值。这样，Java 编译器可通过初值的个数确定数组元素的个数，为它分配足够的存储空间并将这些值写入相应的存储单元。

语法格式如下：

```
数据类型 数组名 [ ] = { 元素值 1, 元素值 2, 元素值 3, ... , 元素值 n};
```

【例 2-29】使用直接指定初值的方式初始化一维数组。

```
int [ ] a1 = {23,-9,38,8,65};
double b1[] = {1.23, -90.1, 3.82, 8.0 ,65.2};
```

2）通过下标赋值的方式

数组元素在数组中按照一定的顺序排列编号，首元素的编号规定为 0，其他元素顺序编号，元素编号也称为下标或索引。因此，数组下标依次为 0、1、2、3、……。数组中的每个元素可以通过下标进行访问，例如 a1[0] 表示数组的第一个元素。

通过下标赋值的语法格式如下：

```
数组名 [ 下标 ] = 元素值 ;
```

【例 2-30】通过下标赋值方式向数组 a1 中存放数据。

```
a1[0] = 13;
a1[1] = 14;
a1[2] = 15;
a1[3] = 16;
...
```

4. 一维数组的应用

下面通过一个实例，让读者对数组的应用有一个初步的了解。

【例 2-31】在数组中存放 4 位同学的成绩，计算这 4 位同学的总成绩和平均成绩。

```
public class Array1Test {
    public static void main(String[] args){
```

```
                double score[]={76.5,88.0,92.5,65};
                double sum =0;
        for(int i=0;i<score.length;i++){
                sum = sum + score[i];
        }
        System.out.println(" 总 成 绩 为： " + sum);
        System.out.println(" 平均成绩为： " + sum/score.length);
    }
}
```

程序执行结果如图 2-22 所示。

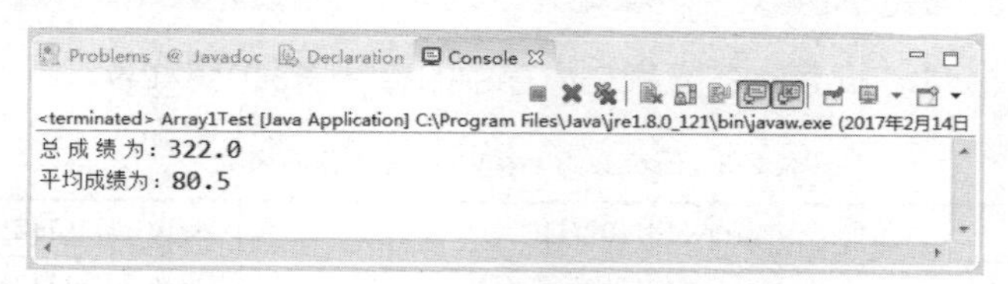

图 2-22　程序执行结果

注意：在 Java 语言中，数组是一种引用类型，它拥有方法和属性，例如，在例 2-30 中出现的 length 就是它的一个属性，利用该属性可以获得数组的长度。

2.8.2　多维数组

在介绍数组基本概念时，已经给出这样的结论：数组元素可以是 Java 语言允许的任何数据类型，当数组元素的类型是数组时，就构成了多维数组。例如，二维数组实际上就是每个数组元素是一个一维数组的一维数组。

1．声明多维数组

这里以二维数组为例，声明多维数组的语法格式有以下两种方式：

```
数据类型  数组名 [ ] [ ];
数据类型 [ ] [ ] 数组名 ;
```

【例 2-32】采用不同方式声明两个多维数组。

```
int [][]matrix;    // 整型二维数组
double b1[][][];  // 浮点型三维数组
```

2．分配空间

为多维数组（这里以三维数组为例）分配空间的语法格式如下：

```
数组名 = new 数据类型 [ 数组长度 1] [ 数组长度 2] [ 数组长度 3];
```

其中，“数组长度 1”是第一维数组元素个数，“数组长度 2”是第二维数组元素个数，

“数组长度 3”是第三维数组元素个数。

【例 2-33】为例 2-31 的数组分配空间。

```
matrix = new int[3] [3];        // 为整型二维数组分配空间
b1[][][]= new double[3] [5] [5]; // 为浮点型三维数组分配空间
```

也可以在声明数组时，就为它分配空间，语法格式如下：

```
数据类型 数组名 [ ] [ ] [ ] = new 数据类型 [ 数组长度 1] [ 数组长度 2] [ 数组长度 3];
```

【例 2-34】声明一个整型三维数组，并为其分配空间。

```
int array3[][][] = new int[2] [2] [3];
```

该数组有 2×2×3 个元素，各元素在内存中的存储情况见表 2-9。

表 2-9 三维数组 array3 的元素存储情况

array3[0] [0] [0]	array3[0] [0] [1]	array3[0] [0] [2]
array3[0] [1] [0]	array3[0] [1] [1]	array3[0] [1] [2]
array3[1] [0] [0]	array3[1] [0] [1]	array3[1] [0] [2]
array3[1] [1] [0]	array3[1] [1] [1]	array3[1] [1] [2]

3. 多维数组的初始化

初始化多维数组是指分别为多维数组中的每个元素赋值。可以通过以下两种方法进行数组的初始化。

1）直接指定初值的方式

在声明一个多维数组的同时将数组元素的初值依次写入赋值号后的多对花括号内，表示给这个数组的所有元素赋初始值。这样，Java 编译器可通过初值的个数确定数组元素的个数，为它分配足够的存储空间并将这些值写入相应的存储单元。

这里以二维数组为例，其语法格式如下：

```
数据类型 数组名 [ ] [ ] = { 数组 1, 数组 2 };
```

【例 2-35】使用直接指定初值的方式初始化二维数组。

```
int matrix2[][]  = {{1, 2, 3}, {4,5,6}};
```

2）通过下标赋值的方式

【例 2-36】通过下标赋值方式向多维数组中存放数据。

```
int matrix3[][]  =  new int[2][3];
matrix3 [0] [0] = 0;
matrix3 [0] [1] = 1;
matrix3 [0] [2] = 2;
matrix3 [1] [0] = 3;
```

```
matrix3 [1] [1] = 4;
matrix3 [1] [2] = 5;
```

4. 多维数组的应用

以二维数组为例，可用 length() 方法测定二维数组的长度，即元素的个数。只不过使用“数组名 .length”得到的是二维数组的行数，而使用“数组名 [i].length”得到的是该行的列数。

下面通过一个实例对上述内容进行进一步的解释，首先声明一个二维数组：

```
int[ ][ ] arr1={{3, -9},{8,0},{11,9} };
```

则 arr1.length 的返回值是 3，表示数组 arr1 有 3 行。而 arr1[1].length 的返回值是 2，表示 arr1[1] 对应的行（第二行）有 2 个元素。

【例 2-37】声明并初始化一个二维数组，然后输出该数组中各元素的值。

```
public class Array2Test {
    public static void main(String[] args){
      int i=0;
      int j=0;
      int ss[][] = {{1,2,3},{4,5,6},{7,8,9}};
      for(i=0;i<ss.length;i++){
            for (j=0;j<ss[i].length;j++){
                  System.out.print("ss["+i+"]["+j+"]="+ss[i][j]+" ");
            }
       System.out.println();
       }
    }
    }
}
```

程序执行结果如图 2-23 所示。

```
Problems  Javadoc  Declaration  Console
<terminated> Array2Test [Java Application] C:\Program Files\Java\jre1.8.0_121\bin\javaw.exe (2017年2月15日
ss[0][0]=1 ss[0][1]=2 ss[0][2]=3
ss[1][0]=4 ss[1][1]=5 ss[1][2]=6
ss[2][0]=7 ss[2][1]=8 ss[2][2]=9
```

图 2-23　程序执行结果

强化练习

通过对本章内容的学习，读者可以对 Java 语言的语法规则以及程序流程控制有一个比较深入的理解，并能够和数组结合开发一些 Java 应用程序。

练习 1:

通过键盘输入年份，根据输入的年份判断该年份是否为闰年，并输出判断结果。

练习 2:

通过键盘输入年份和月份，根据输入的年份和月份判断该月份的天数，并输出结果。

练习 3:

通过键盘输入两个整数，计算这两个整数之间的所有奇数之和，并输出计算结果。

练习 4:

通过键盘输入两个整数，计算这两个整数之间的所有素数之和，并输出计算结果。

练习 5:

计算企业应发放奖金总数，奖金发放标准如下：企业发放的奖金根据利润进行提成，利润低于或等于 10 万元时，奖金可提 10%；利润高于 10 万元，低于 20 万元时，低于 10 万元的部分按 10% 提成，高于 10 万元的部分可提成 7.5%；利润在 20 万 ~40 万时，高于 20 万元的部分可提成 5%；利润在 40 万 ~60 万时，高于 40 万元的部分可提成 3%；利润在 60 万 ~100 万时，高于 60 万元的部分可提成 1.5%；利润在高于 100 万元时，超过 100 万元的部分按 1% 提成。

从键盘输入当月利润，求应发放奖金总数，并输出结果。

练习 6:

定义 1 个二维数组，用于存储 1 个3×3矩阵的元素值，并求出该矩阵对角线元素之和，然后输出结果。

练习 7:

定义两个二维数组，分别用于存储两个3×3矩阵的元素值，求出这两个矩阵的积，并输出计算结果。

第3章 面向对象编程准备

内容概要

面向对象程序设计（OOP）方法是目前比较流行的程序设计方法，和面向过程程序设计相比，它更符合人类的自然思维方式。本章将对面向对象程序设计的基本概念进行详细介绍，如抽象、对象、类、封装、继承、多态性和消息等，并进一步讲解 Java 面向对象程序设计的实现方式。

学习目标

- 熟悉面向对象程序设计的基本概念
- 掌握 Java 中类与对象的概念、定义和使用
- 掌握类的构造方法的定义和使用
- 熟悉 Java 的访问说明符和修饰符的概念
- 熟悉 Java 的 main() 方法、重载、方法中的参数使用

课时安排

- 理论学习 4 课时
- 上机操作 4 课时

3.1 面向对象程序设计概述

面向对象程序设计方法是将数据和对数据的算法封装在一起形成对象，就一个对象来说，它的数据结构和对这些数据的算法的复杂程度不会很大，这解决了结构化程序设计方法的弊端。其程序结构为：

对象 =（数据结构 + 算法）

程序 = 对象 + 对象 + 对象 + …… + 对象

对象封装机制的目的在于将对象的使用者和设计者分开，使用者只需了解接口，而设计者的任务是如何封装一个类，哪些内容需要封装在类的内部及需要为类提供哪些接口。

总之，面向对象程序设计方法是一种以对象为中心的程序设计方式。它包括以下几个主要概念：抽象、对象、类和封装、继承、多态性、消息、结构与关联。

1. 抽象

人类在认识复杂现象的过程中，使用的最强有力的思维工具是抽象。抽象就是抽出事物的本质特征而暂不考虑它们的细节。

例如，从现实世界存在的不同实体中，如长方形、正方形、椭圆形等抽取它们的共性——形状（Shape），如图 3-1 所示。

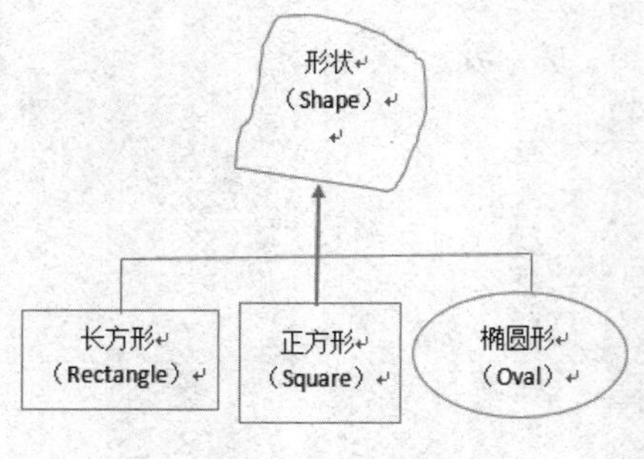

图 3-1　抽象概念

2. 对象

对象（Object）是客观世界存在的具体实体，其具有明确定义的状态和行为。对象可以是有形的，如一本书、一辆车等，也可以是无形的规则、计划或事件，如记账单、一项记录等。

对象是封装了数据结构及可以施加在这些数据结构上的操作的封装体。属性和操作是对象的两大要素。属性是对象静态特征的描述，操作是对象动态特征的描述，也称方法或行为。图 3-2 所示为法拉利汽车对象。

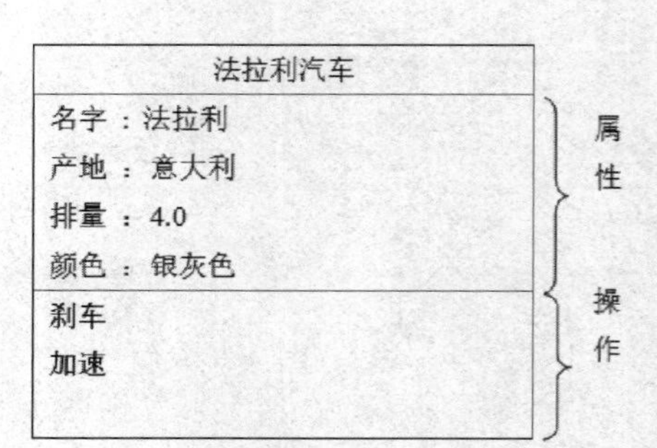

图 3-2　法拉利汽车对象

3. 类

类（Class）是对一组有相同数据和相同操作的对象的定义，一个类所包含的方法和数据描述一组对象的共同属性和行为。类是在对象之上的抽象，对象则是类的具体化，是类的实例。

图 3-3 所示的汽车设计图就是“类”，由这个图纸设计出来的若干辆汽车就是该类的具体实例。由此可见，类是对象的模板、图纸，而对象（Object）是类（Class）的一个个实例（Instance），是现实世界的一个个实体。一个类可以对应多个对象。

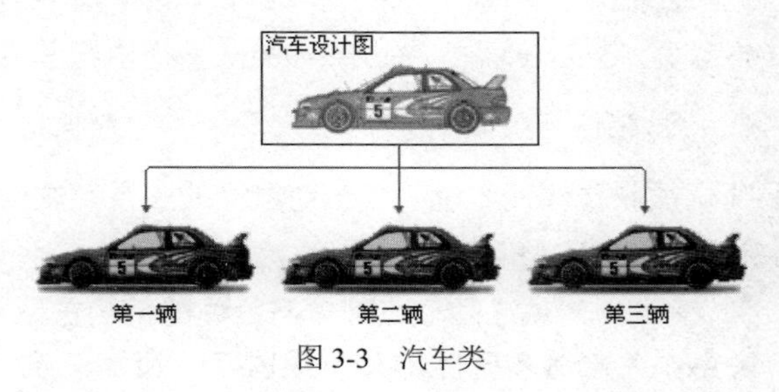

图 3-3 汽车类

注意：*面向对象程序设计的重点是类的设计，而不是对象的设计。*

4. 封装

封装是一种信息隐蔽技术，它体现于类的说明，是对象的重要特性。通过封装，可以把对象的实现细节对外界隐藏起来。它具有两层含义。

（1）把对象的全部属性和全部服务结合在一起，形成一个不可分割的独立单位。

（2）“信息隐蔽”，即尽可能隐蔽对象的内部细节，对外形成一个边界（或者说形成一道屏障），只保留有限的对外接口使之与外部发生联系。

5. 继承

继承性是子类自动共享父类的数据和方法的机制，它由类的派生功能体现。子类可以直接继承父类的全部描述，同时可修改和扩充。继承具有传递性。继承机制便于代码的重用。图 3-4 所示继承关系中，子类 Square 继承了父类 Rectangle 的特性，同时又具有自身新的属性和服务。

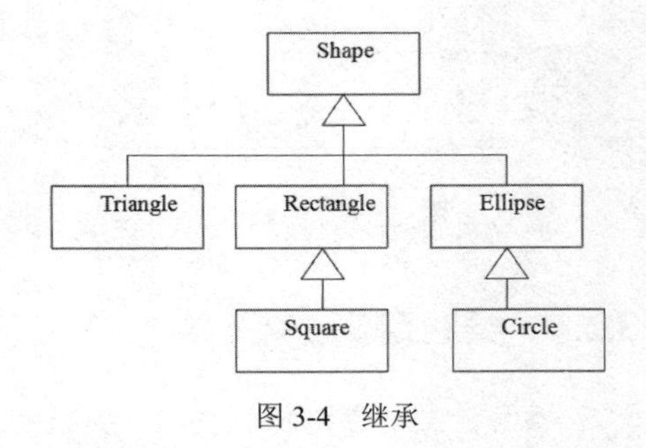

图 3-4 继承

子类和父类是相对而言的。如哺乳动物是一般类（称为基类、超类或父类），狗和猫是特殊类（也称子类）；在狗和黑狗之间，狗是一般类，黑狗是特殊类。

6. 多态性

多态性是指不同类型的对象接收相同的消息时产生不同的行为。这里的消息主要是对类中成员函数的调用，而不同的行为就是指类成员函数的不同实现。当对象接收到发送给它的消息时，根据该对象所属的类动态选用在该类中定义的实现算法。在图 3-4 中，当方法 drawShape 消息发出时，不同的子类如 Rectangle、Triangle 对该消息的响应是不同的，它们会自动判断自己的所属类并执行相应的服务。

7. 消息

向某个对象发出的服务请求称作消息。对象提供的服务的消息格式称作消息协议。

消息包括：被请求的对象标识、被请求的服务标识、输入信息和应答信息等。如向正方形类（Square 类）的对象 square 发送执行消息 drawShape：square.drawShape（）。

8. 结构与关联

关联是体现系统中各个对象间的关系，主要包括部分 / 整体、一般 / 特殊、实例连接、消息连接等。

（1）对象之间存在部分与整体的结构关系。该关系中有两种方式：组合和聚集。组合关系中，部分和整体的关系很紧密，聚集关系则比较松散，一个部分对象可以属于几个整体对象，如图 3-5 所示为组合关系。

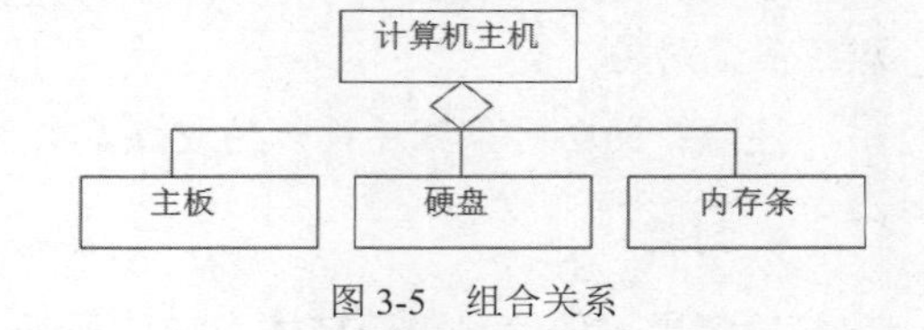

图 3-5　组合关系

（2）一般 / 特殊。对象之间存在着一般和特殊的结构关系，也就是说它们存在继承关系，很多时候也称作泛化和特化关系。

（3）实例连接。实例连接表现了对象之间的静态联系，它通过对象的属性来表现对象之间的依赖关系。对象之间的实例连接称作链接，对象类之间的实例连接称作关联。

（4）消息连接。消息连接表现了对象之间的动态联系，它表现了这样一种联系：一个对象发送消息请求另一个对象的服务，接收消息的对象响应消息，执行相应的服务。

3.2　类与对象

本节主要讲述 Java 中类的定义、类中成员和方法的定义以及类对象的创建。

3.2.1　类的定义

类可看做创建对象的模板（或图纸），而它本身不是对象，定义类就是要定义类的属性与行为（也称方法）。类可理解成 Java 的一种新的数据类型，它是 Java 程序设计的基本单位。类有成员变量（属性）和成员函数（方法），在类的内部定义。

Java 定义类的格式如下：

```
[ 访问说明符 ] [ 修饰符 ] class 类名
{
  类成员变量声明   // 描述对象的状态
  类方法声明       // 描述对象的行为
}
```

“类名”是必要的，在定义类时必须给出来，用来指构建的具体类，其命名必须遵循 Java 的命名方式。

关键字 class 用来定义类。

“访问说明符”和“修饰符”是任选的，将在后面章节介绍。

例如：

```
class Employee {    // 定义职员类
  String employeeName;          // 类的属性 ---- 职员姓名
  public void setEmployeeSalary(double salary){  // 设置职员的薪水
          // 该方法带有一个 double 类型的参数，无返回值
  }
  public String  toString() { // 输出职员的基本信息
          // 该方法不带参数，但有一个 String 类型的返回值
    system.out.println("Employee name  is " + employeeName);
  }
}
```

其中，定义了一个职员类 Employee，该类有一个属性 employeeName，一个方法 setEmployeeSalary。类的属性也叫类成员变量，类的方法也叫类的成员函数。一个类中的方法可以直接访问同类中的任何成员（包括成员变量和成员函数），如 setEmployeeSalary 方法可以直接访问同一个类中的 employeeName 变量。

3.2.2 成员变量

成员变量（类的属性）的声明方式如下：

[访问说明符] [修饰符] 数据类型　变量名；

“访问说明符”和“修饰符”是任选的，定义由分号终止。

“数据类型”可以是任何 Java 的有效数据类型。

“变量名”是定义变量必需的，用于以后定义的变量名称。

例如，类 Employee 的成员变量 String employeeName 的声明。

3.2.3 成员方法

类的方法也称类的成员函数，用来规定对类属性的操作，实现类对外界提供的服务，也是类与外界交流的接口。成员方法的实现包括两部分内容：方法声明和方法体。

```
[ 访问说明符 ] [ 修饰符 ] 返回值类型 方法名（参数列表）{
// 方法体声明
    局部变量声明；
    语句序列；
}
```

其中“返回值类型”是方法返回值的数据类型。

例如类 Employee 类中的两个方法的定义：

```
public void setEmployeeSalary(double salary): 没有返回值，所以方法返回类型为 void。
public String toString(): 返回 String 数据类型，所以方法返回类型为 String。
```

“方法名”必须遵循 Java 命名约定。既然方法是类的行为，方法名将是动词 + 名字的组合，能反映类的行为。例如：

```
printEmployeeName();
```

“参数列表”是传递给方法的一组信息，它被明确地写在方法名后面的括弧里。

注意：“访问说明符”主要有 public、private、protect、default；“修饰符”主要有 final、static、abstract、synchronized 和 native。其中 synchronized 为同步修饰符，在多线程程序中，要运行这个方法需对其加锁，以防止别的进程访问，运行结束后解锁。native 为本地修饰符，表示此方法的方法体是用其他语言在外部编写的。具体见后文修饰符详解。

3.2.4 创建对象

1. 对象的声明

对象的声明主要是声明该对象属于哪个类，语法如下：

```
类名 变量名列表;
```

注意：“变量名列表”可包含一个对象名或多个对象名，如果含有多个对象名，对象名之间用逗号分隔开。当声明一个对象时，就为该对象在栈内存中分配内存空间，此时它的值为 null，表示不指向任何对象。

2. 对象的创建

在声明对象时，并没有为该对象在堆内存中分配空间，只有通过 new 操作才能完成对象的创建，并为该对象在堆内存分配空间。

对象创建的语法如下：

```
对象名 = new 构造方法 ([ 实参列表 ]);
```

创建对象最好采取下述语法一步完成：

```
类名 对象名 = new 构造方法 ([ 实参列表 ]);
```

例如：

```
Employee  employee = new Employee("100001");  // 创建工号为 100001 的员工
```

3. 对象的使用

声明并创建对象的目的就是为了使用它。对象的使用包括使用其成员变量和成员方法，运算符“.”可以实现对成员变量的访问和成员方法的调用。非静态的成员变量和成员方法的使用语法如下：

```
对象名 . 成员变量名；
```

例如

```
employee.employeeName；
对象名 . 成员方法名 ([ 实参列表 ])；
```

例如

```
employee.toString()；
```

3.2.5 成员变量和成员方法的使用

1. 使用成员变量

一旦定义了成员变量，就能进行初始化及计算和其他操作。

在同一个类中使用成员变量，例如：

```
class Camera{
    int numOfPhotos;      // 照片数目
    public void incrementPhotos(){ // 增加照片的个数
      numOfPhotos++;   // 使用成员变量 numOfPhotos
          }
}
```

从另外一个类中使用成员变量。通过创建类的对象，然后使用“.”操作符指向该变量，例如：

```
class Robot{
    Camera camera；   // 声明 Camera 的对象
    public void  takePhotos(){ // 拍照功能的成员函数
        camera = new Camera();  // 给 camera 对象分配内存
        camera.numOfPhotos++;   // 使用 camera 对象的成员变量 numOfPhotos
    }
}
```

2. 使用成员方法

调用成员方法必须在方法名后跟括号和分号，如 Camera 类的一个对象 camera 使用自己的方法计算照片的数量。

```
camera. incrementPhotos(); // 调用 camera 对象的成员函数
```

调用同类的成员函数。例如：

```
class Camera{
    int numOfPhotos;     // 照片数目
    public void incrementPhotos(){ // 增加照片的个数
    numOfPhotos++;   // 使用成员变量 numOfPhotos
}
public void clickButton(){
        incrementPhotos();// 调用同类的成员函数 incrementPhotos()
    }
}
```

调用不同类的成员函数。通过创建类的对象，然后使用“.”操作符指向该函数，例如：

```
class Robot{
  Camera camera；// 声明 Camera 的对象
  public void  takePhotos(){ // 拍照功能的成员函数
  camera = new Camera();// 给 camera 对象分配内存
// 增加照片个数
  camera.clickButton();   // 使用 camera 对象的成员函数 clickButton()
  }
}
```

3.2.6 方法中的参数传递

1. 传值调用

Java 中所有原始数据类型的参数是传值的，这意味着参数的原始值不能被调用的方法改变。例如下面的程序代码。

【例 3-1】 自定义类 SimpleValue，实现基本数据的参数传递。

```
class SimpleValue{
  public static void main(String [] args)        {
              int x = 5;
    System.out.println(" 方法调用前 x = "  + x);
    change(x);
    System.out.println("change 方法调用后 x = "  + x);
  }
  public static void change(int x){
              x = 4;
  }
```

```
}
```

程序运行结果如图 3-6 所示。

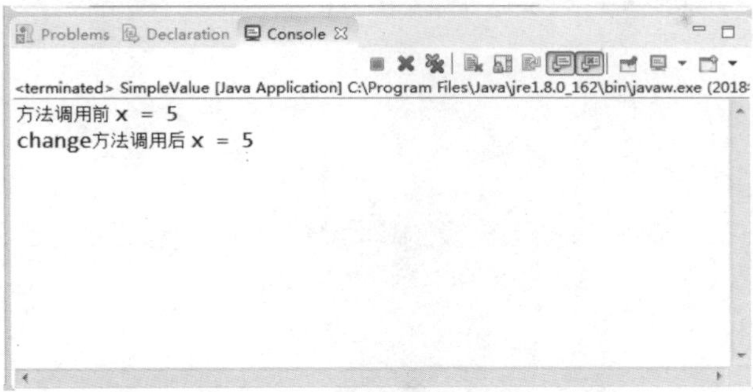

图 3-6 程序运行结果

程序分析：

调用 change 方法后不会改变 main() 方法中传递过来的变量 x 的值，因此最后的输出结果仍旧是 5。由此可见，在传值调用里，参数值的一份副本传给了被调用方法，把它放在一个独立的内存单元。因此，当被调用的方法改变参数的值时，不会反映到调用方法里。

2. 引用调用

对象的引用变量并不是对象本身，它们只是对象的句柄（名称）。就好像一个人可以有多个名称（如中文名，英文名），一个对象可以有多个句柄。

【例 3-2】 自定义类 ReferenceValue，实现引用数据的参数传递。

```
class ReferenceValue{
    int x ;
    public static void main(String [] args)      {
            ReferenceValue obj = new ReferenceValue();
            obj.x = 5;
            System.out.println("chang 方法调用前的 x =  "  + obj.x);
            change(obj);
            System.out.println("chang 方法调用后的 x =  "  + obj.x);
    }
    public static void change(ReferenceValue obj){
            obj.x=4;
    }
}
```

程序运行结果如图 3-7 所示。

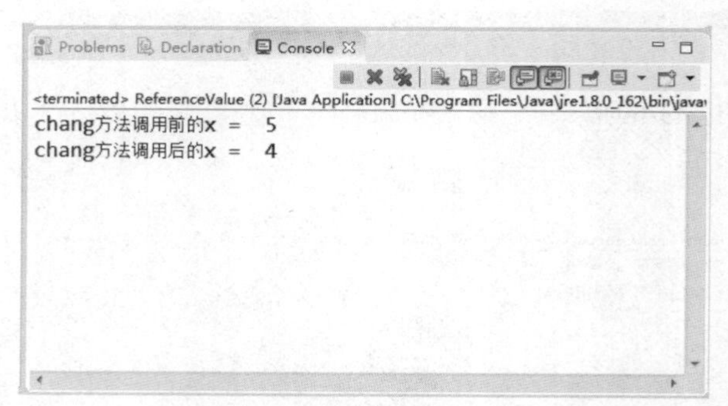

图 3-7　程序运行结果

程序分析：

在 main() 方法中首先生成 obj 对象，并将其成员变量 x 赋值为 5，接下来调用类内定义的方法 change。

在调用 chang 方法时把 main() 方法的 obj 的值赋给 change 方法中的 obj，使其指向同一内容。

change 方法结束，change 中的 obj 变量被释放，但堆内存的对象仍然被 main() 方法中的 obj 引用，所以在 main() 方法中的 obj 所引用的对象的内容被改变。

注意：Java 语言中基本类型数据传递是传值调用，对象的参数传递是引用调用。

3.2.7　类对象使用举例

当一个对象被创建时，会对其中各种类型的成员变量按表 3-1 自动进行初始化赋值。

表 3-1　类对象的成员变量的初始值

成员变量类型	初 始 值
Byte	0
Short	0
Int	0
long	0L
float	0.0F
double	0.0D
char	'\u0000'（表示为空）
boolean	False
All reference type	Null

下面的程序代码演示了 Employee 类对象的创建及使用方式。

【例 3-3】自定义类 Employee，创建并使用类 Employee 的三个对象。

功能实现：定义一个职员类 Employee，并为该类声明三个对象，并输出这三个对象的具体信息。

```
import java.io.*;
```

```
class Employee { // 定义父类 : 职员类
String employeeName; // 职员姓名
int employeeNo; // 职员的编号
double employeeSalary; // 职员的薪水
public void setEmployeeName(String name) {// 设置职员的姓名
            employeeName = name;
    }
    public void setEmployeeNo(int no) {// 设置职员的编号
            employeeNo = no;
    }
    public void setEmployeeSalary(double salary) { // 设置职员的薪水
            employeeSalary = salary;
    }
    public String getEmployeeName() { // 获取职员姓名
            return employeeName;
    }
    public int getEmployeeNo() { // 获取职员的编号
            return employeeNo;
    }
    public double getEmployeeSalary() { // 获取职员工资
            return employeeSalary;
    }
    public String toString() { // 输出员工的基本信息
            String s;
      s = " 编号 : " + employeeNo + "  姓名：  " + employeeName + "  工资：  " + employeeSalary;
            return s;
    }
}
public class test_employee {  // 主程序，测试 employee 对象
    public static void main(String args[]) { // Employee 的第一个对象 employee1
      Employee employee1; // 声明 Employee 的对象 employee
      employee1 = new Employee(); // 为对象 employee 分配内存
            // 调用类的成员函数为该对象赋值
            employee1.setEmployeeName(" 王一 ");
            employee1.setEmployeeNo(100001);
            employee1.setEmployeeSalary(2100);
            System.out.println(employee1.toString()); // 输出该对象的数值
            // Employee 的第二个对象 employee2，并为对象 employee 分配内存
            Employee employee2 = new Employee(); // 构建 Employee 类的第二个对象
            System.out.println(employee2.toString()); // 输出成员变量初始值

            // Employee 的第三个对象 employee3，并为对象 employee 分配内存
            Employee employee3 = new Employee(); // 构建 Employee 类的第二个对象
```

```
            employee3.employeeName = " 王华 " + ""; // 直接给类的成员变量赋值
            System.out.println(employee3.toString()); // 输出成员变量初始值
        }
    }
```

程序运行结果如图 3-8 所示。

```
Problems  Declaration  Console
<terminated> test_employee (3) [Java Application] C:\Program Files\Java\jre1.8.0_162\bin\javaw.
编号: 100001  姓名: 王一 工资: 2100.0
编号: 0  姓名: null  工资: 0.0
编号: 0  姓名: 王华 工资: 0.0
```

图 3-8　程序运行结果

程序分析：

在 test_employee.java 文件中包含两个类，一个是职员类 Employee；一个是测试类 test_employee，也称主类，它的特点是包含一个 main 方法，该方法实现其他类对象的处理 (main 方法见后面章节的详解）。当 Java 虚拟机解析该程序时，会将含有 main 方法的那个类名指定给字节解释器，程序开始运行。

在 main 方法中先声明了两个 Employee 类的对象 employee1 和 employee2，它们是两个完全独立的对象，调用某个对象的方法时，该方法内部所访问的成员变量是这个对象自身的成员变量。

因此程序的输出结果为：

```
编号：100001 姓名：王一 工资： 2100.00          // 对象 employee1 的成员数值
编号：0 姓名：null 工资： 0.0                   // 对象 employee2 的成员数值
```

每个创建的对象都有自己的生命周期，只能在其有效的生命周期内被使用，当没有引用变量指向某个对象时，这个对象就会变成垃圾，不能再被使用。如 employee1 对象使用完后就没用了，不会影响到第二个对象 employee2 的数据成员的数值，employee2 得到系统赋予每个成员的默认初值，与表 3-1 中各类型的变量初值一致。

创建完对象，在调用该对象的方法时，也可以不定义对象的句柄，而直接调用这个对象的方法。这样的对象叫做匿名对象，把 test_employee 程序中的代码：

```
Employee employee2 = new Employee();        //  构建 Employee 类的第二个对象
System.out.println(employee2.toString());    //  输出系统默认的成员变量初始值
```

改写成：

```
System.out.println(new Employee().toString());
```

这句代码没有产生任何句柄，而是直接用 new 关键字创建了 Employee 类的对象并直接调用它的 toString() 方法，得出的结果和改写之前是一样的。这个方法执行完，该对象也就变成了垃圾。

接下来声明第三个对象 employee3，也可直接对该对象进行赋值操作，如下语句：

```
employee3.name = " 王华 ";            // 直接给类的成员变量赋值
```

在实际应用中，显然不应该出现这样的情况，这样做会导致数据的错误、混乱或安全性问题。如果外面的程序可以随意修改一个类的成员变量，则会造成不可预料的程序错误。怎样对一个类的成员实现这种保护呢？只需要在定义一个类的成员（包括变量和方法）时，使用 private 关键字声明这个成员的访问权限，该成员就成了类的私有成员，只能被这个类的其他成员方法调用，而不能被其他类中的方法所调用。修改上述 Employee 类的语句：

```
String employeeName;
private  String employeeName;
```

则测试程序 test_employee 在对调用语句：employee3.employeeName = " 王华 "; 时编译时会出现图 3-9 所示的错误。

因为 employeeName 是 Employee 类里的私有变量，不能在其他类中被直接调用和修改。

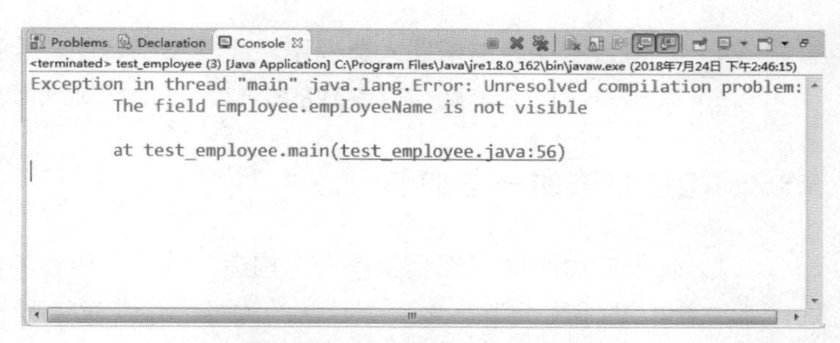

图 3-9　private 修饰后的运行结果

3.3　类的构造方法

当创建一个对象时，需要初始化类成员变量的数值。如何确保类的每一个对象都能获取类成员变量的初值呢？ Java 通过提供一个特殊的方法——构造方法来实现。构造方法包含初始化类的成员变量的代码，当创建类的对象时，它自动执行。

3.3.1　构造方法的定义

构造方法语法格式如下：

```
[ 访问说明符 ] 类名 ( 参数列表 )
{
```

```
    // 构造方法的语句体
}
```

其中，“参数列表”为参数，可以为空；“构造方法的语句体”为构建对象时的语句，也可为空。

例如：

```
public Employee(String name){ // 带参数的构造方法
    employeeName = name;
        System.out.printin(" 带有姓名参数的构造方法被调用 !");
}
```

构造方法的规则如下。

（1）构造方法的方法名必须与类名一样。

（2）构造方法没有返回类型，也不能定义为 void，在方法名前面不声明方法类型。

（3）构造方法的作用是完成对象的初始化工作，它能够把定义对象时的参数传递给对象的域。

（4）构造方法不能由编程人员调用，而由系统调用。

（5）构造方法可以重载，以参数的个数、类型或排列顺序区分。

3.3.2 构造方法的一些细节

（1）Java 的每个类里都至少有一个构造方法，如果程序员没有在一个类里定义构造方法，系统会自动为这个类产生一个默认的构造方法，这个默认构造方法没有参数，方法体中也没有任何代码，即什么也不做。

下面程序的 Customer 类两种写法完全是一样的效果。

```
class Customer{
}
class Customer{
    public Customer(){}
}
```

对于第一种写法，类虽然没有声明构造方法，但可以用 new Customer() 语句来创建 Customer 类的实例对象。

由于系统提供的默认构造方法往往不能满足编程者的需求，所以可以自己定义类的构造方法来满足需要。一旦为该类定义了构造方法，系统就不再提供默认的构造方法了。

```
class Customer{
    String customerName;
    public Customer(String name){
```

```
            customerName = name;
        }
}
```

上面的 Customer 类中定义了一个对成员变量赋初值的构造方法，该构造方法有一个形式参数，这时系统就不再产生默认的构造方法。再编写一个调用 Customer 类的程序。

```
class TestCustomer{
        public static void main(String [] args){
                Customer c = new Customer();
        }
}
```

编译上面的程序，出现如图 3-10 所示的错误。

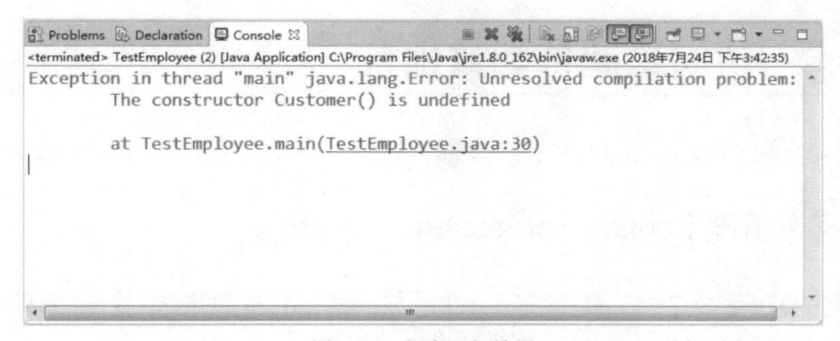

图 3-10 程序运行结果

错误的原因是在调用 new Customer () 创建 Customer 类的实例对象时，要调用的是没有参数的那个构造方法，但程序中定义了一个有参数的构造方法取代无参数的构造方法，这时系统默认调用带参数的构造方法，就会产生上述的错误。

（2）思考一下，声明构造方法时，可以使用 private 访问说明符吗？运行下面这段程序，看看有什么结果。

```
class Customer{
  private Customer(){
            System.out.println("the constructor  is calling!");
  }
}
class Test Customer{
        public static void main(String[] args){
                Customer c1 = new Customer();
        }
}
```

编译上面的程序，会出现图 3-11 所示的结果。

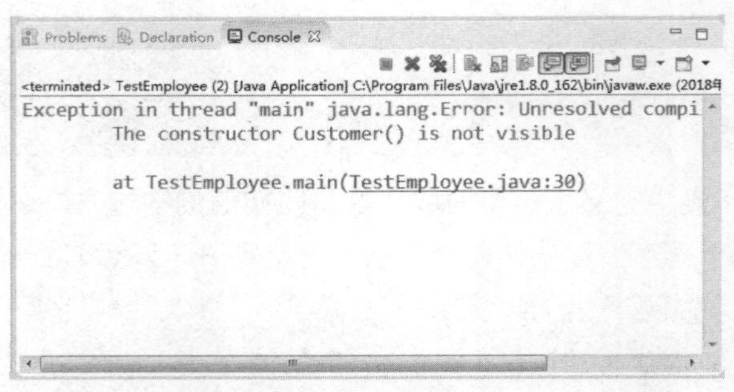

图 3-11 程序运行结果

这表明 Customer() 构造方法是私有的，不可以被外部调用。由此可见构造方法一般都是 public 的，因为它们在对象产生时会被系统自动调用。

3.4 访问说明符和修饰符

本节主要介绍 Java 的访问说明符和修饰符的概念。

3.4.1 访问说明符（public、protected、private）

访问说明符决定一个类的哪些特征（类、成员变量和成员方法）可以被其他类使用。Java 支持三种访问说明符：public、protected、private。

如果没有明确三种访问说明符，则系统默认以缺省值（无关键字）方式表述。下面给出 Java 中访问控制符的含义。

1．public 公有访问说明符

一个类被声明为公共类（除内部类外），表明它可以被所有其他的类访问和引用。这里的访问和引用是指这个类作为整体对外界是可见和可使用的，程序的其他部分可以创建这个类的对象、访问这个类内部可见的成员变量和调用它的可见的方法。

一个类作为整体对程序的其他部分可见，并不能代表类内的所有属性和方法也同时对程序的其他部分可见，前者只是后者的必要条件，类的属性和方法能否为所有其他类所访问，还要看这些属性和方法自己的访问控制符。例如：

```
public  class PublicClass{
    public int publicVar;
    public void publicMethod();
}
```

注意： 类的属性尽可能不用 public 关键字，否则会造成安全性和数据封装性的下降。

2．protected 保护访问说明符

用 protected 修饰的成员变量可以被三种类所引用：该类自身、与它在同一个包中的其他类、其他包中的该类的子类等。使用 protected 修饰符的主要作用是允许其他包中的它的子类来访问父类的特定属性。

protected 关键字引入了"继承"的概念，它以现有的类为基础派生出具有新成员变量的子类，子类能继承父类的数据成员和方法，除 private 修饰的数据外。例如：

```
protected int publicVar;
```

3．private 私有访问说明符

用 private 修饰的属性或方法只能被该类自身所访问和修改，而不能被任何其他类，包括该类的子类，来获取和引用。例如：

```
private int publicVar;
```

定义类时，要使所有的数据字段都是私有的，因为公开的数据是危险的。对于方法，虽然大多数方法都是公有的，但是私有方法也经常使用。这些私有的方法只能被同一个类的方法调用。

可以定义为私有的方法的种类有：与类的使用者无关的那些方法；如果类的实现改变了，不容易维护的那些方法。

4．缺省访问说明符

假如一个类没有规定访问说明符，说明它具有缺省的访问说明符（friend）。这种缺省的访问控制权规定该类只能被同一个包中的类访问和引用，而不可以被其他包中的类使用，这种访问特性称为包访问性。例如：

```
int publicVar;
```

注意：在 Java 中，friend（友元）不是关键字，它是在没有规定访问说明符时指出访问级别的字。不能用 friend 说明符来声明类、变量或方法。

表 3-2 给出每一种访问控制符的访问等级。

表 3-2　访问控制符的访问等级

访问控制符	当前类	当前类的所有子类	当前类所在的包	所有类
private	√			
缺省	√	√		
protected	√	√	√	
public	√	√	√	√

注意：方法中定义的变量不能有访问说明符，有关包的概念见后面章节。

3.4.2　修饰符

修饰符决定成员变量和方法如何在其他类和对象中使用。

1. static 修饰符

static 修饰符可以修饰类的成员变量，也可以修饰类的方法。被 static 修饰的属性不属于任何一个类的具体对象，而是公共的存储单元。任何对象访问它时，取得的都是相同的数值。当需要引用或修改一个 static 限定的类属性时，可以使用下面的类名访问。也可以使用某一个对象名访问，效果相同。

```
StaticClass.staticVar;      // 直接用 " 类名 . 访问成员变量 "
StaticClass.staticMethod(); // 直接用 " 类名 . 访问成员函数 "
```

2. final 修饰符

final 在 Java 中并不常用，然而它却提供了 C/C++ 语言中的 const 功能，不仅如此，final 还可以控制成员、方法或者一个类是否可被覆盖或继承。

final 修饰符有以下限制。

（1）一个 final 类不能被继承。

（2）一个 final 方法不能被子类改变（重载）。

（3）final 成员变量不能在初始化后被改变。

（4）在 final 类里的所有成员变量和方法都是 final 类型。

3. abstract 修饰符

abstract 修饰符表示所修饰的类没有完全实现，还不能实例化。如果在类的方法声明中使用 abstract 修饰符，表明该方法是一个抽象方法，它需要在子类实现。如果一个类包含抽象函数，则这个类也是抽象类，必须使用 abstract 修饰符，并且不能实例化。

在下面的情况下，类必须是抽象类。

（1）类中包含一个明确声明的抽象方法。

（2）类的任何一个父类包含一个没有实现的抽象方法。

（3）类的直接父接口声明或者继承了一个抽象方法，并且该类没有声明或者实现该抽象方法。

4. native 修饰符

native 修饰符仅用作方法。一个 native 方法就是一个 Java 调用非 Java 代码的接口。native 方法的语句体是位于 Java 环境外的，这种方法仅当另一种语言里已有现成的代码和不想在 Java 里重写代码时才使用。为此 Java 使用 native 方法来扩展 Java 程序的功能。

5. synchronized 修饰符

Synchronized 修饰符用在多线程程序中。在编写一个类时，如果该类中的代码可能运行于多线程环境下，那么就要考虑同步的问题，Java 内置了语言级的同步原语——synchronized，这也大大简化了 Java 中多线程同步的使用。

6．volatile 修饰符

volatile 修饰的成员变量每次被线程访问时，都强迫从共享内存中重读该成员变量的值，而且，当成员变量发生变化时，强迫线程将变化值回写到共享内存。这样在任何时刻，两个不同的线程总是看到某个成员变量的同一个值。

3.5 main 方法

在 Java 应用程序中，可以有很多类，每个类有很多的方法，但编译器首先运行的是 main（）方法。而含有 main（）方法的类称为 Java 的主控类，且类名必须和文件的主名一致。

main（）的语法格式如下：

```
public static void main(String args[]){
    ...
}
```

main() 方法的括号里面有一个形式参数“String args[]”，args[] 是一个字符串数组，可以接收系统所传递的参数，而这些参数则来自于命令行参数。

在命令行执行一个程序通常的形式是：

```
Java 类名 [ 参数列表 ]
```

其中，“参数列表”中可以容纳多个参数，参数间以空格或制表符隔开，它们被称为命令行参数。系统传递给 main() 方法的实际参数正是这些命令行参数。由于 Java 中数组的下标是从 0 开始的，所以形式参数中的 args[0]，……，args[n-1] 依次对应第 1，……，*n* 个参数。参数与 args 数组的对应关系为：

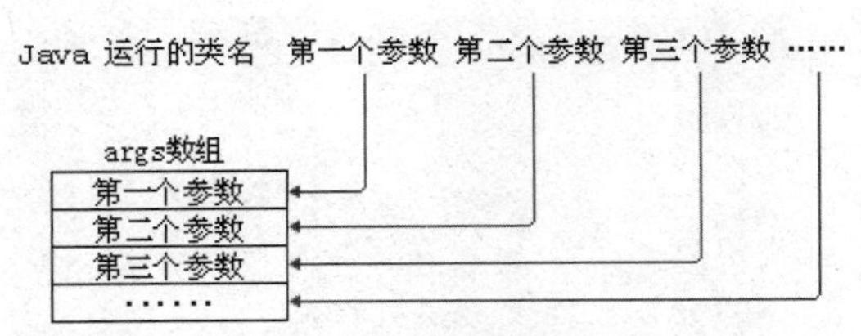

例 3-4 展示了 main() 方法是如何接收这些命令行参数的。

【例 3-4】 命令行参数使用的实例。

```
class test_commandLine_arguments {
    public static void main(String args[]){ // 依次获取命令行参数并输出
        for(int i=0;i<args.length;i++)
            System.out.println("args["+i+"]: "+args[i]);
    }
}
```

程序说明：

程序的 for 循环中用到了一个属性：args.length。在 Java 中，数组也是预定义的类，它拥有属性 length，用来描述当前数组所拥有的元素。若命令行中没有参数，该值为 0，否则就是参数的个数。若在图 3-12 中设置命令行参数 testing command_line arguments，程序的运行结果如图 3-13 所示。

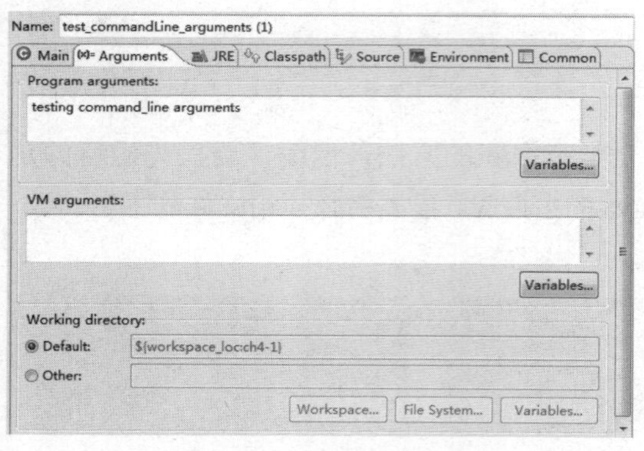

图 3-12　命令行参数设置

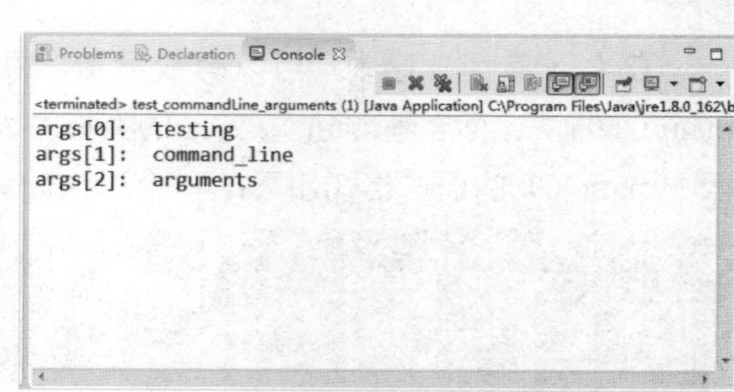

图 3-13　程序运行结果

注意： 在命令行参数中，所有参数都是以字符串形式传递的，各个参数之间以空格分隔。因此如果有数字值，必须手工将这些数字值变换成它们内部的形式。

3.6　this 引用

this 关键字在 Java 程序里的作用和它的词义很接近，它在函数内部就是这个函数所属的对象的引用变量。如下代码段：

```
class A{
    String name;
    public A(String x){
            name = x;
    }
    public void func1(){
            System.out.println("func1 of " + name +" is calling");
    }
    public void func2(){
            A a2 = new A("a2");
      this.func1();    // 使用 this 关键字调用 func1 方法
            a2.func1();
    }
}
class TestA{
```

```
    public static void main(String [] args){
        A a1 = new A("a1");
        a1.func2();
    }
}
```

编译 TestA.java 后，运行类 TestA，结果如下：

```
func1 of a1 is calling
func1 of a2 is calling
```

前面讲过，一个类中的成员方法可以直接调用同类中的其他成员，其实将“this.func1();”调用直接写成“func1();”调用，效果是一样的。

对于类 A 中的构造方法：

```
    public A(String x){
            name = x;
    }
```

可以改写成如下形式：

```
    public A(String x){
            this.name = x;
    }
```

在成员方法中，访问同类中成员可不加 this 引用，但在有些情况下，还是要用 this 关键字的。

（1）通过构造方法将外部传入的参数赋值给类成员变量，构造方法的形式参数名称与类成员变量名相同时，要用 this 关键字。

```
class Customer{
  String name;
  public Customer(String name) {
        name = name;
    }
}
```

在这段代码里，语句“name = name;”根本分不出哪个是成员变量，哪个是方法的变量，最终会产生错误的结果。

在该方法中，形式参数就是方法内部的一个局部变量，成员变量与方法中的局部变量同名，对同名变量的访问是指那个局部变量，此时，就可以修改语句“name = name;”为“this.name = name;”。

（2）假设有一个容器类和一个部件类，容器类的某个方法中要创建部件类的实例对象，而部件类的构造方法要接收一个代表其所在容器的参数，程序代码如下：

```
class Container{
        Component comp;
        public void addComponent(){
                comp = new Component(this);// 将 this 作为对象引用传递
        }
}
class Component{
        Container myContainer;
public Component(Container c){
                myContainer = c;
        }
}
```

（3）构造方法是在产生对象时被 Java 系统自动调用的，不能在程序中像调用其他方法一样去调用构造方法。但可以在一个构造方法里调用其他重载的构造方法，此时不是直接调用构造方法名，而是用 this(参数列表) 的形式，根据其中的参数列表，选择相应的构造方法。

```
public class Person{
        String name;
        int age;
        public Person(String name){
               this.name = name;
        }
        public Person(String name,int age){
                this(name);
                this.age = age;
        }
}
```

在类 Person 的第二个构造方法中， 通过 this 调用、执行第一个构造方法中的代码。

3.7 重载

在 Java 中，允许同一个类中有两个或两个以上相同名字的方法，只要它们的参数声明不同即可。在这种情况下，该方法就被称为重载。

3.7.1 方法重载

方法重载是在一个类中允许同名的方法存在，是类对自身同名方法的重新定义。重载是一个类中多态性的一种表现。

如 Java 系统提供的输出命令的同名方法的使用如下：

```
System.out.println(); // 输出一个空行
System.out.println(double  salary); // 输出一个双精度类型的变量后换行
System.out.println(String name); // 输出一个字符串对象的值后换行
```

方法重载有不同的表现形式，如基于不同类型参数的重载：

```
class Add{
  public String Sum(String para1, String para2) {…}
  public int Sum(int para1, int para2){…}
}
```

如相同类型但参数个数不同的重载：

```
class Add{
  public int Sum(int para1, int para2)   {…}
  public int Sum(int para1, int para2,int para3)   {…}
}
```

Java 的方法重载，就是可以在类中创建多个方法，它们具有相同的名字，但具有不同的参数和不同的定义。调用重载方法时，通过传递给不同参数个数和参数类型来决定具体使用哪个方法，这就是多态性。

3.7.2 构造方法的重载

构造方法也可以重载，这种情况其实是很常见的，先来看下面的例子。

【例 3-5】 自定义类 Employee，创建并使用类 Employee 的三个构造方法。

功能实现：定义一个职员类 Employee，声明该类的三个对象，并输出这三个对象的具体信息，验证构造方法的重载。

```
class Employee{
    private double employeeSalary = 1800;
    private String employeeName = " 姓名未知。";
    private int employeeNo;
    public Employee(){// 默认构造方法

            System.out.println(" 不带参数的构造方法被调用 !");
    }
    public Employee(String name){// 带一个参数的构造方法
            employeeName = name;
            System.out.println(" 带有姓名参数的构造方法被调用 !");
     }

     public Employee(String name,double salary){ // 带两个参数的构造方法
            employeeName = name;
```

```
            employeeSalary = salary;
            System.out.println(" 带有姓名和薪水这两个参数的构造方法被调用 !");
    }
    public String toString() { // 输出员工的基本信息
        String s;
        s = " 编号 : " + employeeNo + "  姓名：  " + employeeName
                                    + "  工资：  " + employeeSalary;
        return s;
    }
}
public  class  ConstructorOverloaded{
   public static void main(String[] args){
          Employee e1=new Employee();
          System.out.println(e1.toString());
          Employee e2=new Employee(" 李萍 ");
          System.out.println(e2.toString());
          Employee e3=new Employee(" 王嘉怡 ",2400);
      System.out.println(e3.toString());
        }
}
```

程序运行的结果如图 3-14 所示。

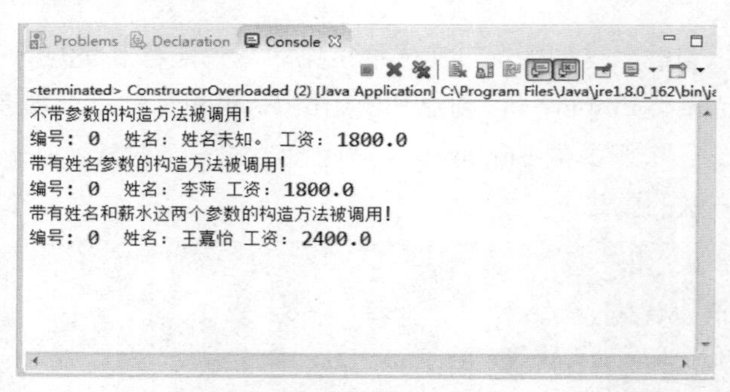

图 3-14　程序运行结果

程序解析：

例 3-5 程序中共定义三个 Employee 的对象，这三个对象调用了不同的构造方法，因为传递的参数个数或类型不同，调用的构造方法也不同。

下面分析语句“Employee e3 = new Employee(" 王嘉怡 ",2400);”的执行。

首先，等号左边定义了一个类 Employee 类型的引用变量 e3，等号右边使用 new 关键字创建了一个 Employee 类的实例对象。

接着，调用相应的构造方法，构造方法接收外部传入的姓名和薪水，在执行构造方法中的代码之前，进行属性的显式初始化，即执行定义成员变量时对其进行赋值的语句，即程序 Employee 类中的成员变量：

```
employeeSalary = 2400;  // 显式初始化
employeeName = " 王嘉怡 "; // 显式初始化
```

最后，把刚刚创建的对象赋给引用变量。

注意：默认构造方法用预先确定值初始化类的属性，而重载的构造方法根据创建对象时设置的参数值指定对象的状态。可以在一个类中重载多个构造方法。

3.8 static、final 修饰符详解

在 Java 中，static 和 final 是主要的修饰符，本节详细讲解它们的使用方法。

3.8.1 static 关键字的使用

static 是静态修饰符，可以修饰类的属性，也可以修饰类的方法。被 static 修饰的属性不属于任何一个类的具体对象，是公共的存储单元。任何对象访问它时，取得的都是相同的数值。当需要引用或修改一个 static 限定的类属性时，可以使用类名，也可以使用某一个对象名，效果相同。

1. 静态属性

定义静态数据的简单方法就是在属性前面加上 static 关键字。例如，下述代码能生成一个 static 数据成员，并对其初始化：

```
class StaticTest {
    static int i = 47;
}
```

接下来声明两个 StaticTest 对象，但它们同样拥有 StaticTest.i 的一个存储空间，即这两个对象共享同样的 i：

```
StaticTest st1 = new StaticTest();
StaticTest st2 = new StaticTest();
```

此时，st1.i 和 st2.i 拥有同样的值 47，因为它们引用的是同样的内存区域。

上述例子采用对象引用属性的方法，也可通过类直接使用该类的静态属性，如 StaticTest.i，而这在非静态成员里是行不通的。

2. 静态代码块

在类中，也可以将某一块代码声明为静态的，这样的程序块叫静态初始化段。静态代码块的一般形式如下：

```
static{
语句序列
}
```

（1）静态代码块只能定义在类里面，它独立于任何方法，不能定义在方法里面。

（2）静态代码块里面的变量都是局部变量，只在本块内有效。

（3）静态代码块会在类被加载时自动执行，而无论加载者是 JVM 还是其他的类。

（4）一个类中允许定义多个静态代码块，执行的顺序由定义的顺序决定。

（5）静态代码块只能访问类的静态成员，而不允许访问非静态成员。

如下面代码定义一个静态代码块：

```
static{
    int stVar = 12;  // 这是一个局部变量，只在本块内有效
    System.out.println("This is static block." + stVar);
}
```

编译通过后，用 java 命令加载本程序，程序运行结果首先输出：

```
This is static block. 12
```

接下来才是 main（）方法中的输出结果，由此可知静态代码块甚至在 main（）方法之前就被执行。

3．静态方法

1）静态方法的声明和定义

静态方法的定义和非静态方法的定义在形式上并没有什么区别，只是在声明为静态的方法头加上一个关键字 static。它的一般语法形式如下：

```
[ 访问权限修饰符 ] static [ 返回值类型 ] 方法名 ([ 参数列表 ])
{
  语句序列
}
```

例如 Java 主控类的 main（）方法的定义：

```
public  static  void main(String args[]){
    System.out.println("Java 主类的静态的 main 方法 ");
}
```

2）静态方法和非静态方法的区别

静态方法和非静态方法的区别主要体现在以下两个方面。

（1）在外部调用静态方法时，可以使用“类名 . 方法名”的方式，也可以使用“对象名 . 方

法名”的方式。而实例方法只有后面这种方式，也就是说，调用静态方法可以无须创建对象。

（2）静态方法在访问本类的成员时，只允许访问静态成员（即静态成员变量和静态方法），不能访问非静态的成员。

3.8.2 final 关键字的使用

final 在 Java 中拥有了一个不可或缺的地位，也是学习 Java 必须要掌握的关键字之一。

1. final 成员

当在类中定义变量时，如在其前面加上 final 关键字，那便是说，这个变量一旦被初始化，便不可改变，对于基本类型来说其值不可变，而对于对象变量来说其引用不可再变。

final 成员变量初始化可以在两个地方：一是其定义处，也就是说在 final 变量定义时直接给其赋值；二是在构造方法中。这两个地方只能选其一，不能同时既在定义时给了值，又在构造方法中给另外的值。如下面程序代码：

```
public class  test_final{
        final PI=3.14;    //定义 final 变量时便给赋值
        final int I;      //在构造方法中对 final 变量初始化，定义时不能再赋初值
        public test_final(){
                I = 100;
                }
}
```

test_final 类很简单地演示了 final 的常规用法，其后就可以直接使用这些变量，就像它们是常数一样。

2. final 方法

将方法声明为 final，说明该方法提供的功能已经满足要求，不需要进行扩展，并且也不允许任何从此类继承的类来覆写这个方法。但仍然可以继承这个方法，也就是说可以直接使用。

3. final 类

当用 final 来定义类时，则表明该类无法被任何类继承，那也就意味着此类在一个继承树中是一个叶子类，并且此类的设计已被认为很完美，而不需要进行修改或扩展。

强化练习

本章首先介绍了面向对象程序设计的基本概念，它区别于传统的结构化程序设计，将面向对象的思想应用于软件系统的设计与实现，代表一种全新的程序设计思路。课后读者可以自行练习以下操作，亲身体验面向对象程序设计的乐趣。

练习 1:

编程创建一个 Point 类，在其中定义两个变量表示一个点的坐标值，再定义构造函数将其初始化为坐标原点，然后定义一个方法实现点的移动，定义一个方法打印当前点的坐标，并创建一个对象验证。

练习 2：定义一个表示学生信息的类 Student，要求如下：

（1）类 Student 的成员变量。

sNO 表示学号；

sName 表示姓名；

sSex 表示性别；

sAge 表示年龄；

sJava：表示 Java 课程成绩。

（2）类 Student 带参数的构造方法。在构造方法中通过形参完成对成员变量的赋值操作。

（3）类 Student 的方法成员。

getNo（）：获得学号；

getName（）：获得姓名；

getSex（）：获得性别；

getAge（）获得年龄；

getJava（）：获得 Java 课程成绩

（4）根据类 Student 的定义，创建 5 个该类的对象，输出每个学生的信息，计算并输出这 5 个学生 Java 语言成绩的平均值，以及计算并输出他们 Java 语言成绩的最大值和最小值。

练习 3:

定义一个类实现银行账户的概念，包括的变量有“账号”和“存款余额”，包括的方法有“存款”“取款”和“查询余额”。定义主类，创建账户类的对象，并完成相应操作。

第4章 面向对象设计高级实现

内容概要

本章将对继承（Inheritance）、多态性（Polymorphism）、抽象类和接口等概念进行全面阐述。继承体现了现实世界事物的一般性和特征性的关系（如孩子和父母间的关系），体现相关类间的层次结构关系，提供了软件复用功能；多态性是面向对象的核心，不仅能减少编码的工作量，也能大大提高程序的可维护性及可扩展性。

学习目标

◆ 掌握 Java 继承的概念和实现方法
◆ 掌握 Java 抽象类和接口的概念和应用
◆ 掌握 Java 多态性的概念和实现方法
◆ 熟悉 Java 中包的概念和应用
◆ 熟悉 Java 内部类的概念

课时安排

◆ 理论学习 2 课时
◆ 上机操作 2 课时

4.1 继承的概述

现实世界中存在着很多如图 4-1 的关系。

巴士、卡车和出租车都是汽车的一种，分别拥有相似的特性：如所有汽车都具备引擎数量、外观颜色；相似的行为：如刹车和加速的功能。但是针对每种不同的汽车，它们又有自己的特性。如巴士拥有和其他汽车不同的特性和行为——最大载客数量和到指定站点要报站的特点；而卡车的主要功能是运送货物，也就是载货和卸货，因此拥有最大载重量的特性。

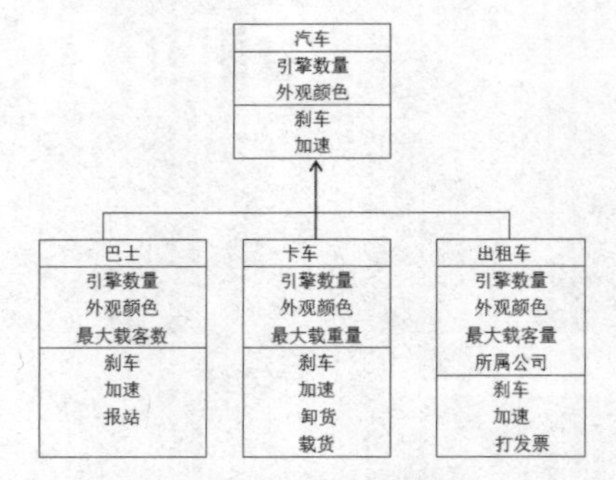

图 4-1　不同车之间的关系

面向对象的程序设计中该怎样描述现实世界的这种状况呢？这就要用到继承的概念。

所谓继承，就是从已有的类派生出新的类，新的类能吸收已有类的数据属性和行为，并能扩展新的能力。已有的类一般称为父类（基类或超类），由基类产生的新类称为派生类或子类，派生类同样也可以作为基类再派生新的子类，这样就形成了类间的层次结构。修改后的各汽车间的继承关系如图 4-2 所示的继承。

在这里，汽车被抽取为父类（基类或超类），代表一般属性，而巴士、卡车和出租车转化为子类，继承父类的一般特性，包括父类的数据成员和行为，如外观颜色和刹车等；又产生自己独特的属性和行为，如巴士的最大载客数和报站，以区别于父类的特性。

继承的方式包括单一继承和多重继承。单一继承（single inheritance）是最简单的继承方式，即一个派生类只从一个基类派生。多重继承（multiple inheritance）是一个派生类有两个或多个基类。这两种继承方式如图 4-3 所示。

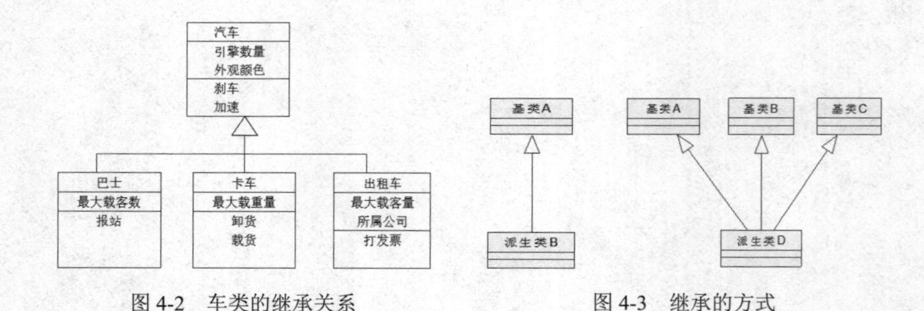

图 4-2　车类的继承关系　　　　图 4-3　继承的方式

注意：*本书约定，箭头表示继承的方向，由子类指向父类。*

由此可以看出基类与派生类的关系：

（1）基类是派生类的抽象（基类抽象了派生类的公共特性）。

（2）派生类是对基类的扩展。

（3）派生类和基类的关系相当于“是一个（is a）”的关系，即派生类是基类的一个对象；而不是“有（has）”的组合关系，即类的对象包含一个或多个其他类的对象作为该类的属性，如汽车类拥有发动机、轮胎和门类，这种关系一般称为类的组合。

注意：Java 不支持多重继承，但它支持“接口”概念，借以实现多重继承的概念。

4.2 继承机制

4.2.1 继承的定义

先看下面完整的程序代码。

【例 4-1】 自定义父类 Teacher，创建其两个子类 JavaTeacher 和 DotNetTeacher。

```
class Teacher {
private String name;  // 教师姓名
private String school; // 所在学校
public Teacher(String myName, String mySchool) {
name = myName;
school = mySchool;
}
public void giveLesson(){ // 授课方法的具体实现
System.out.println(" 知识点讲解 ");
System.out.println(" 总结提问 ");
}
  public void introduction() { // 自我介绍方法的具体实现
      System.out.println(" 大家好！我是 " + school + " 的 " + name + "。");
  }
}

class JavaTeacher extends Teacher {
public JavaTeacher(String myName, String mySchool) {
super(myName, mySchool);
}
public void giveLesson(){
System.out.println(" 启动 MyEclipse");
super.giveLesson();
}
}

class DotNetTeacher extends Teacher {
```

```
public DotNetTeacher(String myName, String mySchool) {
super(myName, mySchool);
}
public void giveLesson(){
System.out.println(" 启动 VS2010");
super.giveLesson();
}
}
public class test_teacher{
  public static void main(String args[]){
      // 声明 javaTeacher
     JavaTeacher javaTeacher = new JavaTeacher(" 李伟 "," 郑州轻工业学院 ");
     javaTeacher.giveLesson();
     javaTeacher.introduction();
     System.out.println("\n");
     // 声明 dotNetTeacherTeacher
       DotNetTeacher dotNetTeacher = new DotNetTeacher(" 王珂 "," 郑州（轻）工业学院 ");
     dotNetTeacher.giveLesson();
     dotNetTeacher.introduction();
}
}
```

程序运行结果如图 4-4 所示。

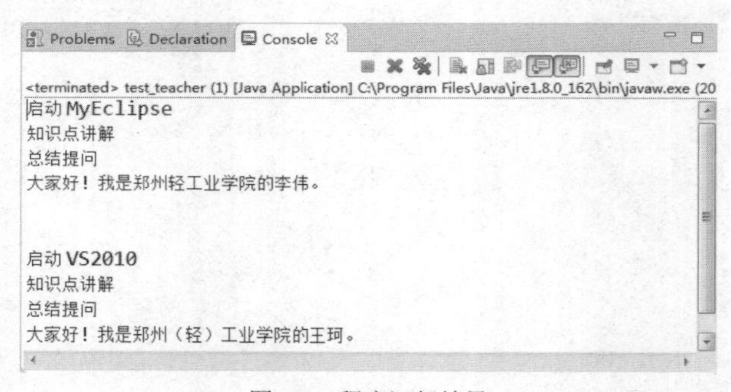

图 4-4　程序运行结果

程序分析：通过关键字 extends 分别创建了父类 Teacher 的子类 JavaTeacher 和 DotNetTeacher。子类继承父类所有的成员变量和成员方法，但不能继承父类的构造方法。在子类的构造方法中，可使用语句 super(参数列表) 调用父类的构造方法，如子类构造方法中的语句“super(myName，mySchool)”就实现该功能。

test_teacher 的 main（）方法中声明两个子类对象，子类对象分别调用各自的方法进行授课和自我介绍。如语句“javaTeacher.giveLesson()”就调用 javaTeacher 子类的方法实现授课的处理，该子类的方法来自对父类 Teacher 方法 giveLesson（）的继承。语句“super.

giveLesson()”（）代表对父类同名方法的调用。

由此可见，在 Java 中用 extends 关键字来表示从基类派生类。

java 中继承定义的一般格式如下：

```
class 派生类名 extends 基类名 {
  // 派生类的属性和方法的定义
};
```

其中：

（1）“基类名”是已声明的类，“派生类名”是新生成的类名。

（2）extends 说明了要构建一个新类，该类从已存在的类派生而来。

派生的定义实际是经历了以下几个过程。

（1）子类继承父类中被声明为 public 和 protected 的成员变量和成员方法，但不能继承被声明为 private 的成员变量和成员方法。

（2）重写基类成员，包括数据成员和成员函数。如果派生类声明了一个与基类成员函数相同的成员函数，派生类中的新成员则屏蔽了基类同名成员，类似函数中的局部变量屏蔽全局变量。这称为同名覆盖（Overriding）。

（3）定义新成员。新成员是派生类自己的新特性，派生类新成员的加入使得派生类在功能上有所发展。

（4）必须在派生类中重写构造方法，因为构造方法不能继承。

4.2.2　类中属性的继承与覆盖

1. 属性的继承

子类可以继承父类的所有非私有属性。见下面代码：

```
class Person{
   public String name;
   public int age;
   public void showInfo() {
          System.out.println( " 尊敬的 "+name+", 您的年龄为 :"+age);
   }
}
 class Student extends Person{
    public string school;
    public int engScore;
    public int javaScore;
    public void setInfo() {
         name=" 陈冠一 ";  // 基类的数据成员
         age=20;        // 基类的数据成员
```

```
        school=" 郑州轻工业学院 ";
    }
}
```

子类 Student 从父类继承的成员变量有 name 和 age。

2. 属性的覆盖

子类也可以覆盖继承的成员变量，只要子类中定义的成员变量和父类中的成员变量同名时，子类就覆盖了继承的成员变量。见下面代码：

```
class Employee1{
    public String name;
    public int age;
    public double salary = 1200 ;  //  薪水
    public void showSalary() {
      System.out.println( " 尊敬的 "+name+", 您的薪水为 :"+ salary);
    }
}
class Worker extends Employee1{
    public double salary;  //  薪水
    public void setInfo(){
          name=" 可人 ";
          age=20;        // 基类的数据成员
          System.out.println( " 调用父类的数据的输出结果："+super.name+", 您的薪水为 :"+ super.salary);
                                                              // 调用父类的成员变量 salary
          salary = 800;  // 给与父类同名的成员变量赋值
    }
    public void showSalary() {
          // 调用自己成员变量 salary，覆盖发类同名的成员变量
          System.out.println( " 子类和父类同名的数据输出结果："+name+", 您的薪水为 :"+ salary);
    }
}

public class classAtrribute {
    public static void main(String args[]){
          Worker w = new Worker();
          w.setInfo();
          w.showSalary();
    }
}
```

程序运行结果如图 4-5 所示。

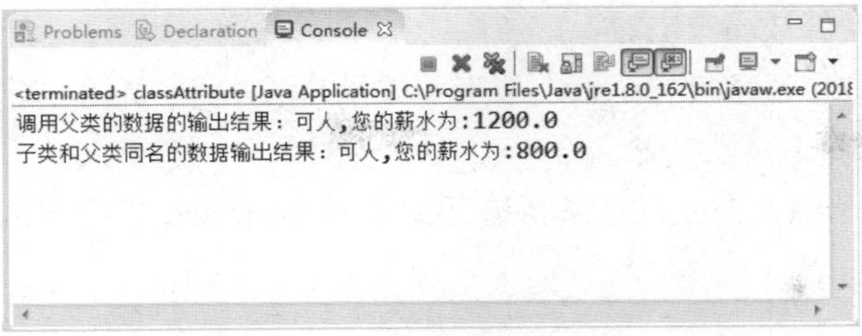

Problems　Declaration　Console

<terminated> classAttribute [Java Application] C:\Program Files\Java\jre1.8.0_162\bin\javaw.exe (2018

调用父类的数据的输出结果：可人,您的薪水为:1200.0
子类和父类同名的数据输出结果：可人,您的薪水为:800.0

图 4-5　程序运行结果

从程序的运行结果可知，当子类 Worker 自定义成员变量 salary 与父类中的成员变量 salary 同名时，子类成员变量覆盖父类同名的成员变量。

4.2.3　类中方法的继承、覆盖

1. 方法的继承

父类中非私有（private）方法都可以被子类所继承。见下面的代码：

```
class Person{// 基类
  private String name;
  private int age;
  public void initInfo(String n,int a){
    name =n;
    age =a;
  }
  public void showInfo(){
  System.out.println( " 尊敬的 "+ name + " , 您的年龄为 :"+age);
  }
}
public class SubStudent extends Person{// 子类
  private String school;
  private int engScore;
  private int javaScore;
  public void setScores(String s,int e,int j){
       school=s;
       engScore =e;
       javaScore =j;
  }
  public static void main(String[] args){
    SubStudent objStudent = new SubStudent();
    objStudent.initInfo(" 王烁 ",22);      // 来自父类继承的方法
    objStudent.showInfo();                  // 来自父类继承的方法
    objStudent.setScores(" 情话（清华）大学 ",79,92);
  }
}
```

在子类继承父类的成员方法时，应注意：

（1）子类不能访问父类的 private（私有）成员方法，但子类可以访问父类的 public（公有）、protected（保护）成员方法。

（2）子类和同一包内的方法都能访问父类的 protected 成员方法，但其他方法不能访问。

2. 方法的覆盖

方法覆盖是指子类中定义一个方法，并且这个方法的名字、返回类型、参数列表与从父类继承的方法完全相同。

（1）子类的方法不能缩小父类方法的访问权限。

（2）父类的静态方法不能被子类覆盖为非静态方法。

（3）父类的私有方法不能被子类覆盖。

（4）子类的方法不能抛出比父类方法更多的异常。

【例 4-2】自定义父类 Person，创建其子类 SubStudent，测试父子类具有同名方法时子类的方法覆盖父类的同名方法。

```
class Person{// 基类
    protected String name;
    protected int age;
    public void initInfo(String n,int a){
        name =n;
        age =a;
    }
    public void showInfo(){
        System.out.println( " 尊敬的 "+ name + " , 您的年龄为 :"+age);
    }
}
public class SubStudent extends Person{// 子类
    private String school;
    private int engScore;
    private int javaScore;
    public void showInfo(){ // 与父类同名的方法
        System.out.println(school+ " 的 " + name+" 同学 "+ " 年龄为 :"+age+"\n 英语成绩是： "
                +engScore+", 你的 Java 成绩是： "+javaScore);
    }
    public void setScores(String s,int e,int j){
        school=s;
        engScore =e;
        javaScore =j;
    }
    public static void main(String[] args){
        SubStudent objStudent = new SubStudent();
```

```
        objStudent.initInfo(" 王烁 ",22); // 来自父类继承的方法
        objStudent.setScores(" 郑州轻工业学院 ",79,92);
        // 调用自身和父类同名的方法，子类的方法覆盖父类同名的方法
        objStudent.showInfo();
    }
}
```

程序运行结果如图 4-6 所示。

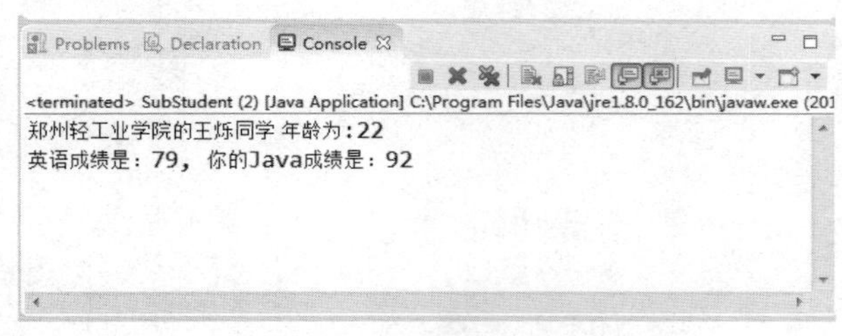

图 4-6 程序运行结果

程序分析：

父类 Person 和子类 SubStudent 具有同名方法 showInfo，方法的定义如下。

父类定义的方法：

```
public void showInfo(){
    System.out.println( " 尊敬的 "+ name + " , 您的年龄为 :"+age);
  }
```

子类的方法：

```
public void showInfo(){ // 与父类同名的方法
System.out.println(school+ " 的 " + name+" 同学 "+ " 年龄为 :"+age+" 英语成绩是： "
                +engScore+", 你的 JAVA 成绩是： "+javaScore);
  }
```

在 SubStudent 的 main（）方法中创建该子类的对象 objStudent，通过子类方法 setScores 为对象赋值；接下来调用和父类同名的方法 showInfo，则根据 Java 父子类同名覆盖的原则，子类的方法覆盖了父类的方法，就产生图 4-6 中的结果。

4.2.4 继承的传递性

类的继承是可以传递的。类 b 继承了类 a，类 c 又继承了类 b，这时 c 包含 a 和 b 的所有成员，以及 c 自身的成员，这称为类继承的传递性。继承的传递性对 Java 语言有重要的意义。下面的代码体现这一点：

```
public class Vehicle{
  void vehicleRun() {
    System.out.println(" 汽车在行驶！ ");
```

```
    }
}
public class Truck extends Vehicle{  // 直接父类为 Vehicle
    void truckRun()  {
        System.out.println(" 卡车在行驶！ ");
    }
}
public class SmallTruck extends Truck{// 直接父类为 Truck
    protected void smallTruckRun()  {
        System.out.println(" 微型卡车在行驶！ ");
    }
    pbulic static void main(String[] args)  {
        SmallTruck smalltruck = new SmallTruck();
        smalltruck.vehicleRun(); // 祖父类的方法调用
        smalltruck.truckRun(); // 直接父类的方法调用
        smalltruck.smallTruckRun(); // 子类自身的方法调用
    }
}
```

4.2.5 在子类中使用构造方法

子类不能继承父类的构造方法。子类在创建新对象时，依次向上寻找其基类，直到找到最初的基类，然后开始执行最初的基类的构造方法，再依次向下执行派生类的构造方法，直至执行完最终的扩充类的构造方法为止。

对于无参数的构造方法，执行不会出现问题。如果基类中没有默认构造方法或者希望调用带参数的基类的构造方法，就要使用关键字 super 来显式调用基类构造方法。

使用关键字 super 调用基类构造方法，必须是子类构造方法的第一个可执行语句。调用基类构造方法时，传递的参数不能是关键字 this 或当前对象的非静态成员。

下面通过一个实例分析怎样在子类中使用构造方法。

【例 4-3】子类中使用构造方法的实例。

功能实现：在程序中声明父类 Employee 和子类 CommonEmployee ，子类继承了父类的非私有的属性和方法，但父类和子类计算各自的工资的方法不同，如父类对象直接获取工资，而子类在底薪的基础上增加奖金数为工资总额，通过在子类的构造方法中使用 super 初始化父类的对象，并调用继承父类的方法 toString 输出员工的基本信息。

```
class Employee {   // 定义父类 : 雇员类
    private String employeeName;          // 姓名
    private double employeeSalary;         // 工资总额
    static double mini_salary = 600;       // 员工的最低工资
    public Employee(String name){       // 有参构造方法
        employeeName = name;
```

```
        System.out.println(" 父类构造方法的调用。");
        }
    public double getEmployeeSalary(){   // 获取雇员工资
        return employeeSalary;
    }
    public void setEmployeeSalary(double salary) {   // 计算员工的薪水
        employeeSalary = salary + mini_salary ;
    }
    public String toString() { // 输出员工的基本信息
        return ( " 姓名：  " + employeeName +" ：  工资：  " );
    }
}
class CommonEmployee extends Employee {// 定义子类：一般员工类
    private double bonus;          // 奖金 , 新的数据成员
    public CommonEmployee(String name,double bonus ){
            super(name);  // 通过 super（）的调用，给父类的数据成员赋初值
            this.bonus = bonus;   //this 指当前对象
            System.out.println(" 子类构造方法的调用。");
        }
        public  void setBonus(double newBonus) { // 新增的方法，设置一般员工的薪水
        bonus = newBonus;
    }
    // 来自父类的继承，但在子类中重新覆盖父类方法，用于修改一般员工的薪水
public double getEmployeeSalary(){
        return bonus + mini_salary;
}
public String toString() {
        String s;
        s = super.toString(); // 调用父类的同名方法 toString()
        // 调用自身对象的方法 getEmployeeSalary()，覆盖父类同名的该方法
        return ( s + getEmployeeSalary() +"  ");
    }
}
public class test_constructor{   // 主控程序
    public static void main(String args[]){
        Employee employee = new Employee(" 李 平 "); // 创建员工的一个对象
        employee.setEmployeeSalary(1200);
// 输出员工的基本信息
System.out.println(" 员工的基本信息为：  " + employee.toString()+employee.getEmployeeSalary());
// 创建子类一般员工的一个对象
        CommonEmployee commonEmployee = new CommonEmployee(" 李晓云 ",500);
                // 输出子类一般员工的基本信息
System.out.println(" 员工的基本信息为：  " + commonEmployee.toString()) ;
```

```
    }
}
```

程序的运行结果如图 4-7 所示。

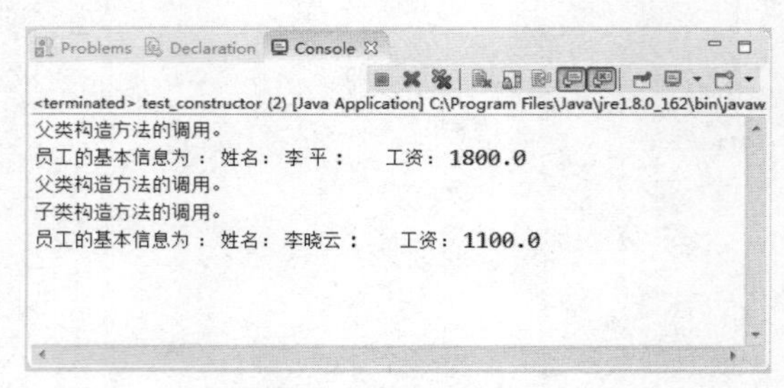

图 4-7 程序运行结果

在例 4-3 中，创建子类 CommonEmployee 对象时，父类的构造方法首先被调用，接下来才是子类的构造方法的调用；子类对象创建时，为构建父类对象，就必须使用 super（）将子类的实参传递给父类的构造方法，为父类对象赋初值。

关于子类构造方法的使用总结如下。

（1）构造方法不能继承，它们只属于定义它们的类。

（2）创建一个子类对象时，首先调用父类的构造方法，接着才执行子类构造方法。

4.2.6 super 关键字

super 关键字主要应用于继承关系实现子类对父类方法的调用，包括对父类构造方法和一般方法的调用。具体使用方法如下。

（1）子类的构造方法如果要引用 super 的话，必须把 super 放在构造方法的第一个可执行语句中。

如例 4-3 中的子类 CommonEmployee 的构造方法的定义：

```
public CommonEmployee(String name,double bonus ){
        super(name); // 通过 super 的调用，给父类的数据成员赋初值
        this.bonus = bonus;  //this 指当前对象
        System.out.println(" 子类构造方法的调用。");
}
```

如果想用 super 继承父类构造的方法，但是没有放在第一行，那么在 super 之前的为了满足自己想要完成的某些行为的语句，在用了 super 继承父类的构造方法后，之前所做的修改就无效了。

（2）有时还会遇到子类中的成员变量或方法与父类中的成员变量或方法同名。因为子类中的成员变量或方法优先级高，所以子类中的同名成员变量或方法就覆盖了父类的成员变量或方法。但是如果想要使用父类中的这个成员变量或方法，就需要用到 super。

如例 4-3 中的父类 Employee 和子类 CommonEmployee 中 toString 方法的定义：

```
    public String toString() { // 父类的 toString 方法
      return ( " 姓名：  " + employeeName +" :  工资：  " );
    }

public String toString() { // 子类的 toString 方法
      String s;
        s = super.toString(); // 调用父类的同名方法 toString()
        // 调用自身对象的方法 getEmployeeSalary()，覆盖父类同名的该方法
        return ( s + getEmployeeSalary() +"  ");
}
```

为了在子类中引用父类中的成员方法 value，在代码中使用了 super.toString()，若不使用 super 而调用 toString() 方法，则重复调用子类定义的方法 toString()，程序陷入死循环。

4.3 抽象类和接口

本节主要讲述 Java 中抽象类和接口的定义和使用方法。

4.3.1 抽象类和抽象方法

1. 抽象类

在 Java 中可以定义一些不含方法体的方法，将它的方法体交给该类的子类根据自己的情况去实现，这样的方法就是抽象方法，包含抽象方法的类就叫抽象类。一个抽象类中可以有一个或多个抽象方法。

抽象方法必须用 abstract 修饰符来定义，任何带有抽象方法的类都必须声明为抽象类。

抽象类的一般格式如下：

```
abstract class ClassName {
  // 类实现
}
```

如

```
abstract class Employee{  // 职员类
    // 类实现
}
```

一旦 Employee 类声明为抽象类，则它不能被实例化，只能用作派生类的基类而存在。因此下面的语句会产生编译错误：

```
Employee  a =  new Employee();
```

由此可见，当一个类的定义完全表示抽象的概念时，它不应该被实例化为一个对象，而应描述为一个抽象类。

2. 抽象方法

抽象方法的一般格式：

```
abstract 返回值类型 抽象方法名 ( 参数列表 );
```

如语句：

```
public abstract void Method();
```

抽象方法的一个主要目的就是为所有子类定义一个统一的接口。抽象方法必须被重写。

抽象类必须被继承，抽象方法必须被重写。抽象方法只需声明，无须实现；抽象类不能被实例化，抽象类不一定要包含抽象方法，若类中包含了抽象方法，则该类必须被定义为抽象类。

抽象类和抽象方法有以下的定义规则：

（1）抽象类必须用 abstract 关键字来修饰；抽象方法也必须用 abstract 来修饰。

（2）抽象类不能被实例化，也就是不能用 new 关键字创建对象。

（3）抽象方法只需声明，而不需实现。

（4）含有抽象方法的类必须被声明为抽象类，抽象类的子类必须覆盖所有的抽象方法后才能被实例化，否则这个子类还是个抽象类。

4.3.2 抽象类的使用

下面给出一个抽象类的实例，体会一下抽象类和抽象方法的定义，以及子类如何实现父类抽象方法的重写。

【例 4-4】抽象类实例。

功能实现：Shape 类是对现实世界形状的抽象，子类 Rectangle 和子类 Circle 是 Shape 类的两个子类，分别代表现实中两种具体的形状。在子类中根据不同形状自身的特点计算不同子类对象的面积。

```
abstract class Shape {// 定义抽象类
  protected double length=0.0d;
  protected double width=0.0d;
  Shape(double len,double w){
      length = len;
      width = w;
  }
  abstract double area(); // 抽象方法，只有声明，没有实现
}

class Rectangle extends Shape {
  /**
   *@param num 传递至构造方法的参数
   *@param num1 传递至构造方法的参数
```

```
    */
    public Rectangle(double num, double num1){
        super(num,num1); // 调用父类的构造函数，将子类长方形的长和宽传递给父类构造方法
    }
    /**
     * 计算长方形的面积 .
     * @return double
     */
    double area(){// 长方形的 area 方法，重写父类 Shape 的方法
        System.out.print(" 长方形的面积为：");
        return length * width;
    }
}
class Circle extends Shape { // 圆形子类
    /**
     *@param num 传递至构造方法的参数
     *@param num1 传递至构造方法的参数
     *@param radius 传递至构造方法的参数
     */
    private double radius;
    public Circle(double num,double num1,double r){
        super(num,num1); // 调用父类的构造函数，将子类圆的圆心位置和半径传递给父类构造方法
        radius = r;
        }
    /**
     * 计算圆形的面积 .
     * @return double
     */
    double area(){ // 圆形的 area 方法，重写父类 Shape 的方法
        System.out.print(" 圆形位置在 (" + length +"，"+ width +") 的圆形面积为：");
        return 3.14*radius*radius;
    }
}
public class test_shape{
        public static void main(String args[]){
        // 定义一个长方形对象，并计算长方形的面积
        Rectangle rec = new Rectangle(15,20);
        System.out.println( rec.area());
        // 定义一个圆形对象，并计算圆形的面积
        Circle circle = new Circle(15,15,5);
        System.out.println( circle.area());
        // 父类对象的引用指向不同的子类对象的实现方式
        Shape shape = new Rectangle(15,20);
```

```
        System.out.println( shape.area());
        shape = new Circle(15,15,5);;
        System.out.println( shape.area());
    }
}
```

程序运行结果如图 4-8 所示。

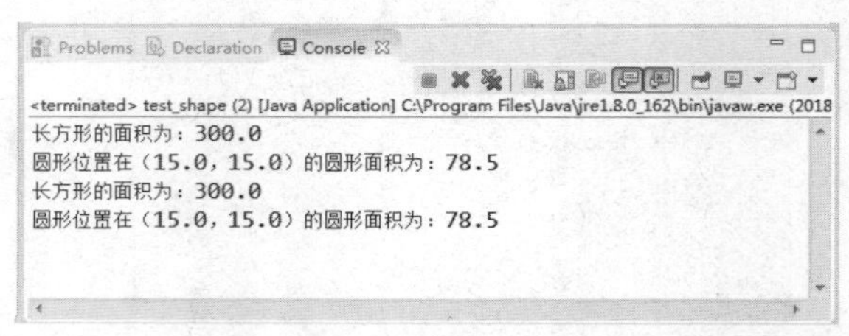

图 4-8　程序运行结果

程序分析：抽象类 Shape 是对现实世界中不同形状的抽象，其有两个数据成员 length 和 width，代表通用形状的长宽或某个点的位置坐标，并声明一个抽象的方法 area，语句为：

```
abstract double area(); // 抽象方法，只有声明，没有实现
```

area()代表该形状面积的计算，但只是声明，需在不同的子类，即各种具体形状中实现。

子类 Rectangle 代表长方形，长方形的长宽来自对父类的继承，方法 area 重写父类抽象的方法 area（），从而实现长方形对象面积的计算。下面代码为方法 area（）的重写过程：

```
double area(){// 长方形的 area 方法，重写父类 Shape 的方法
  System.out.print(" 长方形的面积为：");
  return length * width;
}
```

子类 Circle 代表圆形，圆形的圆心坐标位置来自对父类中数据成员 length 和 width 的继承，方法 area（）重写父类抽象的方法 area（），从而实现圆形对象面积的计算。下面代码为方法 area（）的重写过程：

```
double area(){ // 圆形的 area 方法，重写父类 Shape 的方法
  System.out.print(" 圆形位置在 (" + length +"，"+ width +") 的圆形面积为：");
  return 3.14*radius*radius;
}
```

test_shape 的 main（）方法中声明了 Rectangle 和 Circle 类的对象，分别实现各自对象面积的计算，从而体现抽象类的使用方法。

4.3.3　接口

如果一个抽象类中的所有方法都是抽象的，就可以将这个类用另外一种方式来定义，也就是接口。接口是抽象方法和常量值的定义的集合，从本质上讲，接口是一种特殊的抽

象类，这种抽象类中只包含常量和方法的定义，而没有变量和方法的实现。

1. 接口声明

接口声明的一般格式如下：

```
public interface 接口名 {
  // 常量
  // 方法声明
}
```

“常量”部分定义的常量均具有 public、static 和 final 属性。

接口中只能进行方法的声明，不提供方法的实现，且在接口中声明的方法具有 public 和 abstract 属性。如：

```
public interface PCI {
  final int voltage ;
   public void start();
  public void stop();
}
```

2. 接口实现

接口可以由类来实现，类通过关键字 implements 声明自己使用一个或多个接口。所谓实现接口，就是实现接口中声明的方法。

```
class 类名 extends [ 基类 ] implements 接口 ,…, 接口
{
     …… // 成员定义部分
}
```

接口中的方法被默认是 public，所以类在实现接口方法时，一定要用 public 来修饰。

如果某个接口方法没有被实现，实现类中必须将它声明为抽象的，该类当然也必须声明为抽象的。如：

```
interface IMsg{
     void Message();
}
public abstract class MyClass implements IMsg{
       public abstract void Message();
}
```

4.3.4 接口的使用

【例 4-5】接口实现的实例。

功能实现：模拟现实世界的计算机组装功能。定义计算机主板的 PCI 类，模拟主板

PCI 的通用插槽，有两个方法——start（启用）和 stop（停用）。接下来声明具体的子类——声卡类 SoundCard 和网卡类 NetworkCard，它们分别实现 PCI 接口中的 start 和 stop 方法，从而实现 PCI 标准的不同部件的组装和使用。

```
interface PCI{// 定义接口，相当于主板上的 PCI 插槽规范
  void start();
  void stop();
}

class SoundCard implements PCI{// 声卡实现了 PCI 插槽的规范，但行为完全不同
  public void start(){
    System.out.println("Du  du du ......");
  }
  public void stop(){
     System.out.println("Sound stop!");
  }
}
class NetworkCard implements PCI{// 网卡实现了 PCI 插槽的规范，但行为完全不同
  public void start(){
    System.out.println("Send ......");
  }
  public void stop(){
     System.out.println("Network stop!");
  }
}
class MainBoard{
  public void usePCICard(PCI p){ // 该方法可使主板插入任意符合 PCI 插槽规范的卡
     p.start();
     p.stop();
  }

}

public class Assembler{
  public  static void main(String args[]){
    PCI nc = new NetworkCard();
    PCI sc = new SoundCard();
    MainBoard mb = new MainBoard();
    // 主板上插入网卡
    mb.usePCICard(nc);
    // 主板上插入声卡
    mb.usePCICard(sc);
  }
```

```
}
```

程序运行结果如图 4-9 所示。

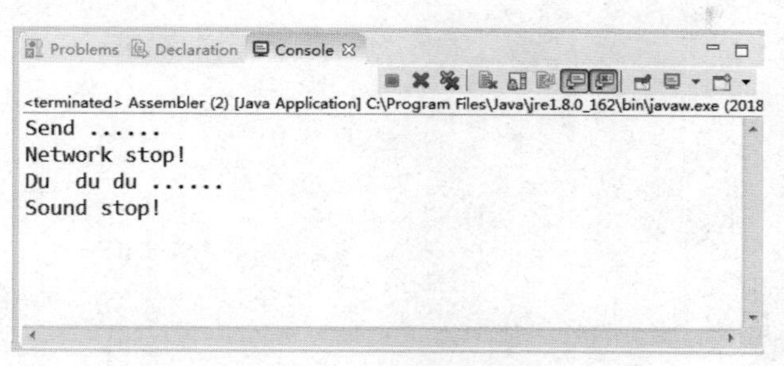

图 4-9　程序运行结果

由此可得出 Java 开发系统时，主体构架使用接口，接口构成系统的骨架，这样就可以通过更换接口的实现类来更换系统的实现，这称作面向接口的编程方式。

4.4　多态性

同一个消息发送给不同的对象，不同的对象在接收消息后会产生不同的行为 (即方法)，也就是说，每个对象可以用自己的方式去响应共同的消息，这叫多态性。本节主要讲述 Java 中多态性的实现方式——重载和覆盖。

4.4.1　多态性的概述

Java 语言中，多态性体现在两个方面：由方法重载实现的静态多态性（编译时多态）和方法重写实现的动态多态性（也称动态联编）。

1. 编译时多态

在编译阶段，具体调用哪个被重载的方法，编译器会根据参数的不同来静态确定。

2. 动态联编

由于子类继承了父类所有的属性（私有的除外），所以子类对象可以作为父类对象使用。程序中凡是使用父类对象的地方，都可以用子类对象来代替。一个对象可以通过引用子类的实例来调用子类的方法。

4.4.2　静态多态性

静态多态性是在编译过程中确定同名操作的具体操作对象。下面的代码体现了编译时的多态性：

```
public class Person{
  private String name;
```

```
    private int age;
    public void initInfo(String n,int a) {// 同名方法，参数不同
      name =n;
      age =a;
    }
    public void initInfo(String n) {// 同名方法，参数不同
      name =n;
  }
    public void showInfo() {
        System.out.println( " 尊敬的 "+name+", 您的年龄为 :"+age);
    }
  }
```

4.4.3 方法的动态调用

和静态联编相对应，如果联编工作在程序运行阶段完成，就称为动态联编。在编译、连接过程中无法解决的联编问题，可通过动态联编来解决。

如果父类的引用指向一个子类对象，当调用一个方法完成某个功能时，程序会在运行时选择正确的子类方法去实现该功能，就称为方法的动态绑定。下面为方法动态调用的简单例子：

```
class Parent{
  public void function(){
      System.out.println("I am in Parent!");
  }
}
class Child extends Parent{
  public void function(){
    System.out.println("I am in Child!");
  }
}
public class test_parent{
  public static void main(String args[]){
    Parent p1 = new Parent( );  // 创建父类对象
    Parent p2 = new Child( );   // 创建子类对象，并将子类对象赋值给父类对象
    p1.function( );
    p2.function( );
  }
}
```

程序的运行结果如图 4-10 所示。

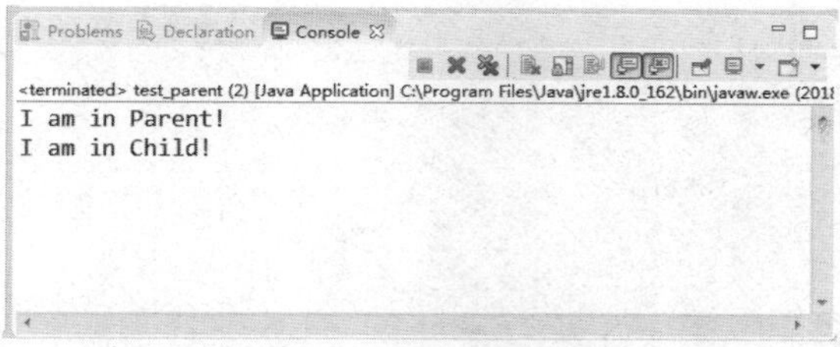

```
<terminated> test_parent (2) [Java Application] C:\Program Files\Java\jre1.8.0_162\bin\javaw.exe (201
I am in Parent!
I am in Child!
```

图 4-10　程序运行结果

程序分析：当执行语句“Parent p1=new Child( );”时，父类的引用 p1 指向子类 Child 对象，语句执行“p2.function（）;”时，子类的方法 function 重写父类同名的方法，因此输出结果是“I am in Child!”。

事实上，一个对象变量（如例子中 Parent）可以指向多种实际类型，这种现象称为多态。

4.4.4　父类对象与子类对象间的类型转化

假设 B 类是 A 类子类或间接子类，当用子类 B 创建一个对象，并把这个对象的引用赋给 A 类的对象：

```
A a;
B b = new B();
a = b;
```

称这个 A 类对象 a 是子类对象 b 的上转型对象。

子类对象可以赋给父类对象，但指向子类的父类对象不能操作子类新增的成员变量，不能使用子类新增的方法。

上转型对象可以操作子类继承或覆盖的成员变量，也可以使用子类继承或重写的方法。

可以将对象的上转型对象再强制转换给子类对象，该子类对象又具备了子类所有属性和功能。

如果子类重写了父类的方法，那么重写方法的调用原则如下：Java 运行时，系统根据调用该方法的实例，来决定调用哪个方法。

对于子类的一个实例，如果子类重写了父类的方法，则运行时系统调用子类的方法；如果子类继承了父类的方法（未重写），则运行时系统调用父类的方法。

下面的程序体现了上述的这些内容：

```
class  Mammal{  // 哺乳动物类
  private int n=50;
  void crySpeak(String s) {
    System.out.println(s);
  }
}
public class Monkey extends Mammal{  // 猴子类
```

```
    void computer(int aa,int bb) {
      int cc=aa*bb;
      System.out.println(cc);
    }
    void crySpeak(String s) {
      System.out.println("**"+s+"**");
    }
  public static void main(String args[]){
      // mammal 是 Monkey 类的对象的上转型对象 .
      Mammal mammal=new Monkey();
      mammal.crySpeak("I love this game");
      // mammal.computer(10,10);
     // 把上转型对象强制转化为子类的对象 .
      Monkey monkey = mammal;
      // Monkey monkey=(Monkey)mammal;
      monkey.computer(10,10);
    }
  }
```

程序分析：如果执行上述程序中的语句“Monkey monkey=mammal;”，则出错，错误提示如图 4-11 所示：

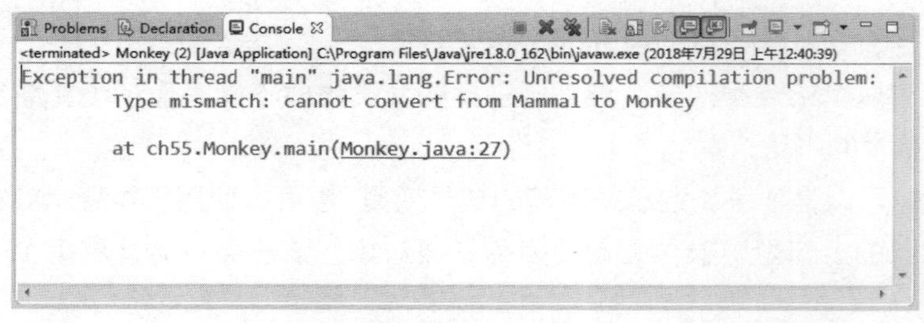

图 4-11　程序运行结果

原因在于将父类的引用对象 mammal 指向子类对象后，父类对象不能赋给子类对象；父类对象如果要用子类新增的成员，则必须进行强制类型的转换。如：

```
Monkey monkey=(Monkey)mammal;
```

总之，父类对象和子类对象的转化需要注意如下原则：

（1）子类对象可被视为是其父类的一个对象。

（2）父类对象不能被当作是其某一个子类的对象。

（3）如果一个方法的形式参数定义的是父类对象，那么调用这个方法时，可以使用子类对象作为实际参数。

【例 4-6】多态性的使用实例。

功能实现：多态性实现工资系统中一部分程序。Employee 类是抽象的员工父类，

Employee 类的子类有经理 Boss，每星期获取固定工资，而不计工作时间；子类普通雇员 CommissionWorker，除基本工资外还根据每周的销售额发放浮动工资等。子类 Boss 和 CommissionWorker 声明为 final，表明它们不再派生新的子类。

```
import java.text.DecimalFormat;
abstract class Employee{// 抽象的父类 Employee
  private String name;
  private double mini_salary = 600;
  public Employee( String name ) {// 构造方法
    this.name = name;
  }
  public String getEmployeeName(){
    return name;
  }
  public String toString(){  // 输出员工信息
    return  name;
  }
   // Employee 抽象方法 getSalary(), 将被他的每个子类具体实现
  public abstract double getSalary();
}
final class Boss extends Employee{
  private double weeklySalary; //Boss 新添成员，周薪
  public Boss( String name, double salary) { // 经理 Boss 类的构造方法
    super( name); // 调用父类的构造方法为父类员工赋初值
    setWeeklySalary( salary ); // 设置 Boss 的周薪
  }
  public void setWeeklySalary( double s ) {// 经理 Boss 类的工资
    weeklySalary = ( s > 0 ? s : 0 );
  }
  public double getSalary(){// 重写父类的 getSalary（）方法，确定 Boss 的薪水
    return weeklySalary ;
  }
  public String toString() {// 重写父类同名的方法 toString（），输出 Boss 的基本信息
    return " 经理 : " + super.toString(); // 调用父类的同名方法
  }
}
final class CommissionWorker extends Employee{
  private double salary;    // 每周的底薪
  private double commission; // 每周奖金系数
  private int quantity;     // 销售额
  // 普通员工类的构造方法
  CommissionWorker( String name,double salary, double commission, int quantity) {
    super( name ); // 调用父类的构造方法
```

```
        setSalary( salary );
        setCommission( commission );
        setQuantity( quantity );
    }
    public void setSalary( double s ) { // 确定普通员工的每周底薪
        salary = ( s > 0 ? s : 0 );
    }
    public void setCommission( double c ) { // 确定普通员工的每周奖金
        commission = ( c > 0 ? c : 0 );
    }
    public void setQuantity( int q ) { // 确定普通员工销售额
        quantity = ( q > 0 ? q : 0 );
    }
    // 重写父类的 getSalary（）方法，确定 CommissionWorker 的薪水
    public double getSalary() {
        return salary + commission * quantity;
    }
    // 重写父类同名的方法 toString（），输出 CommissionWorker 的基本信息
    public String toString(){
        return " 普通员工 : " + super.toString(); // 调用父类的同名方法
    }
}
public class test_abstract{
    public static void main( String args[] ){
        Employee employeeRef; // employeeRef 为 Employee 引用
        String output = "";
        Boss boss = new Boss( " 李晓华 ", 800.00 );
        CommissionWorker commission = new CommissionWorker( " 张 雪 ",500.0, 3.0, 150);
// 创建一个输出数据的格式化描述对象
        DecimalFormat precision = new DecimalFormat( "0.00" );
        // 把父类的引用 employeeRef 赋值为子类 Boss 对象 boss 的引用
            employeeRef = boss;
            output += employeeRef.toString() + " 工资 ￥" +
                precision.format( employeeRef.getSalary() ) + "\n" +
                boss.toString() + " 工资 ￥" +
                precision.format( boss.getSalary() ) + "\n";
// 把父类的引用 employeeRef 赋值为子类普通员工对象 commission 的引用
        employeeRef = commission;
        output += employeeRef.toString() + " 工资 ￥" +
            precision.format( employeeRef.getSalary() ) + "\n" +
            commission.toString() + " 工资 ￥" +
            precision.format( commission.getSalary() ) + "\n";
        System.out.println(output);
```

```
    }
}
```

程序运行结果如图 4-12 所示。

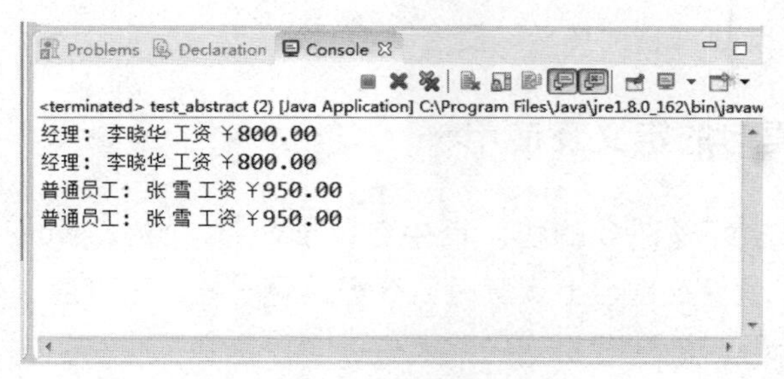

图 4-12 程序运行结果

为实现动态多态性，下面以 Boss 子类的处理为例来说明动态方法绑定的实现过程。

（1）在主程序中首先声明了对父类的引用 employeeRef：

```
Employee employeeRef; // employeeRef; 为 Employee 引用
```

（2）实例化 Boss 的对象，初始化相关的方法和成员：

```
Boss boss = new Boss( " 李晓华 ", 800.00 );
```

（3）把父类的引用 employeeRef 指向 Boss 对象，是实现动态方法绑定的必需：

```
  employeeRef = boss; // 把父类的引用指向子类 Boss 对象
```

（4）引用调用相应的方法实现不同员工工资的处理过程，会确定此时被引用的对象是 Boss 类型的对象并调用 Boss 的方法 getSalary（），覆盖父类同样的方法，而不是调用父类 Employee 的 getSalary（），这就是所谓的动态方法绑定——直到程序运行时才确定哪一个对象的方法被调用：

```
employeeRef.getSalary();
```

（5）如果父类中没有和子类定义同样的方法 getSalary（），则将父类的引用指向父类的任何一个子类的对象时，则上述调用 (employeeRef.getSalary()) 就会出现编译错误，因为 employeeRef 的声明类为 Employee，而 getSalary（）方法不是它自身定义的方法。因此动态方法绑定的实现必须保证引用的方法在父类和子类中共存。

（6）输出语句中引用调用的方法 getSalary（）和 boss 对象调用的方法 getSalary（）的输出结果一致，表明引用在多态的动态实现时父类的引用指向了相应的子类对象。

```
employeeRef.toString();
boss.toString();
```

有关 CommissionWorker 子类的处理与 Boss 子类的处理一致，不再一一描述。

4.5 包

包就是一些提供访问保护和命名空间管理的相关类与接口的集合。使用包的目的就是使类容易查找使用，防止命名冲突，以及控制访问等。

4.5.1 package 语句的定义及使用

标准 Java 库被分类成许多的包，其中包括 java.io、javax.swing 和 java.net 等。标准 Java 包是分层次的，就像在硬盘上嵌套有各级子目录一样，可以通过层次嵌套组织包。所有的 Java 包都在 Java 和 Javax 包层次内。

1. 定义包

包声明的一般形式如下：

```
package  pkg[.pkg1[.pkg2]];
```

说明：package 是说明包的关键字，pkg 是包名。

定义包的语句必须放在所有程序的最前面。也可以没有包，则当前编译单元属于无名包，生成的 class 文件放在与 .java 文件同名的目录下。package 名字一般用小写。

如下为创建包的语句：

```
package  employee ;
package employee .commission ;
```

创建包就是在当前文件夹下创建一个子文件夹，以便存放这个包中包含的所有类的 .class 文件。上面的第二个创建包的语句中的符号“.”代表了目录分隔符，即这个语句创建了两个文件夹，第一个是当前文件夹下的子文件夹 employee ，第二个是 employee 下的子文件夹 commission，当前包中的所有类就存放在这个文件夹里。

2. 向包添加类

要把类放入一个包中，必须把此包的名字放在源文件头部，并且放在类定义的代码之前。例如，文件 Employee.java 的开始部分如下：

```
package myPackage;
public class Employee{
……
}
```

则创建的 Employee 类编译后生成的 Employee.class 就存放在子目录 myPackage 下。

4.5.2 包引用

通常一个类只能引用与它在同一个包中的类，如果需要使用其他包中的 public 类，则可以使用如下的几种方法。

1. 直接使用包名、类名前缀

一个类要引用其他的类，无非是继承这个类或创建这个类的对象并使用它的域、调用它的方法。对于同一包中的其他类，只需在要使用的属性或方法名前加上类名作为前缀即可；对于其他包中的类，则需要在类名前面再加上包名。例如：

```
employee.Employee ref = new  employee.Employee(); // employee 为包名
```

2. 加载包中单个的类

用 import 语句加载整个类到当前程序中；如在 java 程序的最前方加上下面的语句：

```
import  employee.Employee;
Employee ref = new  Employee();  // 创建对象
```

3. 加载包中多个类

用 import 语句引入整个包，此时这个包中的所有类都会被加载到当前程序中。加载整个包的 import 语句可以写为：

```
import  employee . *;  // 加载用户自定义的 employee 包中的所有类
```

Java 的类库是系统提供的已实现的标准类的集合，是 Java 编程的 API，它可以帮助开发者方便、快捷地开发 Java 程序。Java 的 API 包可见后面章节。

4.6 内部类

在 Java 中，可以将一个类定义在另一个类里面或者一个方法里面，这样的类称为内部类。广泛意义上的内部类一般来说包括四种：成员内部类、局部内部类、匿名内部类和静态内部类等。本节主要讲述匿名内部类的定义和使用。

如果某个类的实例只使用一次，则可以将类的定义与类对象的创建放到一起完成，即在定义类的同时就创建一个类对象，以这种方法定义的没有名字的类称为匿名内部类。

声明和构造匿名内部类的一般格式如下：

```
new < 类或接口 > < 类的主体 >
```

这种形式的 new 语句声明一个新的匿名类，它对一个给定的类进行扩展，或者实现一个给定的接口。它还创建那个类的一个新实例，并把它作为语句的结果而返回。要扩展的类和要实现的接口是 new 语句的操作数，后跟匿名类的主体。下面给出一个匿名类的使用：

```
abstract class Bird {
  private String name;
  public String getName() {
    return name;
  }
  public void setName(String name) {
    this.name = name;
  }
  public abstract int fly();
}

public class test_anonyClass {
  public void test(Bird bird){
    System.out.println(bird.getName() + " 能够飞 " + bird.fly() + " 米 ");
  }
  public static void main(String[] args) {
      test_anonyClass test = new test_anonyClass();
      test.test(new Bird() { // 匿名内部类
        public int fly() {
          return 10000;
        }
        public String getName() {
          return " 大雁 ";
        }
      });
  }
}
```

程序运行结果如图 4-13 所示。

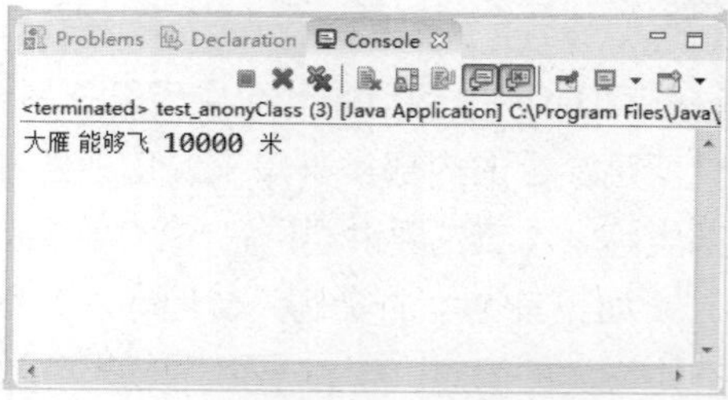

程序分析：在 test_anonyClass 类中，test() 方法接收一个 Bird 类型的参数，同时由于一个抽象类是没有办法直接创建对象的，必须先有实现类才能创建出来它的实现类实例。所以在 main（）方法中直接使用匿名内部类来创建一个 Bird 实例。

图 4-13　程序运行结果

在使用匿名内部类的过程中，应注意以下几点。

（1）使用匿名内部类时，必须是继承一个类或者实现一个接口，但是两者不可兼得。

（2）匿名内部类中是不能定义构造函数的。

（3）匿名内部类中不能存在任何的静态成员变量和静态方法。

（4）匿名内部类为局部内部类，所以局部内部类的所有限制同样对匿名内部类生效。

（5）匿名内部类不能是抽象的，它必须要实现继承的类或者接口的所有抽象方法。

强化练习

面向对象程序设计的优点之一是可通过继承性实现软件复用。本章主要介绍了 Java 中继承的定义和实现。子类继承了父类的功能，并根据具体需要来添加功能。此外，还介绍了 Java 中包的概念及内部类的定义和使用，读者可以自行练习以下操作，熟悉本章讲述的主要内容。

练习 1. 继承（抽象类）的实例。

下面给出了一个根据员工类型利用抽象方法和多态性完成工资单计算的程序。Employee 是抽象（abstract）父类，Employee 的子类有经理 Boss，每星期发给他固定工资，而不计工作时间；普通雇员 CommissionWorker，除基本工资外还根据销售额发放浮动工资；对计件工人 PieceWorker，按其生产的产品数发放工资；对计时工人 HourlyWorker，根据工作时间长短发放工资。该例的 Employee 的每个子类都声明为 final，因为不需要再由它们生成子类。类间的结构关系如图 4-14 所示。

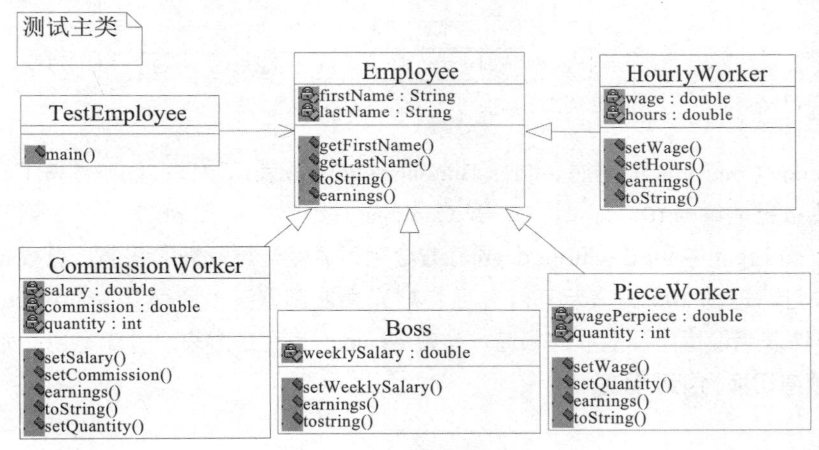

图 4-14 员工类型结构关系

设计要求：

根据面向对象程序设计中多态性的特点，用 Java 实现图 4-14 中类的关系。

练习 2. 家用电器遥控系统的实现。

已知某企业欲开发一家用电器遥控系统，即用户使用一个遥控器即可控制某些家用电器的开与关。遥控器如图 4-15 所示。该遥控器共有 4 个按钮，编号分别是 0~3，按钮 0 和 2 能够遥控打开电器 1（卧室电灯）和电器 2（电视），并选择相应的频道；按钮 1 和 3 则能遥控关闭电器 1（卧室电灯）和电器 2（电视）。由于遥控系统需要支持形式多样的电器，因此，该系统的设计要求具有较高的扩展性。现假设需要控制客厅电视和卧室电灯，对该遥控系统进行设计所得类图如图 4-16 所示。

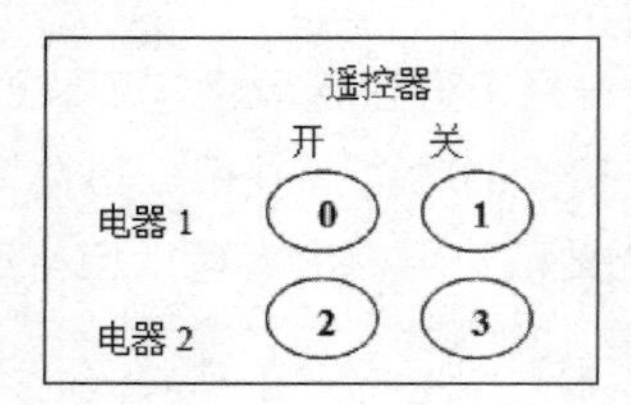

图 4-15　遥控器

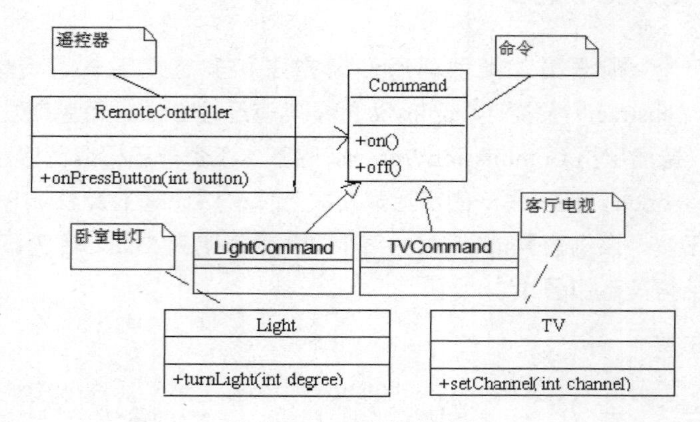

图 4-16　设计类图

类 RomoteController 的方法 onPressButton(int button) 表示当遥控器按键按下时调用的方法，参数为按键的编号 (0，1，2，3)；类 Command 接口中 on 和 off 方法分别用于控制电器的开与关；类 Light 中 turnLight(int degree) 方法用于调整电灯灯光的强弱，参数 degree 值为 0 时表示关灯，值为 100 时表示开灯并且将灯光亮度调整到最大；类 TV 中 setChannel(int channel) 方法表示设置电视播放的频道，参数 channel 值为 0 时表示关闭电视，为 1 时表示开机并将频道切换为第 1 频道。

第5章 常用基础类详解

内容概要

Java系统提供了大量的类和接口，它们存放在不同的包中，这些包的集合称为基础类库，简称"类库"，为应用程序接口（API）。本章将对java.lang和java.util两个包中的一些基础类进行介绍，主要包括包装类、字符串类、数学类、日期类和随机数处理类等。通过本章的学习，读者将会认识并掌握Java API的使用方法；掌握字符串类、数学类、日期类和随机数处理类的常用方法；明确基本数据类型与包装类的关系，并能利用这些常用类提高编程效率，增强程序的可读性、灵活性和健壮性。

学习目标

- 掌握Java API的使用方法
- 掌握字符串类的常用方法
- 掌握数学类和日期类的常用方法
- 明确基本数据类型和包装类的关系

课时安排

- 理论学习2课时
- 上机操作2课时

5.1 包装类

Java 是一种面向对象的语言，Java 中的类把方法与数据连接在一起，构成了自包含式的处理单元。但是 Java 中的基本数据类型却不是面向对象的，这在实际使用时会存在很多不便之处。为了弥补这个不足，Java 为每个基本类型都提供了相应的包装类，这样便可以把这些基本类型转换为对象来处理了。

Java 语言提供了 8 种基本类型，其中包含 6 种数字类型（4 个整数型，2 个浮点型），1 种字符类型，还有 1 个布尔类型。这 8 种基本类型对应的包装类都位于 java.lang 包中，包装类和基本数据类型的对应关系见表 5-1。

表 5-1　包装类和基本数据类型的对应关系

基本数据类型	包装类
byte	Byte
short	Shrot
int	Integer
long	Long
char	Character
float	Float
double	Double
boolean	Boolean

从表 5-1 可以看出，除了 int 和 char 之外，其他基本数据类型的包装类都是将其首字母变为大写即可。包装类的用途主要包含两种：①，作为和基本数据类型对应的类型存在，方便涉及对象的操作；②，包含每种基本数据类型的相关属性，如最大值、最小值等，以及相关的操作方法。

基本数据类型和对应的包装类可以相互转换，具体转换规则如下：

（1）由基本类型向对应的包装类转换称为装箱，例如把 int 包装成 Integer 类的对象。

（2）包装类向对应的基本类型转换称为拆箱，例如把 Integer 类的对象重新简化为 int。

由于包装类的用法非常相似，下面以 Integer 包装类为例介绍包装类的使用方法。

1. 构造方法

Integer 类有以下两个构造方法。

（1）以 int 类型变量作为参数创建 Integer 对象。例如：

```
Integer number = new Integer(7);
```

（2）以 String 型变量作为参数创建 Integer 对象。例如：

```
Integer number = new Integer("7");
```

2. int 和 Integer 类之间的转换

通过 Integer 类的构造方法将 int 装箱，通过 Integer 类的 intValue() 方法将 Integer 拆箱。

【例 5-1】创建类，实现 int 和 Integer 之间的转换，并通过屏幕输出结果。

```
public class IntTranslator {
    public static void main(String[] args) {
            int number1=100;
            Integer obj1=new Integer(number1);
```

```
            int number2=obj1.intValue();
            System.out.println("number2="+number2);
            Integer obj2=new Integer(100);
            System.out.println("obj1 等价于 obj2?"+obj1.equals(obj2));
    }
}
```

运行结果如图 5-1 所示。

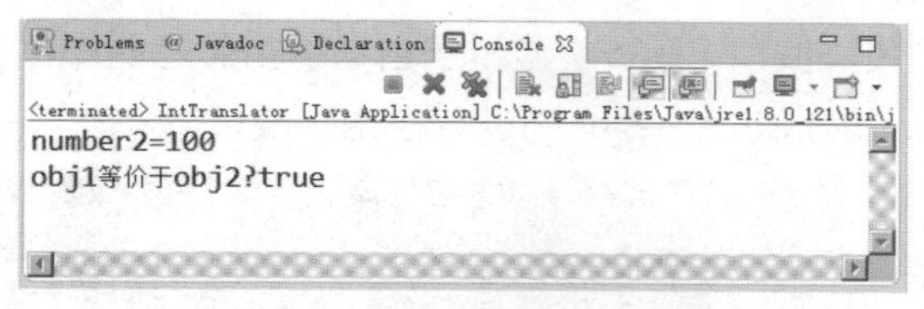

图 5-1　int 和 Integer 转换结果

3. 整数和字符串之间的转换

Java 提供了便捷的方法，可以在数字和字符串间进行轻松转换。

Integer 类中的 parseInt() 方法可以将字符串转换为 int 数值，该方法的原型如下：

```
public static int parseInt(String s)
```

其中 s 代表要转换的字符串，如果字符串中有非数字字符，则程序执行将出现异常。

另一个将字符串转换为 int 数值的方法，其原型如下：

```
public static parseInt(String s,int radix)
```

其中 radix 参数代表指定的进制（如二进制、八进制等），默认为十进制。

另外，Integer 类中有一个静态的 toString() 方法，可以将整数转换为字符串，原型如下：

```
public static String toString(int i)
```

【例 5-2】创建类，实现整数和字符串之间的相互转换，并输出结果。

```
public class IntStringTrans {
    public static void main(String[] args) {
            String s1="123";
            int n1=Integer.parseInt(s1);
            System.out.println(" 字符串 \""+s1+"\""+" 按十进制可以转换为 "+n1);
            int n2=Integer.parseInt(s1, 16);
            System.out.println(" 字符串 \""+s1+"\""+" 按十六进制可以转换为 "+n2);
            String s2=Integer.toString(n1);
            System.out.println(" 整数 123 可以转换为字符串 \""+s2+"\"");
    }
}
```

运行例 5-2，结果如图 5-2 所示。

图 5-2　整数和字符串之间转换结果

例 5-1 和例 5-2 中都需要手动实例化一个包装类，这称为手动拆箱装箱。Java 1.5 之后可以实现自动拆箱装箱，即在进行基本数据类型和对应包装类的转换时，系统将自动执行，这将大大方便程序员的代码编写。例 5-3 演示了自动拆箱装箱的过程。

【例 5-3】创建类，在 int 和 Integer 间进行自动转换。

```
public class AutoTrans {
    public static void main(String[] args) {
            int m = 500;
            Integer obj = m; // 自动装箱
            int n = obj; // 自动拆箱
            System.out.println("n = " + n);
            Integer obj1 = 500;
            System.out.println("obj 等价于 obj1 ？  " + obj.equals(obj1));
    }
}
```

运行结果如图 5-3 所示。

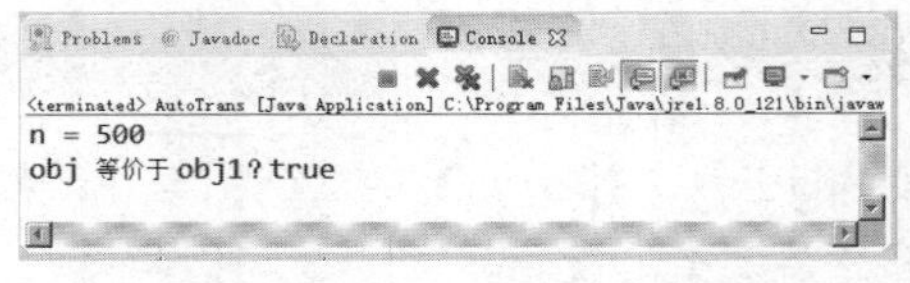

图 5-3　int 和 Integer 转换结果

5.2　字符串类

在 Java 中，字符串是作为内置对象进行处理的。在 java.lang 包中，有两个专门处理字符串的类，分别是 String 和 StringBuffer。这两个类提供了十分丰富的功能特性，以方便处理字符串。由于 String 类和 StringBuffer 类都定义在 java.lang 包中，因此它们可以自动被所有程序使用。这两个类都被声明为 final，这意味着两者均没有子类，也不能被用户自定义的类继承。本节将介绍 String 和 StringBuffer 这两个类的用法。

5.2.1　String 类

String 类表示了定长、不可变的字符序列，Java 程序中所有的字符串常量（如 "abc"）都作为此类的实例来实现。它的特点是一旦赋值，便不能改变其指向的字符串对象，如果更改，则会指向一个新的字符串对象。下面介绍 String 中常用的一些方法。

1. String 类的构造方法

String 类支持多种构造方法，共有 13 个。

String()

String(byte[]bytes)

String(byte[] ascii，int hibyte)

String(byte[] bytes，int offset，int length)

String(byte[] ascii，int hibyte，int offset，int count)

String(byte[]bytes，int offset，int length，String charsetName)

String(byte[] bytes，String charsetName)

String(char[] value)

String(char[] value，int offset，int count)

String(int[] codePoints，int offset，int count)

String(String original)

String(StringBuffer buffer)

String(StringBuilder builder)

在初始化一个字符串对象的时候，可以根据需要调用相应的构造方法。参数为空的构造方法是 String 类默认的构造方法，例如下面的语句：

```
String str=new String();
```

此语句将创建一个 String 对象，该对象中不包含任何字符。

如果希望创建含有初始值的字符串对象，可以使用带参数的构造方法：

```
char[] chars={'H','I'};
String s=new String(chars);
```

这个构造方法用字符数组 chars 中的字符初始化 s，结果 s 中的值就是“HI”。

使用下面的构造函数可以指定字符数组的一个子区域作为字符串的初始化值：

```
String(char[] value，int offset，int count)
```

其中，offset 指定了区域的开始位置，count 表示区域的长度即包含的字符个数。例如在程序中有如下两条语句：

```
char chars[]={'W','e','l','c','o','m'};
String s=new String(chars,3,3);
```

执行以上两条语句后 s 的值就是“com”。

用下面的构造方法可以构造一个 String 对象，该对象包括了与另一个 String 对象相同的字符序列：

```
String(String original);
```

此处 original 是一个字符串对象。

【例 5-4】创建类，使用不同的构造方法创建 String 对象。

```
public class CloneString {
    public static void main(String args[]){
            char c[]={'H','e','l','l','o'};
            String str1=new String(c);
            String str2=new String(str1);
            System.out.println(str1);
            System.out.println(str2);
    }
}
```

运行此程序，输出结果如图 5-4 所示。

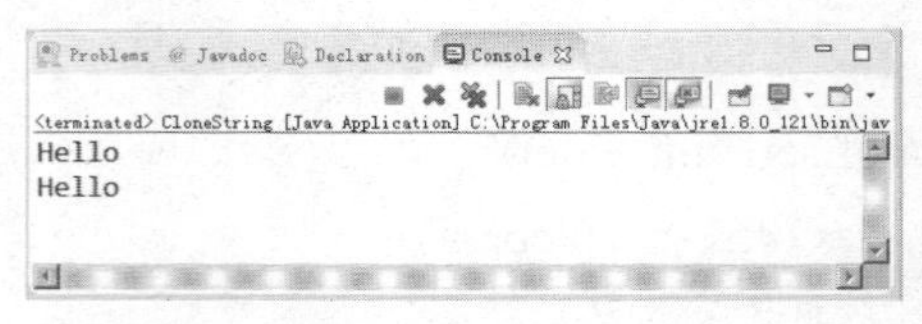

图 5-4　CloneString 的运行结果

这里需要注意的是，当从一个数组创建一个 String 对象时，数组的内容将被复制。在字符串被创建以后，如果改变数组的内容，String 对象将不会随之改变。

例 5-4 说明了如何通过使用不同的构造方法创建一个 String 对象，但是这些方法在实际的编程中并不常用。对于程序中的每一个字符串常量，Java 会自动创建 String 对象。因此，可以使用字符串常量初始化 String 对象。例如，下面的程序代码段创建了两个相等的字符串。

```
char chars[]={'W', 'a', 'n', 'g'};
String sl=new String(chars);
String s2="Wang":
```

执行此代码段，则 s1 和 s2 的内容相同。

由于对应每一个字符串常量，都有一个 String 对象被创建，因此，在使用字符串常量的任何地方，都可以使用 String 对象。使用字符串常量来创建 String 对象是最为常见的。

2. 字符串长度

字符串长度是指其所包含的字符的个数，调用 String 类的 length() 方法可以得到这个值。

3. 字符串连接

"+"运算符可以连接两个字符串，产生一个 String 对象。也允许使用多个"+"运算符，把多个字符串对象连接成一个字符串对象。

【例 5-5】 创建类，使用"+"运算符进行 String 对象的连接。

```
public class BookDetails{
    final String name="《Java 经典课堂》";
    final String author=" 张三 ";
    final String publisher=" 清华大学出版社 ";
    public static void main(String args[]){
```

```
                BookDetails oneBookDetail =new BookDetails();
                System.out.println("the book datail:"+ oneBookDetail .name +
                                  " - " + oneBookDetail.author + " - " +
                                           oneBookDetail. publisher);
        }
}
```

运行此程序，输出结果如图 5-5 所示。

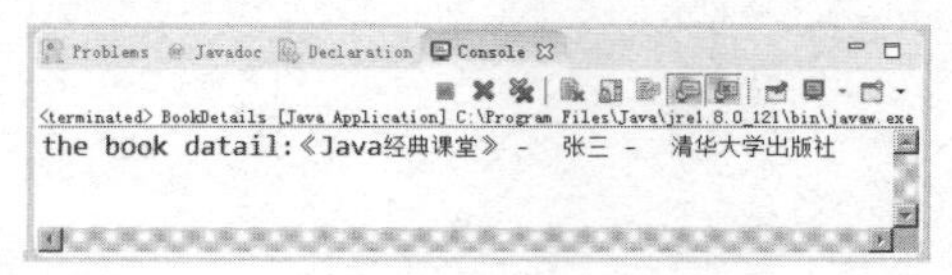

图 5-5　BookDetails 的运行结果

4. 字符串与其他类型数据的连接

字符串除了可以连接字符串以外，还可以和其他基本类型数据连接，连接以后成为新的字符串。例如下面程序段：

```
int age=38;
String s="He is "+age+"years old.";
System.out.println(s);
```

执行此段程序，输出结果为：He is 38 years old.

5. 利用 charAt() 方法截取一个字符

从一个字符串中截取一个字符，可以通过 charAt() 方法实现。其形式如下：

```
char charAt(int where)
```

这里，where 是想要获取的字符的下标，其值必须为非负的，它指定该字符在字符串中的位置。例如下面两条语句：

```
char ch;
ch="abc".charAt(1);
```

执行以上两条语句，则 ch 的值为 'b'。

6. getChars() 方法

如果想一次截取多个字符，可以使用 getChar() 方法。它的形式为：

```
void getChars(int sourceStart, int sourceEnd, char targte[], int targetStart)
```

其中，sourceStart 表示子字符串的开始位置，sourceEnd 是子字符串中最后一个字符的下一个字符的位置，因此截取的子字符串包含了从 sourceStart 到 sourceEnd-1 的字符，字符串存放在字符数组 target 中从 targetStart 开始的位置，在此必须确保 target 足够大，能容纳所截取的子符串。

【例 5-6】getChars() 方法的应用。

```
public class GetCharsDemo {
    public static void main(String[] args) {
            String s="hello world";
            int start=6;
            int end=11;
            char buf[]=new char[end-start]; // 定义一个长度为 end-start 的字符数组
            s.getChars(start, end, buf, 0);
            System.out.println(buf);
    }
}
```

运行此程序，输出结果如图 5-6 所示。

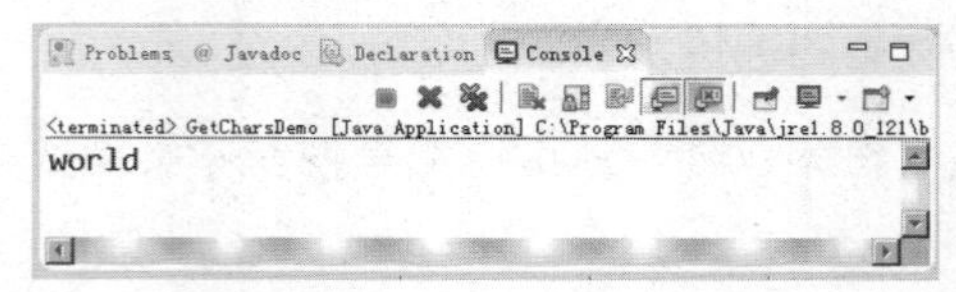

图 5-6　GetChars 的运行结果

7. getBytes() 方法

getBytes() 方法使用平台的默认字符集将字符串编码为 byte 序列，并将结果存储到一个新的 byte 数组中。也可以使用指定的字符集对字符串进行编码，把结果存到字节数组中。String 类中提供了 getBytes() 的多个重载方法，在进行 Java IO 操作的过程中，此方法是很有用处的。使用本方法，还可以解决中文乱码问题。

8. 利用 toCharArray() 方法实现将字符串转换为一个字符数组

如果想将字符串对象中的字符转换为一个字符数组，最简单的方法就是调用 toCharArray() 方法。其一般形式为：char[] toCharArray()。此方法是为了便于使用而提供的，也可以使用 getChar() 方法获得相同的结果。

9. 对字符串进行各种形式的比较操作

String 类中包括了几个用于比较字符串或其子串的方法，下面分别介绍它们的用法。

（1）equals() 和 equalsIgnoreCase() 方法。使用 equals() 方法可以比较两个字符串是否相等。它的一般形式为：

```
public boolean equals(Object obj)
```

如果两个字符串具有相同的字符和长度，返回 true，否则返回 false。这种比较是区分大小写的。

为了执行忽略大小写的比较，可以使用 equalsIgnoreCase（）方法，其形式为：

```
public boolean equalsIgnoreCase(String anotherString)
```

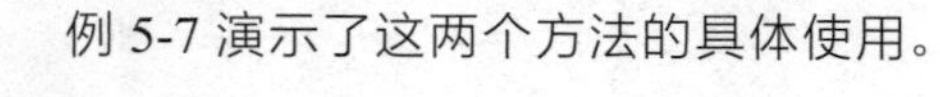

例 5-7 演示了这两个方法的具体使用。

【例 5-7】equals() 和 equalsIgnoreCase() 的应用

```
public class EqualDemo {
        public static void main(String[] args) {
                String s1="hello";
                String s2="hello";
                String s3="Good-bye";
                String s4="HELLO";
                System.out.println(s1+" equals "+s2+"->"+s1.equals(s2));
                System.out.println(s1+" equals "+s3+"->"+s1.equals(s3));
                System.out.println(s1+" equals "+s4+"->"+s1.equals(s4));
                System.out.println(s1+
                 " equalsIgnoreCase "+s4+"->"+s1.equalsIgnoreCase(s4));
    }
  }
```

运行此程序，输出结果如图 5-7 所示。

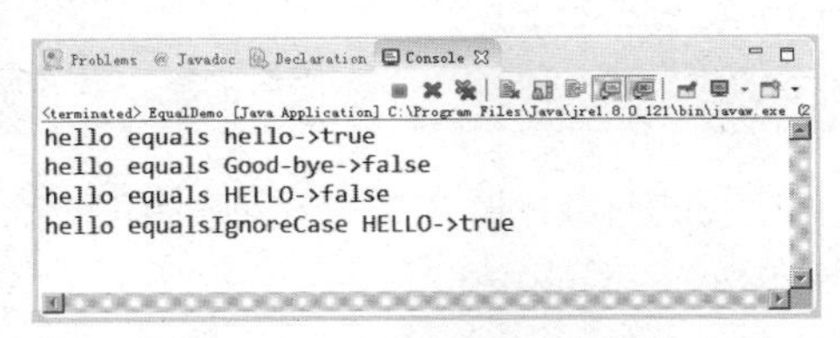

图 5-7　EqualDemo 的运行结果

（2）startsWith 和 endsWith 方法。startsWith 方法判断该字符串是否以指定的字符串开始，而 endsWith() 方法判断该字符串是否以指定的字符串结尾，它们的形式为：

```
public boolean startsWith(String prefix)
public boolean endsWith(String suffix)
```

此处，prefix 和 suffix 是被测试的字符串，如果字符串匹配，则这两个方法返回 true，否则返回 false。例如："Foobar".endWith("bar") 和 "Foobar".startsWith("Foo") 的结果都是 true。

（3）equals() 与“==”的区别。equals() 方法与“==”运算的功能都是比较是否相等，但它们二者的具体含义却不同，理解它们之间的区别很重要的：equals() 方法比较字符串对象中的字符是否相等，而“==”运算符则比较两个对象引用是否指向同一个对象。例 5-8 很好地说明了这一点。

【例 5-8】equals 与“==”的区别。

```
public class EqualsDemo {
    public static void main(String[] args) {
            String s1="book";
            String s2=new String(s1);
            String s3=s1;
            System.out.println("s1 equals s2->"+s1.equals(s2));
```

```
                System.out.println("s1 == s2->"+(s1==s2));
                System.out.println("s1 == s3->"+(s1==s3));
        }
}
```

运行此程序，输出结果如图 5-8 所示。

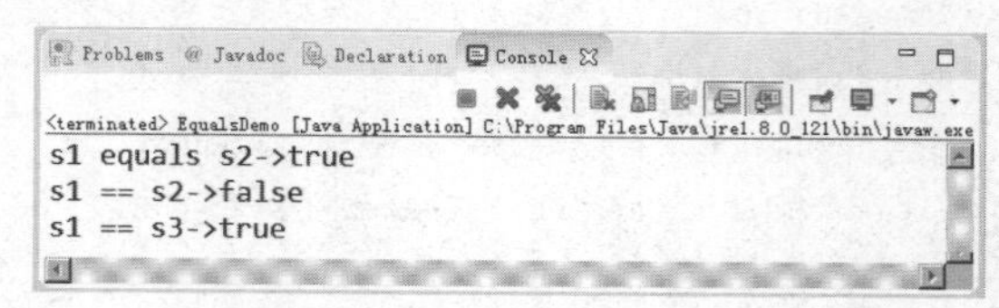

图 5-8　EqualsDemo 的运行结果

（4）compareTo() 方法。通常，仅知道两个字符串是否相同是不够的，比如对于实现排序的程序来说，必须知道一个字符串是大于、等于还是小于另一个字符串。字符串的大小关系是指它们在字典中出现的顺序，先出现的小，后出现的大，而 compareTo() 方法则实现了这样的功能。它的一般定义形式如下：

```
public int compareTo(String anotherString)
```

这里 anotherString 是被比较的对象。此方法的返回值有三个，分别代表不同的含义。

① 值小于 0。调用字符串小于 anotherString。

② 值大于 0。调用字符串大于 anotherString。

③ 值等于 0。调用字符串等于 anotherString。

10. 字符串搜索

String 类提供了两个方法，实现在字符串中搜索指定的字符或子字符串。其中 indexOf() 方法用来搜索指定字符或子字符串首次出现的位置，而 lastIndexOf() 方法用来搜索指定字符或子字符串最后一次出现的位置。

indexOf 方法有 4 种形式，分别如下。

（1）int indexOf(int ch)。

（2）int indexOf(int ch，int fromIndex)。

（3）int indexOf(String str)。

（4）int indexOf(String str，int fromIndex)。

第一个方法返回指定字符在字符串中首次出现的位置，其中 ch 代表指定的字符；第二个方法返回从指定搜索位置起指定字符在字符串中首次出现的位置，其中指定字符由 ch 表示，指定位置由 fromIndex 表示；第三个方法返回指定子字符串在字符串中首次出现的位置，其中指定子字符串由 str 给出；第四个方法返回从特定搜索位置起特定子字符串在字符串中首次出现的位置，其中特定的子字符串由 str 给定，特定搜索位置由 fromIndex 给定。

lastIndexOf 方法也有 4 种形式，分别如下。

（1）int lastIndexOf(int ch)。

（2）int lastIndexOf(int ch, int fromIndex)。

（3）int lastIndexOf(String str)。

（4）int lastIndexOf(String str, int fromIndex)。

其中每个方法中参数的具体含义和 indexOf() 方法类似。

11. 字符串修改

字符串的修改包括获取字符串中的子串、连接字符串、替换字符串中的某字符、消除字符串的空格等功能。String 类中有相应的方法来提供这些功能。

（1）String substring(int startIndex)。

（2）String substring(int startIndex，int endIndex)。

（3）String concat(String str)。

（4）String replace(char original，char replacement)。

（5）String replace(CharSequence target，CharSequence reDlacen。

（6）String trim()。

substring() 方法用来得到字符串中的子串，这个方法有两种形式，其中 startIndex 指定开始下标，endIndex 指定结束下标。第一种形式返回从 startIndex 开始到该字符串结束的子字符串的副本，第二种形式返回的字符串包括从开始下标直到结束下标的所有字符，但不包括结束下标对应的字符。

concat() 方法用来连接两个字符串。这个方法会创建一个新的对象，该对象包含原字符串，同时把 str 的内容跟在原来字符串的后面。concat() 方法与“+”运算符具有相同的功能。

replace() 方法用来替换字符串，这个方法也有两种形式。第一种形式中，original 是原字符串中需要替换的字符，replacement 是用来替换 original 的字符。第二种形式在编程中不是很常用。

trim() 方法是用来去除字符串前后多余的空格。

在此需要注意，因为字符串是不能改变的对象，因此调用上述修改方法对字符串进行修改都会产生新的字符串对象，原来的字符串保持不变。

12. valueOf() 方法

valueOf() 方法是定义在 String 类内部的静态方法，利用这个方法，可以将几乎所有的 Java 简单数据类型转换为 String 类型。这个方法是 String 类型和其他 Java 简单类型之间转换的一座桥梁。除了把 Java 中的简单类型转换为字符串之外，valueOf() 方法还可以把 Object 类和字符数组转换为字符串。valueOf() 方法总共有 9 种形式。

（1）static String valueOf(boolean b)。

（2）static String valueOf(char c)。

（3）static String valueOf(char[]data)。

（4）static String valueOf(char[]data，int offset，int count)。

（5）static String valueOf(double d)。

（6）static String valueOf(float f)。

（7）static String valueOf(int i)。

（8）static String valueOf(1ong 1)。

（9）static String valueOf(Object obj)。

13. toString() 方法

Java 使用连接运算符“+”将其他类型数据转换为其字符串形式，是通过调用字符串中定义的 valueOf() 的重载方法来完成的。对于简单类型，valueOf() 方法返回一个字符串，该字符串包含了相应参数的可读值。对于对象，valueOf() 方法调用 toString() 方法。

toString() 方法在 Object 中定义，所以任何类都可以使用这个方法。然而 toString() 方法的默认实现是不够用的，对于用户所创建的大多数类，通常都希望用自己提供的字符串表达式重载 toString() 方法。toString() 方法的一般形式为：String toString()。

实现 toString() 方法，仅仅返回一个 String 对象，该对象包含描述类中对象的可读的字符串。通过对所创建类的 toString() 方法的覆盖，允许得到的字符串完全继承到 Java 的程序设计环境中。例如它们可以被用于 print() 和 println() 语句以及连接表达式中。

例 5-9 中，在 Person 类中覆盖 toString() 方法，当 Person 对象使用连接表达式或调用 println 方法时，Person 类的 toString() 方法被自动调用。

【例 5-9】 toString() 方法的覆盖。

```
public class Person {
    String name;
    int age;
    Person(String n,int a){
            this.name=n;
            this.age=a;
    }
    public String toString(){  // 覆盖超类的 toString() 方法，返回自己的字符串对象
            return " 姓名是 "+name+", 年龄是 "+age+" 岁 ";
    }
public static void main(String[] args) {
            Person p=new Person(" 春雪瓶 ",18);
            System.out.println(p);
    }

}
```

运行该程序，输出结果如图 5-9 所示。

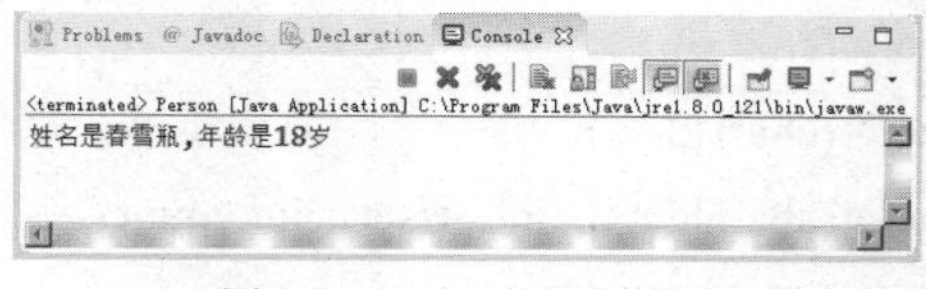

图 5-9　Person 的运行结果

5.2.2　StringBuffer 类

在实际应用中，经常会需要对字符串进行动态修改，这时 String 类的使用就受到了限制，

而 StringBuffer 类可以完成字符串的动态添加、插入和替换等操作。StringBuffer 表示变长的和可写的字符序列。

1. StringBuffer 的构造方法

StringBuffer 定义了以下 4 个构造方法。

（1）StringBuffer()。

（2）StringBuffer(int capacity)。

（3）StringBuffer(String str)。

（4）StringBuffer(CharSequence seq)。

第 1 种形式的构造方法预留了 16 个字符的空间，该空间不需再分配；第 2 种形式的构造方法接收一个整数参数，用以设置缓冲区的大小；第 3 种形式接收一个字符串参数，设置 StringBuffer 对象的初始内容，同时多预留了 16 个字符的空间；第 4 种形式的方法在实际编程中使用的很少。当没有指定缓冲区的大小时，StringBuffer 类会分配 16 个附加字符的空间，这是因为再分配在时间上代价很大，且频繁地再分配会产生内存碎片。

2. append() 方法

为了向已经存在的 StringBuffer 对象追加任何类型的数据，StringBuffer 类提供了相应的 append() 方法，具体如下。

（1）StringBuffer append(boolean b)。

（2）StringBuffer append(char c)。

（3）StringBuffer append(char[] str)。

（4）StringBuffer append(char[] str，int offset，int fen)。

（5）StringBuffer append(CharSequence s)。

（6）StringBuffer append(CharSequence s，int start，int end)。

（7）StringBuffer append(double d)。

（8）StringBuffer append(float f)。

（9）StringBuffer append(int i)。

（10）StringBuffer append(long lng)。

（11）StringBuffer append(Object obj)。

（12）StringBuffer append(String str)。

（13）StringBuffer append(StringBuffer sb)。

以上方法都是向字符串缓冲区“追加”元素，但是，这个“元素”参数可以是布尔值、字符、字符数组、双精度数、浮点数、整型数、长整型数对象类型的字符串、字符串和 StringBuffer 类等。如果添加的字符超出了字符串缓冲区的长度，Java 将自动进行扩充。看下面的代码段：

```
String question = new String("1+1=");
int answer = 3;
boolean result = (1+1==3);
StringBuffer sb = new StringBuffer();
sb.append(question);
```

```
sb.append(answer);
sb.append('\t');
sb.append(result);
System.out.println(sb);
```

执行上述代码段，则输出结果为：

```
1+1=3        false
```

3. length() 和 capacity() 方法

对于每一个 StringBuffer 对象来说，有两个很重要的属性，分别是长度和容量。通过调用 length() 方法可以得到当前 StringBuffer 的长度，而通过调用 capacity() 方法可以得到总的分配容量。它们的一般形式如下：

（1）int length()。

（2）int capacity()。

看下面的示例：

```
StringBuffer sb=new StringBuffer("Hello");
System.out.println("buffer="+sb);
System.out.println("length="+sb.length());
System.out.println("capacity="+sb. capacity ());
```

执行上述代码，则输出结果如下所示：

```
buffer=Hello
length=5
capacity=21
```

通过这个例子很好地说明了 StringBuffer 是如何为另外的处理预留额外空间的。

4. ensureCapacity() 和 setLength() 方法

ensureCapacity（）方法的一般形式如下：

```
void ensureCapacity(int minimumCapacity)
```

其功能是确保字符串容量至少等于指定的最小值。如果当前容量小于 minimumCapacity 参数，则可分配一个具有更大容量的新的内部数组。新容量应大于 minimumCapacity 与（2*旧容量 +2）中的最大值。如果 minimumCapacity 为非正数，此方法不进行任何操作。

使用 setLength() 方法可以设置字符序列的长度，其一般形式如下：

```
void setLength(int len)
```

这里 len 指定了新字符序列的长度，其值必须是非负的。如果 len 小于当前长度，则长度将改为指定的长度，如果 len 大于当前长度，则增加缓冲区的大小，空字符将被加在现存缓冲区的后面。下面两段代码说明了这两个方法的应用。

```
StringBuffer sb1 = new StringBuffer(5);
```

```
StringBuffer sb2 = new StringBuffer(5);
sb1.ensureCapacity(6);
sb2.ensureCapacity(100);
System.out.println("sb1.Capacity: " + sb1.capacity() );
System.out.println("sb2.Capacity: " + sb2.capacity() );;
```

执行此段代码，则输出结果为：

```
sb1.Capacity: 12
sb2.Capacity: 100
```

接着有如下代码段：

```
StringBuffer sb = new StringBuffer("0123456789");
sb.setLength(5);
System.out.println( "sb: " + sb );
```

执行上述代码，则结果为：

```
sb: 01234
```

5. insert() 方法

insert() 方法主要用来将一个字符串插入到另一个字符串中，和 append() 方法一样，它也能被重载而可以接收所有简单类型的值以及 Object、String 和 CharSequence 对象的引用。

它是先调用 String 类的 valueOf() 方法得到相应的字符串表达式，随后这个字符串被插入到所调用的 StringBuffer 对象中。insert() 方法有如下几种形式。

（1）StringBuffer insert(int offset, boolean b)。

（2）StringBuffer insert(int offset, cbar c)。

（3）StringBuffer insert(int offset, char[] str)。

（4）StringBuffer insert(int index, char[] str, int offset, int len)。

（5）StringBuffer insert(int dstOffset, CharSequence s)。

（6）StringBuffer insert(int dstOffset, CharSequence s, int start, int end)。

（7）StringBuffer insert(int offset, double d)。

（8）StringBuffer insert(int offset, float f)。

（9）StringBuffer insert(int offset, int i)。

（10）StringBuffer insert(int offset,l ong l)。

（11）StringBuffer insert(int offset, Object obj)。

（12）StringBuffer insert(int offset, String str)。

6. reverse() 方法

reverse() 方法将 StringBuffer 对象内的字符串进行翻转，它的一般形式如下：

```
StringBuffer reverse()
```

例如下面的程序段：

```
StringBuffer s=new StringBuffer("abcdef");
System.out.println(s);
s.reverse();
System.out.println(s);
```

代码执行后，输出结果为：

```
abcdef
fedcba
```

5.3 数学类

Math 类也是 java.lang 中的一个类，它包含完成基本数学函数所需的方法，是 Java 中的数学工具包。

5.3.1 Math 类的属性和方法

Math 类里面定义的属性和方法都是静态的。Math 类中定义了最常用的两个 double 型常量：E 和 PI。它定义的方法非常多，按功能可以分为几类。

（1）三角和反三角函数。

（2）指数函数。

（3）各种不同的舍入函数。

（4）其他函数。

此处主要介绍各种不同的舍入函数，见表 5-2。其他方法在使用的时候请参阅 JDK 的帮助文档，本节不再赘述。

表 5-2 Math 常用方法列表

方 法	功能描述
static int abs(int arg)	返回 arg 的绝对值
static long abs(long arg)	返回 arg 的绝对值
static float abs(float arg)	返回 arg 的绝对值
static double abs(double arg)	返回 arg 的绝对值
static double ceil(double arg)	返回最小的（最接近负无穷大）double 值，该值大于等于参数，并等于某个整数
static double floor(double arg)	返回最大的（最接近正无穷大）double 值，该值小于等于参数，并等于某个整数
static int max(int x, int y)	返回 x 和 y 中的最大值
static long max(long x, long y)	返回 x 和 y 中的最大值
static float max(float x, float y)	返回 x 和 y 中的最大值
static double max(double x, double y)	返回 x 和 y 中的最大值
static int min(int x, int y)	返回 x 和 y 中的最小值

续表

方　　法	功能描述
static long min(long x, long y)	返回 x 和 y 中的最小值
static float min(float x, float y)	返回 x 和 y 中的最小值
static double min(double x, double y)	返回 x 和 y 中的最小值
static double rint(double arg)	返回最接近 arg 的整数值
static int round(float arg)	返回 arg 的只入不舍的最近的整型 (int) 值
static long round(double arg)	返回 arg 的只入不舍的最近的长整型 (long) 值

另外还有一个计算随机数的方法也比较常用，此方法的定义如下：

```
public static double random()
```

这个方法返回带正号的 double 值，该值大于等于 0.0 且小于 1.0。返回值是一个伪随机选择的数，在 0.0~1.0 范围内（近似）均匀分布。第一次调用该方法时，它将创建一个新的伪随机数生成器，之后，新的伪随机数生成器可用于此方法的所有调用，但不能用于其他地方。此方法是完全同步的，可允许多个线程使用而不出现错误。但是，如果许多线程需要以极高的速率生成伪随机数，那么可能会减少每个线程对拥有自己伪随机数生成器的争用。

5.3.2　Math 类的应用示例

本节通过一个具体的实例来演示一下 Math 类中常用方法的使用。

【例 5-10】 Math 类常用方法应用举例。

```
public class MathDemo {
    public static void main(String[] args) {
            double a=Math.random();
            double b=Math.random();
            System.out.println(Math.sqrt(a*a+b*b));
            System.out.println(Math.pow(a, 8));
            System.out.println(Math.round(b));
            System.out.println(Math.log(Math.pow(Math.E, 5)));
            double d=60.0,r=Math.PI/4;
            System.out.println(Math.toRadians(d));
            System.out.println(Math.toDegrees(r));
    }
}
```

运行此程序，输出结果如图 5-10 所示。

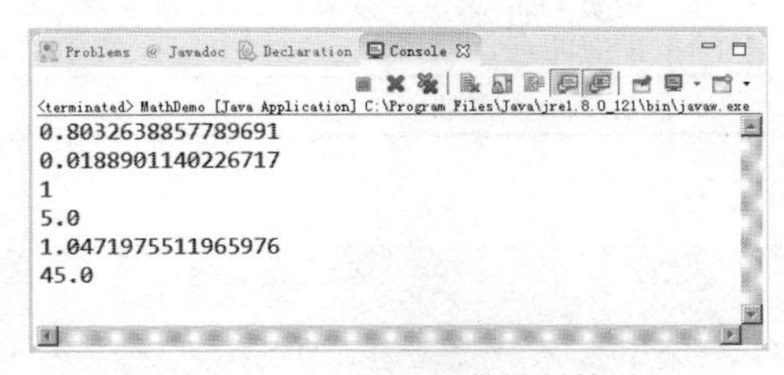

图 5-10　MathDemo 的运行结果

5.4 日期类

Java 语言没有提供时间、日期的简单数据类型，它采用类对象来处理。Java 的日期和时间类位于 java.util 包中，利用日期、时间类提供的方法，可以获取当前的日期和时间，创建日期和时间参数，计算和比较时间。本节主要介绍几个常用的时间日期类，熟悉它们的使用方法，对我们进行程序开发会有很大的帮助。

5.4.1 Date 类

Date 类封装当前的日期和时间。JDK 中有两个同名的 Date，一个在 java.util 包中，一个在 java.sql 包中。前者在 JDK 1.0 中开始出现，但它里面的一些方法逐渐被弃用（被 Calendar 的相应方法所取代），而后者是前者的子类，用来描述数据库中的时间字段。

1. Date 常用的构造方法

（1）public Date()。分配 Date 对象并初始化此对象，以表示分配给它的时间（精确到 ms）。

（2）public Date(long date)。分配 Date 对象并初始化此对象，表示自从标准基准时间（称为历元（epoch），即 1970 年 1 月 1 日 00:00:00 GMT）以来的指定毫秒数。

2. Date 常用的方法

Date 类中有很多方法，可以对时间、日期进行操作，但是有许多方法从 JDK 1.1 以后都已过时，其相应的功能已由 Calendar 中的方法来取代，在此只介绍其中几个比较常用的方法，见表 5-3。

表 5-3　Date 常用方法

方　法	描　述
boolean after(Date when)	测试此日期是否在指定日期之后
boolean before(Date when)	测试此日期是否在指定日期之前
Object clone()	返回对象的副本
int compareTo(Date anotherDate)	比较两个日期的顺序，如果参数 Date 等于此 Date，则返回值 0；如果此 Date 在 Date 参数之前，则返回小于 0 的值；如果此 Date 在 Date 参数之后，则返回大于 0 的值
boolean equals(Object obj)	比较两个日期的相等性。当且仅当参数不为 null，并且是一个表示与此对象相同的时间点（到 ms）的 Date 对象时，结果才为 true
long getTime()	返回自 1970 年 1 月 1 日 00:00:00 GMT 以来此 Date 对象表示的毫秒数
void setTime(long time)	设置 Date 对象，以表示 1970 年 1 月 1 日 00:00:00 GMT 以后时间毫秒的时间点
String toString()	把 Date 对象转换为字符串形式

【例 5-11】Date 类的应用。

```
import java.util.*;
public class DeteDemo {
```

```
    public static void main(String[] args) {
            Date date=new Date();// 实例化一个 Date 对象，代表当前时间点
            System.out.println(date);// 用 toString() 方法显示时间和日期
            long msec=date.getTime();// 得到日期的毫秒数
            System.out.println("1970-1-1 到现在的毫秒数是 "+msec);
    }
}
```

运行此程序的结果如图 5-11 所示。

图 5-11　DeteDemo 的运行结果

5.4.2　Calendar 类

Calendar 是一个抽象类，它提供了一组方法可以将以毫秒为单位的时间转换成一组有用的分量。Calendar 没有公共的构造方法，要得到其对象不能使用构造方法，而要调用其静态方法 getInstance()，然后调用相应的对象方法。Calendar 提供的常用方法见表 5-4。

表 5-4　Calendar 常用方法

方　法	描　述
boolean after(Object calendarObj)	如果调用 Calendar 对象所包含的日期晚于由 calendarObj 指定的日期，则返回 true，否则返回 false
boolean before(Object calendarObj)	如果调用 Calendar 对象所包含的日期早于由 calendarObj 指定的日期，则返回 true，否则返回 false
Final int get(int calendarField)	返回调用对象的一个分量的值，该分量由 calendarField 指定。可以被请求的分量的示例有：Calendar.YEAR，Calendar.MONTH，Calendar.MINUTE 等
Static Calendar getInstance()	对默认的地区和时区，返回一个 Calendar 对象

【例 5-12】 使用一个 Calendar 对象表示当前时间，分别输出不同格式的时间值，然后重新设置该 Calendar 的时间值，输出更新后的时间。

```
import java.util.*;
public class CalendarTest {
    public static void main(String[] args) {
            String[] months={"Jan","Feb","Mar","Apr","May","jun","Jul",
                            "Aug","Sep","Oct","Nov","Dec"};
            // 获得一个 Calendar 实例，表示当前时间
            Calendar calendar=Calendar.getInstance();
            System.out.print("Date:");
            // 输出当前时间的年月日格式，注意 Calendar.MONTH 的取值为 0~11
            System.out.print(months[calendar.get(Calendar.MONTH)]+" ");
```

```
            System.out.print(calendar.get(Calendar.DATE)+" ");
            System.out.println(calendar.get(Calendar.YEAR));
            System.out.print("Time:");
            // 输出当前时间的时分秒格式
            System.out.print(calendar.get(Calendar.HOUR)+":");
            System.out.print(calendar.get(Calendar.MINUTE)+":");
            System.out.println(calendar.get(Calendar.SECOND));
            // 重新设置该 Calendar 的时分秒值
            calendar.set(Calendar.HOUR,20);
            calendar.set(Calendar.MINUTE,57);
            calendar.set(Calendar.SECOND,20);
            System.out.print("Upated time: ");
            // 输出更新后的时分秒格式
            System.out.print(calendar.get(Calendar.HOUR)+":");
            System.out.print(calendar.get(Calendar.MINUTE)+":");
            System.out.println(calendar.get(Calendar.SECOND));
    }
}
```

运行此程序，输出结果如图 5-12 所示。

```
<terminated> CalendarDemo [Java Application] C:\Program Files\Java\jre1.8.0_121\bin\javaw.e
Date:Jul 22 2018
Time:8:22:34
Upated time: 8:57:20
```

图 5-12　CalendarTest 的运行结果

5.4.3　DateFormat 类

DateFormat 是对日期 / 时间进行格式化的抽象类，它以独立于 local 的方式，格式化分析日期或时间，该类位于 java.text 包中。

DateFormat 提供了很多方法，利用它们可以获得基于默认或者给定语言环境的多种风格的日期 / 时间格式。格式化风格包括 FULL、LONG、MEDIUM 和 SHORT。例如：

```
DateFormat.SHORT：11/4/2009
DateFormat.MEDIUM：Nov 4, 2009
DateFormat.FULL：Wednesday, November 4, 2009
DateFormat.LONG：Wednesday 4, 2009
```

因为 DateFormat 是抽象类，所以实例化对象的时候不能用 new，而是通过工厂类方法返回 DateFormat 的实例。比如：

```
DateFormat df=DateFormat.getDateInstance();
DateFormat df=DateFormat.getDateInstance(DateFormat.SHORT);
```

```
DateFormatdf=DateFormat.getDateInstance(DateFormat.SHORT, Locale.CHINA);
```

使用 DateFormat 类型可以在日期 / 时间和字符串之间进行转换。例如，把字符串转换为一个 Date 对象，可以使用 DateFormat 的 parse() 方法，其代码片段如下：

```
DateFormat  df = DateFormate.getDateTimeInstance();
Date date=df.parse("2011-05-28");
```

还可以使用 DateFormat 的 format() 方法把一个 Date 对象转换为一个字符串，如：

```
String  strDate=df.format(new Date());
```

另外，使用 getTimeInstance（）可获得该国家的时间格式，使用 getDateTimeInstance（）可获得日期和时间格式。

5.4.4 SimpleDateFormat 类

这是 DateFormat 的子类，如果希望定制日期数据的格式，比如“星期三 22：01：10”，SimpleDateFormat 类以对 local 敏感的方式对日期和时间进行格式化和解析。它的 format 方法可将 Date 转为指定日期格式的 String，而 parse 方法将 String 转换为 Date。

比如：

```
System.out.println(new SimpleDateFormat(
                                        "yyyy-MM-dd hh:mm:ss:SSS] ").format(new Date()));
```

此语句将输出：

```
[2009-11-04 09:45:45:419]
```

【例 5-13】 按照指定的格式把字符串解析为 Date 对象。

```
import java.text.*;
import java.util.*;
public class DateFormatDemo {
    public static void main(String[] args) {
        time();// 调用 time() 方法
        time2();// 调用 time2() 方法
        time3();// 调用 time3() 方法
    }
    // 获取现在的日期（24 小时制）
    public static void time() {
        SimpleDateFormat sdf = new SimpleDateFormat();// 格式化时间
        sdf.applyPattern("yyyy-MM-dd HH:mm:ss a");// a 为 am/pm 的标记
        Date date = new Date();// 获取当前时间
        // 输出已经格式化的现在时间（24 小时制）
        System.out.println(" 现在时间： " + sdf.format(date));
    }
```

```
        //获取现在时间（12 小时制）
        public static void time2() {
          SimpleDateFormat sdf = new SimpleDateFormat();// 格式化时间
          sdf.applyPattern("yyyy-MM-dd hh:mm:ss a");
          Date date = new Date();
         // 输出格式化的现在时间（12 小时制）
          System.out.println(" 现在时间： " + sdf.format(date));
        }
        // 获取五天后的日期
        public static void time3() {
          SimpleDateFormat sdf = new SimpleDateFormat();// 格式化时间
          sdf.applyPattern("yyyy-MM-dd HH:mm:ss a");
          Calendar calendar = Calendar.getInstance();
          calendar.add(Calendar.DATE, 5);// 在现在日期上加上五天
          Date date = calendar.getTime();
          // 输出五天后的时间
          System.out.println(" 五天后的时间： " + sdf.format(date));
        }
}
```

程序的输出结果如图 5-13 所示。

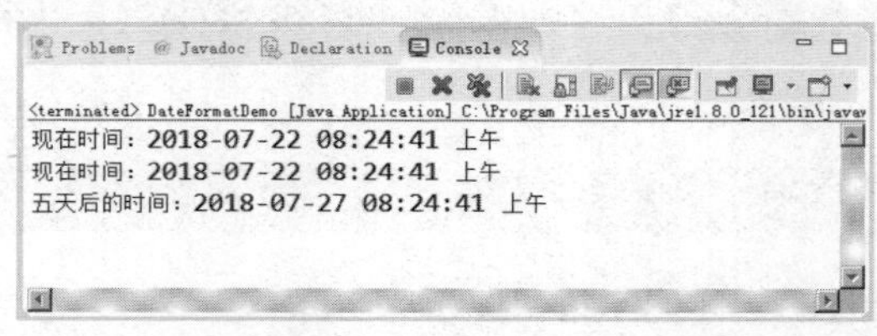

图 5-13　DateFormatDemo 的运行结果

5.5　随机数处理类 Random

利用 Math 类中的 Random 方法可以生成随机数，但该方法只能生成 0.0~1.0 之间的随机实数，要想生成其他类型和区间的随机数必须对得到的结果进行进一步的加工和处理。而 java.util 包中的 Random 类可以生成任何类型的随机数。

Random 类中实现的随机算法是伪随机的，也就是有规则的。在进行随机数生成时，随机算法的起源数字称为种子数 (seed)，在种子数的基础上进行一定的变换，从而产生需要的随机数。

Random 类包含两个构造方法，下面依次进行介绍。

1. public Random()

该构造方法使用一个和当前系统时间对应的与时间有关的数字作为种子数，然后使用这个种子数构造 Random 对象。

示例代码：

```
Random r = new Random();
```

2. public Random(long seed)

该构造方法可以通过制定一个种子数来创建 Random 对象。

示例代码：

```
Random r1 = new Random(10);
```

Random 类中的常用方法见表 5-5。

表 5-5 Random 的常用方法

方 法	功能描述
public boolean nextBoolean()	生成一个随机的 boolean 值，生成 true 和 false 值的概率相等
public double nextDouble()	生成一个随机的 double 值，数值介于 [0,1.0)
public int nextInt()	生成一个介于 -2^{31} 到 $2^{31}-1$ 之间的 int 值
public int nextInt(int n)	生成一个介于 [0,n) 的区间 int 值，包含 0 而不包含 n
public void setSeed(long seed)	重新设置 Random 对象中的种子数

相同种子数的 Random 对象，相同次数生成的随机数字是完全相同的。也就是说，两个种子数相同的 Random 对象，第一次生成的随机数字完全相同，第二次生成的随机数字也完全相同，这点在生成多个随机数字时需要特别注意。下面通过一个示例来验证这一结论。

【例 5-14】 利用种子数相同的 Random 对象，生成相同的随机数。

```
import java.util.*;
public class RandomDemo {
    public static void main(String[] args) {
            Random r1 = new Random(10);
            Random r2 = new Random(10);
    for(int i = 0;i < 3;i++){
        System.out.println(r1.nextInt());
        System.out.println(r2.nextInt());
        }
    }
}
```

程序的输出结果如图 5-14 所示。

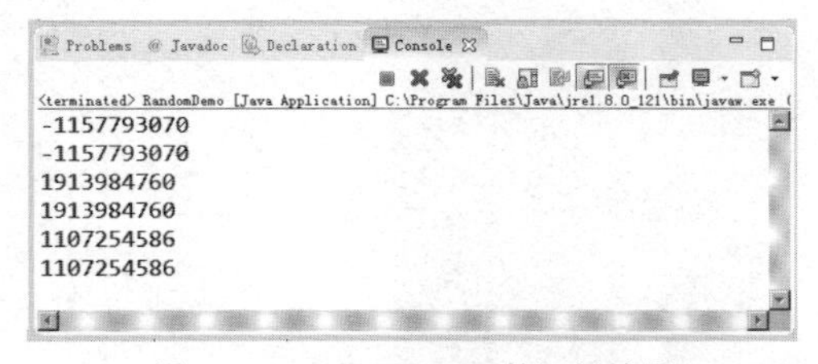

图 5-14 RandomDemo 的运行结果

强化练习

本章首先介绍了 Java 类库的基本概念及其重要性；然后重点介绍了几种常用的基础类，主要包括包装类、字符串类、数学类、日期类和随机数处理类等。

熟练使用 Java 的常用基础类，不仅可以提高程序的可读性，还可以提高编程效率，增强程序的可读性、灵活性和健壮性。课后读者可以自行练习以下操作，亲身体验利用 Java 中的常用基础类编程带来的乐趣。

练习 1：

编写一个字符串功能类 StringFunction，包括如下方法。

（1）public int getWordNumber(String s) throws Exception。

参数 s 是一个英文句子，该方法的功能是取得此英文句子的单词个数。如果参数为空或为空字符串，抛出异常，异常信息为：“字符串为空”。

（2）public int getWordNumber(String s1, String s2) throws Exception。

返回字符串 s2 在字符串 s1 中出现的次数。

练习 2：

编写一个日期功能类 DateFunction，有如下方法：

（1）public static Date getCurrentDate()。获取当前日期。

（2）public static String getCurrentShortDate()。返回当前日期，格式为：yyyy-mm-dd。

（3）public static Date covertToDate(String currentDate) throws Exception。将字符串日期转换为日期类型，字符串格式为：yyyy-mm-dd。如果转换失败，抛出异常。

编写测试类 Test，对上述所有方法进行测试。

练习 3：

编写程序，输出某年某月的日历页，通过 main() 方法的参数将年和月份传递到程序中。

第6章 常用集合详解

内容概要

在编程中，常常需要集中存放多个数据，从传统意义上讲，数组是一个很好的选择，但前提是我们事先已经明确知道将要保存的对象的数量。因为一旦在数组初始化时指定了这个数组的长度，那么这个数组长度就是不可变的，如果需要保存一个可以动态增长的数据（在编译时无法确定具体的数量），Java 的集合类就是一个很好的设计方案了。

集合类的主要用途就是保存对象，因此集合类也被称为容器类。本章主要介绍常用集合类的具体使用方法，掌握这些常用集合类，将有助于我们快速构建功能相对复杂的程序。

学习目标

- ◆ 了解集合框架的基本概念
- ◆ 掌握有序列表集合类的常用方法
- ◆ 掌握无序列表集合类的常用方法
- ◆ 掌握映射型集合类的常用方法
- ◆ 掌握遍历集合的常用方法
- ◆ 了解泛型的基本概念

课时安排

- ◆ 理论学习 2 课时
- ◆ 上机操作 2 课时

6.1 集合简介

集合可理解为一个容器，该容器主要指映射（map）、集合（set）、列表（list）等抽象数据结构。容器可以包含多个元素，这些元素通常是一些 Java 对象。而针对上述抽象数据结构所定义的一些标准编程接口称为集合框架。集合框架主要由一组精心设计的接口、类和隐含在其中的算法所组成，通过它们可以采用集合的方式完成 Java 对象的存储、获取、操作以及转换等功能。集合框架的设计是严格按照面向对象的思想进行设计的，它对抽象数据结构和算法进行了封装。封装的好处是提供一个易用的、标准的编程接口，使得在实际编程中不需要再定义类似的数据结构，直接引用集合框架中的接口即可，提高了编程的效率和质量。此外还可以在集合框架的基础上完成如堆栈、队列和多线程安全访问等操作。

集合框架中有几个基本的集合接口，分别是 Collection 接口、List 接口、Set 接口和 Map 接口等，它们所构成的层次关系如图 6-1 所示。

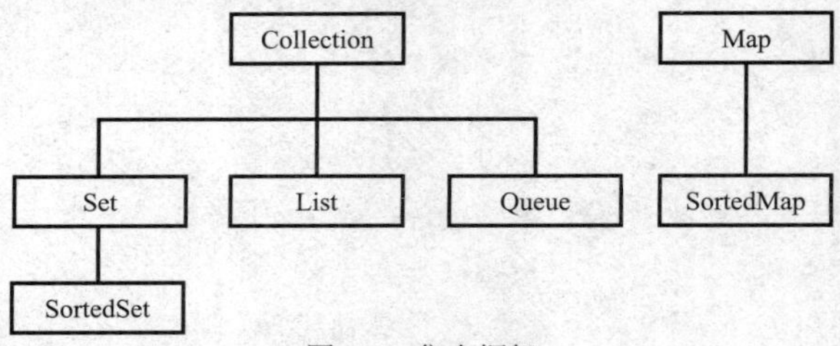

图 6-1　集合框架

其中，Collection 接口存储一组无序的对象；Set 接口继承 Collection，存储是无序的但唯一的对象；List 接口继承 Collection，允许集合中有重复，并引入位置索引，存储不唯一但有序（插入顺序）的对象；Map 接口与 Collection 接口无任何关系，存储一组键值对象，提供 key 到 value 的映射。

Collection 接口是所有集合类型的根接口，它里面定义了一些通用的方法，这些方法主要分为三类：基本操作、批量操作和数组操作等。

1. 基本操作

实现基本操作的方法有：size() 方法，它返回集合中元素的个数；isEmpty() 方法，返回集合是否为空；contains() 方法，返回集合中是否包含指定的对象；add() 方法和 remove() 方法，实现向集合中添加元素和删除元素的功能；iterator() 方法，用来返回 Iterator 对象。

检索集合中的元素，主要有两种方法：使用增强的 for 循环和使用 Iterator 迭代对象。

1）使用增强的 for 循环

使用增强的 for 循环不但可以遍历数组的每个元素，还可以遍历集合的每个元素。下面的代码打印集合的每个元素：

```
for (Object o : collection)
    System.out.println(o);
```

2）使用 Iterator 迭代对象（迭代器）

迭代器是一个可以遍历集合中每个元素的对象。通过调用集合对象的 iterator() 方法可以得到 Iterator 对象，再调用 Iterator 对象的方法就可以遍历集合中的每个元素。

Iterator 接口的定义如下：

```
public interface Iterator<E> {
  boolean hasNext();
  E next();
  void remove();
}
```

该接口的 hasNext() 方法返回迭代器中是否还有对象；next() 方法返回迭代器中下一个对象；remove() 方法删除迭代器中的对象，该方法同时从集合中删除对象。

假设 c 为一个 Collection 对象，要访问 c 中的每个元素，可以按下列方法实现：

```
Iterator it = c.iterator();
while (it.hasNext()){
 System.out.println(it.next());
}
```

2. 批量操作

实现批量操作的方法有 containsAll()，它返回集合中是否包含指定集合中的所有元素；addAll() 方法和 removeAll() 方法将指定集合中的元素添加到集合中和从集合中删除指定的集合元素；retainAll() 方法删除集合中不属于指定集合中的元素；clear() 方法删除集合中所有元素。

3. 数组操作

toArray() 方法可以实现将集合元素转换成数组元素。无参数的 toArray() 方法实现将集合转换成 Object 类型的数组，有参数的 toArray() 方法将集合转换成指定类型的对象数组。

例如，假设 c 是一个 Collection 对象，下面的代码将 c 中的对象转换成一个新的 Object 数组，数组的长度与集合 c 中的元素个数相同。

```
Object[] a = c.toArray();
```

假设 c 中只包含 String 对象，可以使用下面代码将其转换成 String 数组，它的长度与 c 中元素个数相同：

```
String[] a = c.toArray(new String[0]);
```

new String[0] 就是起一个模板的作用，指定了返回数组的类型。

6.2　无序列表

Set 接口是 Collection 的子接口，Set 接口对象类似于数学上的集合概念，其中不允许有重复的元素，并且元素在表中没有顺序要求，所以 Set 集合也称为无序列表。

Set 接口没有定义新的方法，只包含从 Collection 接口继承的方法。Set 接口有几个常用的实现类，它们的层次关系如图 6-2 所示。

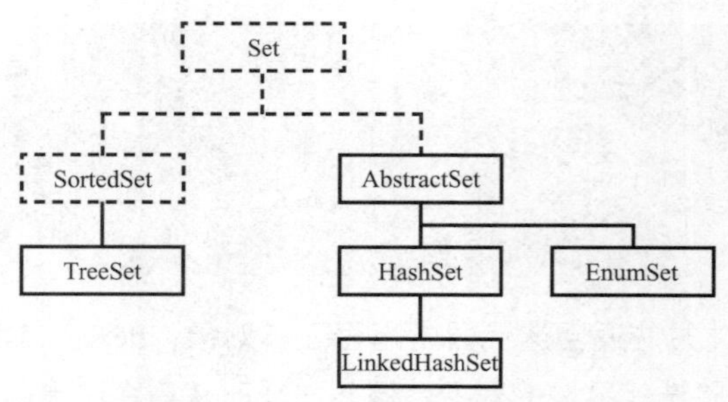

图 6-2　Set 接口及实现类的层次结构

Set 接口的常用实现类有：HashSet 类与 LinkedHashSet 类、SortedSet 接口与 TreeSet 类。

1. HashSet 类与 LinkedHashSet 类

HashSet 类是抽象类 AbstractSet 的子类，它实现了 Set 接口，使用哈希方法存储元素，具有很好的性能。

HashSet 类的构造方法如下。

（1）HashSet()。创建一个空的哈希集合，装填因子 (load factor) 是 0.75。

（2）HashSet(Collection c)。用指定的集合 c 的元素创建一个哈希集合。

（3）HashSet(int initialCapacity)。创建一个哈希集合，并指定集合的初始容量。

（4）HashSet(int initialCapacity, float loadFactor)。创建一个哈希集合，并指定集合的初始容量和装填因子。

LinkedHashSet 类是 HashSet 类的子类。该类与 HashSet 的不同之处是它对所有元素维护一个双向链表，该链表定义了元素的迭代顺序，即元素插入集合的顺序。

【例 6-1】创建一个类 HashSetDemo，测试 HashSet 类的用法。

```
import java.util.HashSet;
public class HashSetDemo {
    public static void main(String[] args) {
            boolean r;
            HashSet<String> s=new HashSet<String>();
            r=s.add("Hello");
            System.out.println(" 添加单词 Hello, 返回为 "+r);
            r=s.add("Kitty");
            System.out.println(" 添加单词 Kitty, 返回为 "+r);
            r=s.add("Hello");
            System.out.println(" 添加单词 Hello, 返回为 "+r);
            r=s.add("Java");
            System.out.println(" 添加单词 Java, 返回为 "+r);
            System.out.println(" 遍历集合中的元素：");
            for(String element:s)
                    System.out.println(element);
    }
}
```

运行该程序，结果如图 6-3 所示。

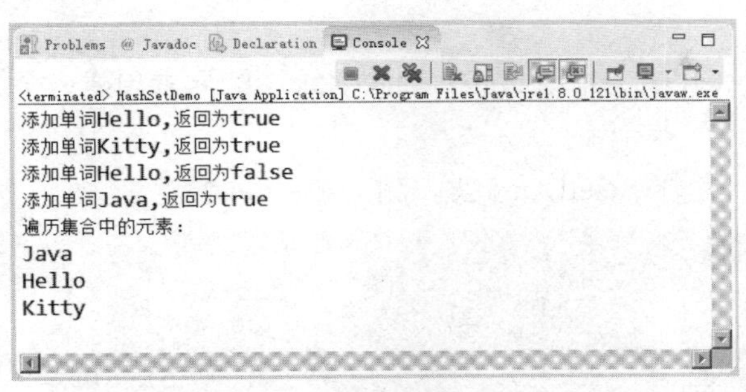

图 6-3　HashSetDemo 运行结果

在上述程序中，首先创建了一个存放 String 类型的 HashSet 集合对象 s，然后分别向其中添加了“Hello”“Kitty“Hello”“Java”共 4 个字符串。由于 Set 类型的集合不能存放重复的数据，故第二次向集合当中存放“Hello”字符串时，返回结果为 false。最后使用了增强的 for(:) 循环来输出集合当中的元素。该循环类似于迭代器 (Iterator) 的作用，但使用时要比迭代器更简洁、更方便。由于 HashSet 集合当中的元素是无序的，故使用 for(:) 循环输出集合当中的元素时，输出结果也是随机的，该程序每次运行时，结果或许都不一样。

2. SortedSet 接口与 TreeSet 类

SortedSet 接口是有序对象的集合，其中的元素按照元素的自然顺序排列。为了能够使元素排序，要求插入到 SortedSet 对象中的元素必须是相互可以比较的。

SortedSet 接口中定义了下面几个方法。

（1）E first()。返回有序集合中的第一个元素。

（2）E last()。返回有序集合中的最后一个元素。

（3）SortedSet <E> subSet(E fromElement, E toElement)。返回有序集合中的一个子有序集合，它的元素从 fromElement 开始到 toElement 结束（不包括最后元素）。

（4）SortedSet <E> headSet(E toElement)。返回有序集合中小于指定元素 toElement 的一个子有序集合。

（5）SortedSet <E> tailSet(E fromElement)。返回有序集合中大于等于 fromElement 元素的子有序集合。

（6）Comparator<? Super E> comparator()。返回与该有序集合相关的比较器，如果集合使用自然顺序则返回 null。

TreeSet 是 SortedSet 接口的实现类，它使用红黑树存储元素排序，基于元素的值对元素排序，操作要比 HashSet 慢。

TreeSet 类的构造方法如下。

（1）TreeSet()。创建一个空的树集合。

（2）TreeSet(Collection c)。用指定集合 c 中的元素创建一个新的树集合，集合中的元素是按照元素的自然顺序排序的。

（3）TreeSet(Comparator c)。创建一个空的树集合，元素的排序规则按给定的 c 的规则排序。

（4）TreeSet(SortedSet s)。用 SortedSet 对象 s 中的元素创建一个树集合，排序规则与 s 的排序规则相同。

【例 6-2】创建一个 TreeSetDemo 类，测试 TreeSet 的用法。

```
import java.util.TreeSet;
public class TreeSetDemo {
    public static void main(String[] args) {
            boolean r;
            TreeSet<String> s=new TreeSet<String>();
            r=s.add("Hello");
            System.out.println(" 添加单词 Hello, 返回为 "+r);
            r=s.add("Kitty");
            System.out.println(" 添加单词 Kitty, 返回为 "+r);
            r=s.add("Hello");
            System.out.println(" 添加单词 Hello, 返回为 "+r);
            r=s.add("Java");
            System.out.println(" 添加单词 Java, 返回为 "+r);
            System.out.println(" 遍历集合中的元素：");
            for(String element:s)
                    System.out.println(element);
    }
}
```

运行此程序，结果如图 6-4 所示。

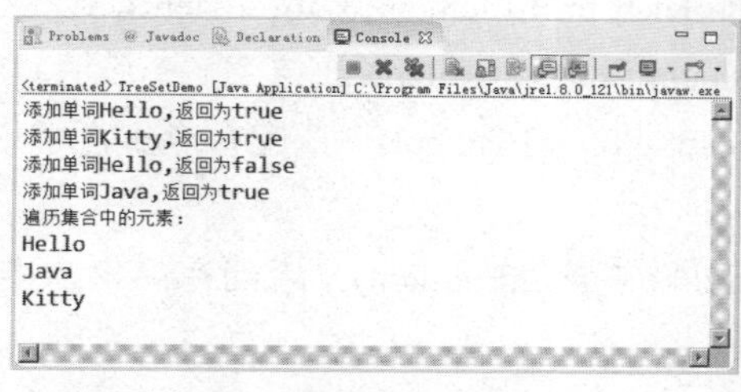

图 6-4　TreeSetDemo 运行结果

与例 6-1 不同的是，利用 TreeSet 集合可以实现集合元素的有序输出，但这种实现是有代价的，即集合中的元素需要具有可比性。

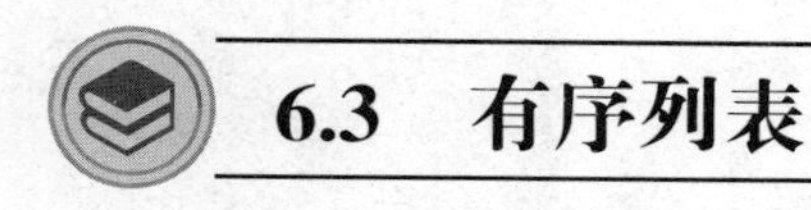

6.3　有序列表

List 接口也是 Collection 接口的子接口，它实现一种顺序表的数据结构，有时也称为有序列表。存放在 List 中的所有元素都有一个下标 (从 0 开始)，可以通过下标访问 List 中的

元素，List 中可以包含重复元素。List 接口及其实现类的层次结构如图 6-5 所示。

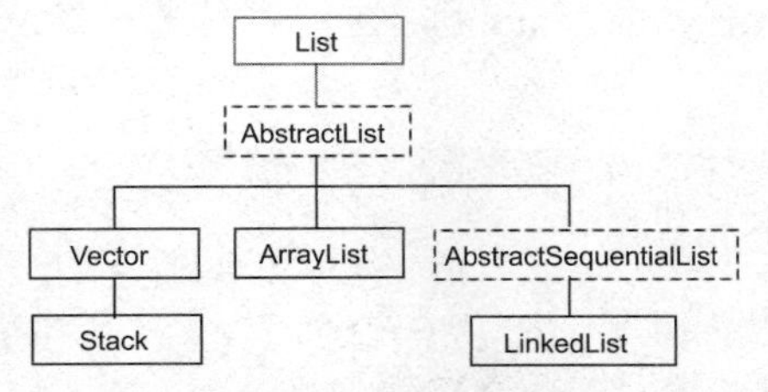

图 6-5　List 接口及实现类的层次结构

List 接口除了继承 Collection 的方法外，还定义了一些自己的方法，使用这些方法可以实现定位访问、查找、链式迭代和范围查看等功能。List 接口的定义如下：

```
public interface List<E> extends Collection<E> {
  // 定位访问
  E get(int index);
  E set(int index, E element);
  boolean add(E element);
  void add(int index, E element);
  E remove(int index);
  abstract boolean addAll(int index, Collection<? extends E> c);
  // 查找
  int indexOf(Object o);
  int lastIndexOf(Object o);
  // 迭代
  ListIterator<E> listIterator();
  ListIterator<E> listIterator(int index);
  // 范围查看
  List<E> subList(int from, int to);
}
```

在集合框架中，实现了 List 接口（List<E>）的是 ArrayList 类和 LinkedList 类。这两个类定义在 java.util 包中。ArrayList 类是通过数组方式实现的，相当于可变长度的数组。LinkedList 类则是通过链表结构来实现的。由于这两个类的实现方式不同，使得相关操作方法的代价也不同。一般说来，若对一个列表结构的开始和结束处有频繁地添加和删除操作时，一般选用 LinkedList 类实例化的对象表示该列表。

1. ArrayList 类

ArrayList 是最常用的实现类，它是通过数组实现的集合对象。ArrayList 类实际上实现了一个变长的对象数组，其元素可以动态地增加和删除。

ArrayList 的构造方法如下。

（1）ArrayList()。创建一个空的数组列表对象。

（2）ArrayList(Collection c)。用集合 c 中的元素创建一个数组列表对象。

（3）ArrayList(int initialCapacity)。创建一个空的数组列表对象，并指定初始容量。

【例 6-3】创建一个 ArrayListDemo 类，在其中创建一个 ArrayList 集合，向集合中添加元素，然后输出所有元素。

```
import java.util.*;
public class ArrayListDemo {
    public static void main(String[] args) {
            ArrayList<String> list=new ArrayList<String>();
            list.add("collection");
            list.add("list");
            list.add("ArrayList");
            list.add("LinkedList");
            for(String s:list)
            System.out.println(s);
            list.set(3,"ArrayList");
            System.out.println(" 修改下标为 3 的元素后，列表中元素为：");
            Iterator<String> it=list.iterator();
            while(it.hasNext()){
                    System.out.println(it.next());
            }
    }
}
```

运行此程序，结果如图 6-6 所示。

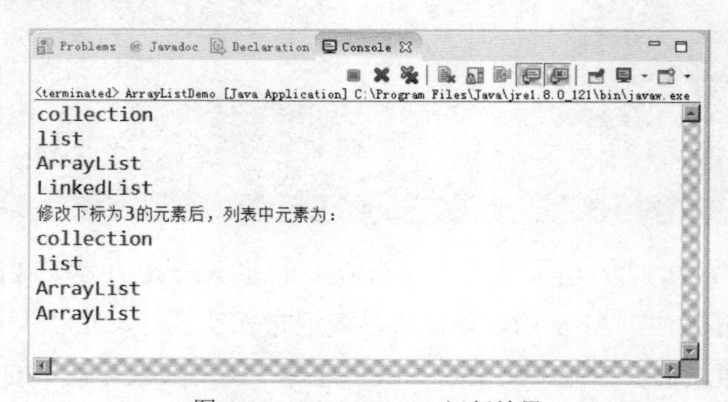

图 6-6　ArrayListDemo 运行结果

2. LinkedList 类

如果需要经常在 List 的头部添加元素，在 List 的内部删除元素，就应该考虑使用 LinkedList 类。这些操作在 LinkedList 中是常量时间，在 ArrayList 中是线性时间。但定位访问在 LinkedList 中是线性时间，而在 ArrayList 中是常量时间。

LinkedList 的构造方法如下。

（1）LinkedList()：创建一个空的链表。

（2）LinkedList(Collection c)：用集合 c 中的元素创建一个链表。

通常利用 LinkedList 对象表示一个堆栈（stack）或队列（queue）。对此，LinkedList 类中特别定义了一些方法，而这是 ArrayList 类所不具备的。这些方法用于在列表的开始和结束处添加和删除元素，其方法定义如下。

（1）public void addFirst(E element)。将指定元素插入此列表的开头。

（2）public void addLast(E element)。将指定元素添加到此列表的结尾。

（3）public E removeFirst()。移除并返回此列表的第一个元素。

（4）public E removeLast()。移除并返回此列表的最后一个元素。

【例 6-4】创建类 LinkedListDemo，在其中创建一个 LinkedList 集合，对其进行各种操作。

```
import java.util.LinkedList;
public class LinkedListDemo {
    public static void main(String[] args) {
            LinkedList<String> queue=new LinkedList<String>();
            queue.addFirst("set");
            queue.addLast("HashSet");
            queue.addLast("TreeSet");
            queue.addFirst("List");
            queue.addLast("ArrayList");
            queue.addLast("LinkedList");
            queue.addLast("map");
            queue.addFirst("collection");
            System.out.println(queue); // 输出 queue 中的元素
            queue.removeLast();
            queue.removeFirst();
            System.out.println(queue); // 输出 queue 中的元素
    }
}
```

运行此程序，结果如图 6-7 所示。

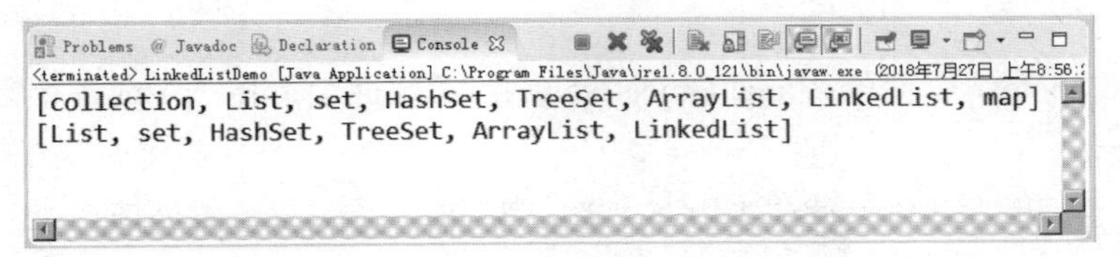

图 6-7　LinkedListDemo 执行结果

6.4　映射

Map 是一个专门用来存储“键 / 值”对对象的集合，并要求集合中的键值是唯一的，但值可以重复。

Map接口常用的实现类有HashMap类、LinkedHashMap类、TreeMap类和Hashtable类等，前三个类的行为和性能与前面讨论的 Set 实现类 HashSet、LinkedHashSet 及 TreeSet 类似。Hashtable 类是 Java 早期版本提供的类，经过修改实现了 Map 接口。Map 接口及实现类的层次关系如图 6-8 所示。

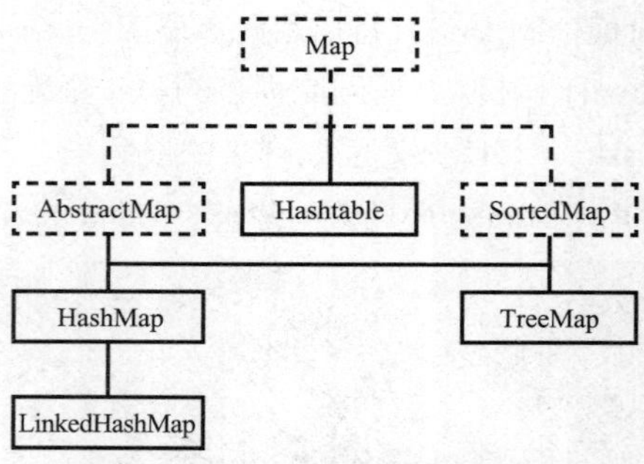

图 6-8 Map 接口及实现类的层次结构

6.4.1 Map 接口

Map<K, V> 定义在 java.util 包中，主要定义三类操作方法：修改、查询和集合视图。

（1）修改操作。向映射中添加和删除键 - 值对。

① public V put(K key,V value)。将指定的值与此映射中的指定键关联。

② public V remove(K key)。如果存在指定键的映射关系，则将其从此映射中移除。

③ public void putAll(Map<? extends K,? extends V> m)。从指定映射中将所有映射关系复制到此映射中。

（2）查询操作。获得映射的内容。

① public V get(k key)。返回指定键所映射的值；如果此映射不包含该键的映射关系，则返回 null。

② public boolean containsKey(Object key)。如果此映射包含指定键的映射关系，则返回 true。

③ public boolean containsValue(Object value)。如果此映射将一个或多个键映射到指定值，则返回 true。

（3）集合视图。将键、值或条目（“键 - 值”对）作为集合来处理。

① public Collection<V> values()。返回此映射中包含的值的 Collection 视图。

② public Set<K> keySet()。返回此映射中包含的键的 Set 视图。

③ public Set entrySet()。返回此映射中包含的映射关系的 Set 视图。

6.4.2 Map 接口的实现类

Map 接口常用的实现类有 HashMap、TreeMap 和 Hashtable 类。

1. HashMap 类

HashMap 类的构造方法如下。

（1）HashMap()。创建一个空的映射对象，使用默认的装填因子 (0.75)。

（2）HashMap(int initialCapacity)。用指定的初始容量和默认的装填因子 (0.75) 创建一个映射对象。

（3）HashMap(int initialCapacity, float loadFactor)。用指定的初始容量和指定的装填因子创建一个映射对象。

（4）HashMap(Map t)。用指定的映射对象创建一个新的映射对象。

【例 6-5】创建一个 HashMap 集合，向其中加入一些键 - 值对，然后根据键对象获取值，并输出集合中所有键 - 值对。

```
import java.util.HashMap;
import java.util.Map;
public class HashMapDemo {
    public static void main(String[] args) {
            Map<String, String> all = new HashMap<String, String>();
            all.put("BJ", "BeiJing");
            all.put("NJ", "NanJing");
            String value = all.get("BJ");  // 根据 key 查询出 value
            System.out.println(value);
            System.out.println(all.get("TJ"));
            System.out.println(all);    // 输出所有的键值对
    }
}
```

运行此程序，结果如图 6-9 所示。

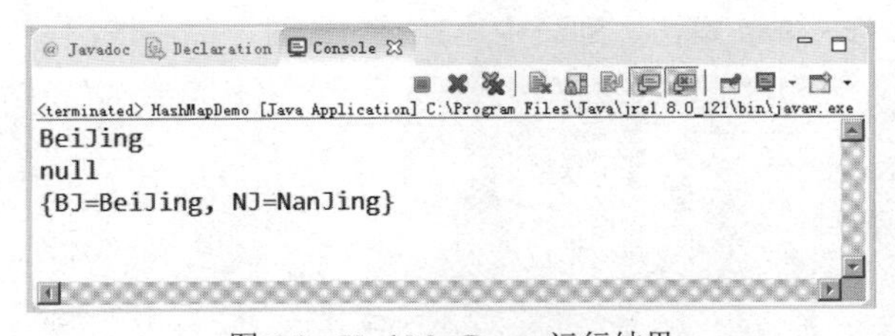

图 6-9　HashMapDemo 运行结果

可以发现，在 Map 的操作中是根据 key 找到其对应的 value，如果找不到，则为 null。而且由于使用的是 HashMap 子类，所以输出的键 - 值对顺序和放入的顺序并不一定保持一致。另外在 HashMap 里面的 key 允许为 null，可以把 HashMapDemo.java 修改为如下代码，以验证 key 可以为 null：

```
import java.util.HashMap;
import java.util.Map;
public class HashMapDemo1 {
```

```
        public static void main(String[] args) {
                Map<String, String> all = new HashMap<String, String>();
                all.put("BJ", "BeiJing");
                all.put("NJ", "NanJing");
                all.put(null, "NULL");
                System.out.println(all.get(null));
        }
}
```

运行结果输出：NULL，说明 key 可以为 null。

LinkedHashMap 是 HashMap 类的子类，它保持键的顺序与插入的顺序一致，它的构造方法与 HashMap 的构造方法类似，在此不再赘述。

2. TreeMap 类

HashMap 子类中的 key 都属于无序存放的，如果现在希望有序存放（按 key 排序），则可以使用 TreeMap 类完成。但是需要注意的是，由于 TreeMap 类需要按照 key 进行排序，而且 key 本身也是对象，那么对象所在的类就必须实现 Comparable 接口。TreeMap 类实现了 SortedMap 接口，SortedMap 接口能保证各项按关键字升序排序。

TreeMap 类的构造方法如下。

（1）TreeMap()。创建根据键的自然顺序排序的空的映射。

（2）TreeMap(Comparator c)。根据给定的比较器创建一个空的映射。

（3）TreeMap(Map m)。用指定的映射创建一个新的映射，根据键的自然顺序排序。

（4）TreeMap(SortedMap m)。使用指定的 SortedMap 对象创建新的 TreeMap 对象。

对于程序 HashMapDemo.java 来说，如果希望键值按照字母顺序输出，只需将 HashMap 改为 TreeMap 即可。

【例 6-6】创建 TreeMap 集合，向其中添加键 - 值对，然后输出。

```
import java.util.Map;
import java.util.TreeMap;
public class TreeMapDemo {
    public static void main(String[] args) {
            Map<String, String> all = new TreeMap<String, String>();
            all.put("BJ", "BeiJing");
            all.put("NJ", "NanJing");
            String value = all.get("BJ"); // 根据 key 查询出 value
            System.out.println(value);
            System.out.println(all.get("TJ"));
            System.out.println(all);
    }
}
```

运行此程序，结果如图 6-10 所示。

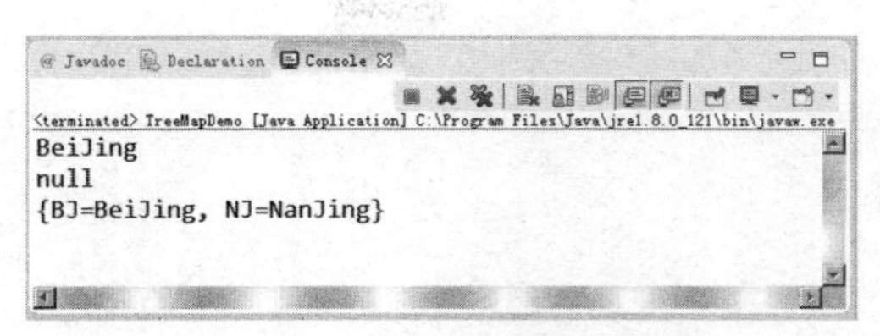

图 6-10 TreeMapDemo 运行结果

通过运行结果可以发现，键的顺序是按字母顺序输出的。

3. Hashtable 类

Hashtable 实现了一种哈希表，它是 Java 早期版本提供的一个存放键 - 值对的实现类，现在也属于集合框架。但哈希表对象是同步的，即是线程安全的。

任何非 null 对象都可以作为哈希表的关键字和值，但是要求作为关键字的对象必须实现 hashCode() 方法和 equals() 方法，以使对象的比较成为可能。

一个 Hashtable 实例有两个参数影响它的性能：初始容量（initial capacity）和装填因子（load factor）。

Hashtable 的构造方法如下。

（1）Hashtable()。使用默认的初始容量（11）和默认的装填因子（0.75）创建一个空的哈希表。

（2）Hashtable(int initialCapacity)。使用指定的初始容量和默认的装填因子（0.75）创建一个空的哈希表。

（3）Hashtable(int initialCapacity, float loadFactor)。使用指定的初始容量和指定的装填因子创建一个空的哈希表。

（4）Hashtable(Map<? extends K, ? extends V> t)。使用给定的 Map 对象创建一个哈希表。

下面的代码创建了一个包含数字的哈希表对象，使用数字名作为关键字：

```
Hashtable numbers = new Hashtable();
numbers.put("one", new Integer(1));
numbers.put("two", new Integer(2));
numbers.put("three", new Integer(3));
```

要检索其中的数字，可以使用下面代码：

```
Integer n = (Integer)numbers.get("two");
 if (n != null) {
   System.out.println("two = " + n);
 }
```

6.4.3 Map 集合的遍历

Map 的遍历有多种方法，最常用的有如下两种。

（1）根据 Map 的 keyset（）方法来获取 key 的 set 集合，然后遍历 Map 取得 value 的值。

【例 6-7】使用 keyset 遍历 Map 集合中的元素。

```
import java.util.HashMap;
import java.util.Iterator;
import java.util.Map;
import java.util.Set;
public class MapOutput1 {
    public static void main(String[] args) {
            Map<String, String> all = new HashMap<String, String>();
            all.put("BJ", "BeiJing");
            all.put("NJ", "NanJing");
            all.put(null, "NULL");
            Set<String> set = all.keySet();
            Iterator< String> iter = set.iterator();
            while (iter.hasNext()) {
                    String key=iter.next();
                    System.out.println(key+ " --> " + all.get(key));
            }
    }
}
```

（2）使用 Map.Entry 来获取 Map 中所有的元素。将 Map 集合通过 entrySet() 方法变成 Set 集合，里面的每一个元素都是 Map.Entry 的实例；利用 Set 接口中提供的 iterator() 方法将 Iterator 接口实例化；通过迭代，利用 Map.Entry 接口完成 key 与 value 的分离。

【例 6-8】使用 Map.Entry 遍历 Map 集合中的元素。

```
import java.util.HashMap;
import java.util.Iterator;
import java.util.Map;
import java.util.Set;
public class MapOutput {
    public static void main(String[] args) {
            Map<String, String> all = new HashMap<String, String>();
            all.put("BJ", "BeiJing");
            all.put("NJ", "NanJing");
            all.put(null, "NULL");
            Set<Map.Entry<String, String>> set = all.entrySet();
            Iterator<Map.Entry<String, String>> iter = set.iterator();
            while (iter.hasNext()) {
                    Map.Entry<String, String> me = iter.next();
                    System.out.println(me.getKey() + " --> " + me.getValue());
            }
    }
}
```

运行以上两个程序，输出结果相同，如图 6-11 所示。

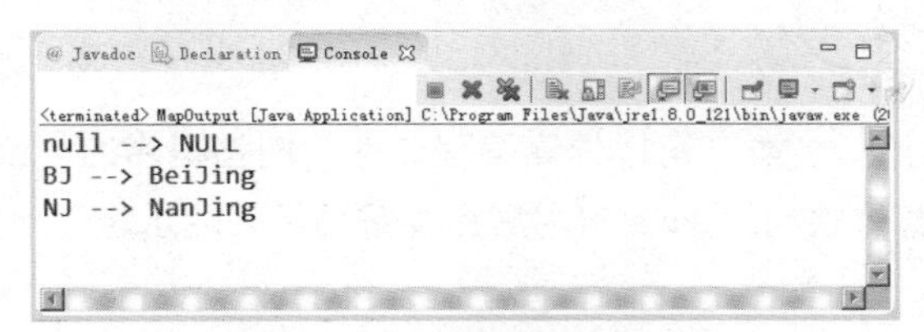

图 6-11 两种方式遍历 Map 的结果

6.5 泛型

泛型是 Java SE 1.5 的新特性，其本质是参数化类型，也就是说所操作的数据类型被指定为一个参数。这种参数类型可以用在类、接口和方法的创建中，分别称为泛型类、泛型接口、泛型方法。

泛型允许对类型抽象，最常见的例子就是容器类型，所有集合类都使用了泛型。首先看下面没有使用泛型的例子。

```
List myIntList = new LinkedList();          // 1
myIntList.add(new Integer(0));              // 2
Integer x = (Integer) myIntList.iterator().next();  // 3
```

第 3 行的造型是令人讨厌的。通常，程序员知道存放在特定列表中的数据类型，然而造型还是必需的，因为编译器只能保证迭代器返回 Object 类型。为了保证对 Integer 类型的变量赋值是安全的，就需要造型。造型不仅使代码混乱，而且还可能由于程序员的错误导致运行时错误。

如果程序员能够标识集合中应该存放的数据类型，就没有必要再造型了，这就是泛型的核心。下面的代码使用了泛型：

```
List<Integer> myIntList = new LinkedList<Integer>();  // 1
myIntList.add(new Integer(0));                        // 2
Integer x = myIntList.iterator().next();              // 3
```

注意变量 myIntList 的类型声明，在 List 的后面加上了 <Integer>，它表示该 List 对象的元素必须是 Integer 类型，所以说 List 是一个带有一个类型参数的泛型接口。在创建 List 对象时也需要指定类型参数，如：

```
new LinkedList<Integer>();
```

像上面这样声明和创建 List 对象后，当从 List 返回对象时就不需要再造型了，如上面的第 3 行代码所示。此时，编译器就可以在编译时检查程序类型的正确性了。因为编译器保证 myIntList 中存放的是 Integer 类型的数据，那么从 myIntList 中检索出的数据也就没有必要造型了。

强化练习

熟练使用 Java 常用集合类，可以提高编程效率、增强程序的可读性。课后读者可以自行练习以下操作，亲身体验利用 Java 常用集合类编程带来的乐趣。

练习 1：

创建一个只能容纳 String 对象的名为 names 的 ArrayList 集合，按顺序向集合中添加 5 个字符串对象："张三""李四""王五""马六""赵七"，并完成如下任务。

（1）对集合进行遍历，打印出集合中每个元素的位置与内容。

（2）删除集合中的第 3 个元素，并显示被删除元素的值。

（3）删除成功之后，再次显示当前的第 3 个元素的内容，并输出集合元素的个数。

练习 2：

声明一个 Student 类，包括姓名、学号、成绩等成员变量；然后，生成 5 个 Student 对象，并存放在一个一维数组中；按总成绩进行排序，将排序后的对象分别保持在 ArrayList 和 Set 类型的集合中；遍历集合并显示集合中每个的元素信息，观察元素输出顺序是否一致。

练习 3：

将 5 个学生对象的学号和姓名以键 - 值对的方式存储到 Map 集合中，然后根据"键"值查找并输出对应的"值"；最后遍历 Map 集合并输出每个元素的信息。

异常处理详解

内容概要

Java 语言通过面向对象的异常处理机制来解决程序运行期间的错误，预防错误的程序代码或系统错误所造成的不可预期的结果发生，减少编程人员的工作，增加程序的灵活性，提升程序的可读性和健壮性。本章将对异常处理知识进行详细介绍。通过对本章内容的学习，读者将会了解异常的基本概念和异常的继承结构，并能利用 Java 语言中的异常处理机制提升程序的可读性、灵活性和健壮性。

学习目标

- ◆ 熟悉异常的基本概念
- ◆ 了解异常的继承结构
- ◆ 掌握异常的处理机制
- ◆ 掌握自定义异常的方法

课时安排

- ◆ 理论学习 2 课时
- ◆ 上机操作 2 课时

7.1 异常的基本概念

所谓错误，指的是在程序运行过程中发生的异常事件，比如除 0 溢出、数组越界、文件找不到等，这些事件的发生将阻止程序的正常运行。为了加强程序的健壮性，设计程序时，必须考虑到可能发生的异常事件并作出相应的处理。

如果不考虑对异常事件的处理，那么程序一旦遇到异常情况往往会直接退出系统，无法继续执行下去。例 7-1 中的程序在执行过程中将会产生一个数组越界的异常，当循环变量 i 的值增加到 3 的时候，超过了数组 greetings 下标的上界 2，系统将自动产生一个数组越界（ArrayIndexOutOfBoundsException）异常对象，此时程序将不再执行异常点以后的代码，而是直接给出异常提示，并退出系统。

【例 7-1】 在程序中不处理发生的异常示例。

定义一个大小为 3 的字符串数组，在输出字符数组元素的过程中产生了数组越界异常，但是程序没有进行异常的捕获和处理。

```
public class ExceptionNoCatch {
    public static void main(String[] args) {
        int i = 0;
        String greetings [] = {
            "Hello world!",
            "No, I mean it!",
            "HELLO WORLD!!"
        };
        while (i < 4) {
            System. out. println (greetings[ i]);
            i++;
        }
    }
}
```

运行结果如图 7-1 所示。

```
Problems  @ Javadoc  Declaration  Console
<terminated> Test (1) [Java Application] C:\Program Files\Java\jre1.8.0_121\bin\javaw.exe (2018年7月20日 上午7:55:39)
Hello world!
No, I mean it!
HELLO WORLD!!
Exception in thread "main" java.lang.ArrayIndexOutOfBoundsException: 3
	at chapter8.Test.main(Test.java:13)
```

图 7-1 ExceptionNoCatch 程序运行结果

运行结果表明，在程序执行过程中发生了数组超出边界的异常，程序不再继续执行，直接退出系统。这种情况就是我们所说的异常。

7.2 异常的处理机制

当程序执行过程中出现错误时，一种方法是终止程序的运行，如例 7-1 所采用的方法，但这不是一种好的方法；另一种方法是在程序中引入错误检测代码，当检测到错误时就返回一个特定的值，C 语言采用的就是这种方法，但这种方法会将程序中进行正常处理的代码与错误检测代码混合在一起，使程序变得复杂难懂，可靠性也会降低。为了分离错误处理代码和源代码，使程序结构清晰易懂，Java 提供了一种异常处理机制。

Java 采用面向对象的方式来处理异常，异常也被看成是对象，而且和一般的对象没什么区别，只不过异常必须是 Throwable 类及其子类所产生的对象实例。既然异常是一个类，那么它也像其他对象一样封装了数据和方法。Throwable 对象在定义中包含一个字符串信息属性，该属性可以被所有的异常类继承，用于存放可读的描述异常条件的信息。该属性在异常对象创建的时候通过参数传给构造方法，可以用 throwable.getMessage() 方法从异常对象中读取该信息。

Java 异常处理机制工作过程为：在 Java 程序的执行过程中，如果发生了异常事件，就会产生一个异常对象，该对象可能是正在运行的方法生成的，也可能是由 Java 虚拟机生成的，其中包含异常事件的类型，以及当异常发生时程序的运行状态等信息。生成的异常对象被交给运行时系统，运行时系统寻找相应的代码来处理这一异常。把生成异常对象提交给运行时系统的过程称为抛出（throw）一个异常。

Java 运行时系统在得到一个异常对象时，会寻找处理这一异常的代码。寻找过程是从生成异常的方法开始，沿着方法的调用栈逐层回溯，直到找到包含相应异常处理的方法为止。然后运行时系统把当前异常对象交给这个方法进行处理。这一过程称为捕获（catch）一个异常。如果查遍整个调用栈仍然没有找到合适的异常处理方法，则运行时系统将终止 Java 程序的执行。

与其他语言处理错误的方法相比，Java 的异常处理机制有以下优点。

（1）将错误处理代码从常规代码中分离出来。

（2）从调用栈向上传递错误。

（3）对错误类型和错误差异进行分组。

（4）允许对错误进行修正。

（5）防止了程序的自动终止。

Java 异常处理主要是通过 5 个关键字控制的：try、catch、throw、throws 和 finally。下面首先来了解 Java 中异常类的层次结构。

7.3 异常类的层次结构

所有的异常类都是从 Throwable 类继承而来的，它们的层次结构如图 7-2 所示。

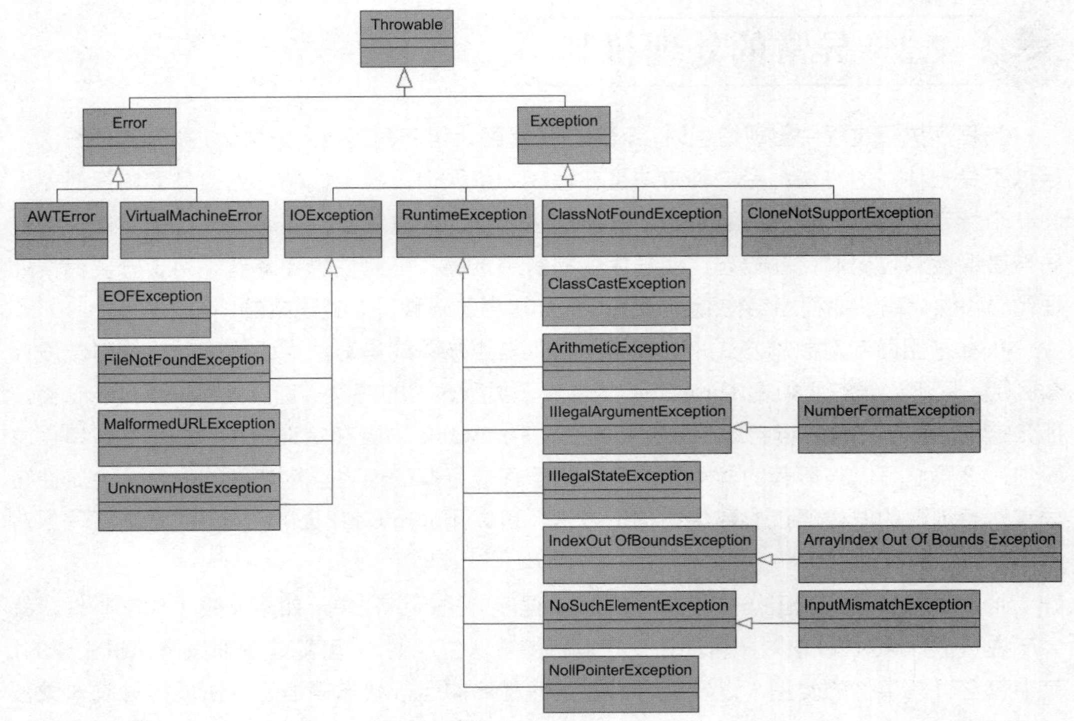

图 7-2 异常类的层次结构图

Throwable 类有两个直接的子类：Exception 类和 Error 类。

（1）Exception 类是应该被程序捕获的异常，如果要创建自定义异常类型，则这个自定义异常类型也应该是 Exception 的子类。

Exception 下面又有两个分支，分别是运行时异常和其他异常。运行时异常代表运行时由 Java 虚拟机生成的异常，它是指 Java 程序在运行时发现的由 Java 解释器引发的各种异常，例如数组下标越界异常 ArrayIndexOutOfBoundsException、算数运算异常 ArithmeticException 等。其他异常则为非运行时异常，是指能由编译器在编译时检测是否会发生在方法的执行过程中的异常，例如 I/O 异常（IOException）等。java.lang、java.util、java.io 和 java.net 包中定义的异常类都是非运行时异常。

（2）Error 及其子类通常用来描述 Java 运行时系统的内部错误以及资源耗尽的错误，例如系统崩溃、动态链接失败、虚拟机错误等。这类错误一般认为是无法恢复和不可捕获的，程序不需要处理这种异常，出现这种异常的时候应用程序中断执行。

Java 编译器要求 Java 程序必须捕获或声明所有的非运行时异常，如 FileNotFound-Exception、IOException 等，因为如果不对这类异常进行处理，可能会带来意想不到的后果。但对于运行时异常，可以不作处理，因为这类异常事件是很普遍的，要求程序对这类异常作出处理可能给程序的可读性和高效性带来不好的影响。常见的一些异常类见表 7-1。

表 7-1 常见的异常类

异常类名称	异常原因
ArithmaticException	数学异常，如：被零除发生的异常
ArrayIndexOutOfBoundsException	数组下标越界
ArrayStoreException	程序试图在数组中存储错误类型的数据
ClassCastException	类型强制转换异常
IndexOutOfBoundsException	当某对象的索引超出范围时抛出的异常
NegativeArraySizeException	建立元素个数为负数的数组异常类
NullPointerException	空指针异常类
NumberFormatException	字符串转换为数字异常类
StringIndexOutBoundsException	程序试图访问字符串中不存在的字符位置
OutOfMemoryException	分配给新对象的内存太少
SocketException	不能正常完成 Socket 操作
ProtocolException	网络协议有错误
ClassNotFoundException	未找到相应异常类
EOFException	文件结束异常
FileNotFoundException	文件未找到异常类
IllegalAccessException	访问某类被拒绝时抛出的异常
InstantiationException	试图通过 newInstance（）方法创建一个抽象类或抽象接口的实例时抛出该异常
IOException	输入输出异常
NoSuchMethodException	方法未找到异常
SQLException	操作数据库异常

下面简要介绍几个常见的运行时异常。

（1）ArithmeticException 类。该类用来描述算数异常，例如在除法或求余运算中规定，除数不能为 0，所以当除数为 0 时，Java 虚拟机抛出该异常。例如，在程序中有如下代码：

```
int div=5/0; // 除数为 0，抛出 ArithmeticException 异常
```

（2）NullPointerException 类。用来描述空指针异常，当引用变量值为 null 时，试图通过“.”操作符对其进行访问，将抛出该异常，例如：

```
Date now=null;          // 声明一个 Date 型变量，但没有引用任何对象
String today=now.toString(); // 抛出 NullPointerException 异常
```

（3）NumberFormatException 类。用来描述字符串转换为数字时的异常。当字符串不是数字格式时，若将其转换为数字，则抛出该异常。例如：

```
String strage="24L";
int age=Integer.parseInt(strage); // 抛出 NumberFormatException
```

（4）IndexOutOfBoundsException 类。该类用来描述某对象的索引超出范围时的异常，其中 ArrayIndexOfBoundsException 类与 StringIndexOutOfBoundsException 类都继承自该类，它们分别用来描述数组下标越界异常和字符串索引超出范围异常。

抛出 ArrayIndexOutOfBoundsException 异常的情况如下：

```
int[] d=new int[3]; // 定义数组，有三个元素 d[0]、d[1]、d[2]
d[3]=10;        // 对 d[3] 元素赋值，会抛出 ArrayIndexOutOfBoundsException 异常
```

（5）ClassCastException 类。该类用来描述强制类型转换时异常。

例如，强制转换 String 型为 Integer 型，将抛出该异常：

```
Object obj=new String("887"); // 引用型变量 obj 引用 String 型对象
Integer s=(Integer)obj;      // 抛出 ClassCastException 异常
```

7.4 捕获异常

前面已经提到 Java 是通过 5 个关键字来控制异常处理的，通常在出现错误时用 try 来执行代码，系统引发 (throws) 一个异常后，可以根据异常的类型由 catch 来捕获，或者用 finally 调用默认异常处理。

为了防止和处理运行时错误，需把要监控的代码放进 try 语句块中。在 try 语句块后，可以包括一个或多个说明程序员希望捕获的错误类型的 catch 子句，具体语法格式如下：

```
try{
    ….// 执行代码块
}catch(ExceptionType1 e1){
    …// 对异常类型 1 的处理
}catch(ExceptionType2 e2){
    …// 对异常类型 2 的处理
}
…
finally{
    …
}
```

1. try 和 catch 语句

将例 7-1 中的程序修改为带有捕获异常功能的程序，修改结果如下：

```
public class ExceptionHaveCatch {
    public static void main(String[] args) {
            int i = 0;
            String greetings [] = {
                        "Hello world!",
                        "No, I mean it!",
                        "HELLO WORLD!!"
                    };
```

```
        try{
                while (i < 4) {
                        System. out. println (greetings[ i]);
                  i++;
                }
        }catch(Exception ex){
                System.out.println(" 捕捉异常信息 !");
                ex.printStackTrace(); // 获取异常信息
        }
    }
}
```

程序运行结果如图 7-3 所示。

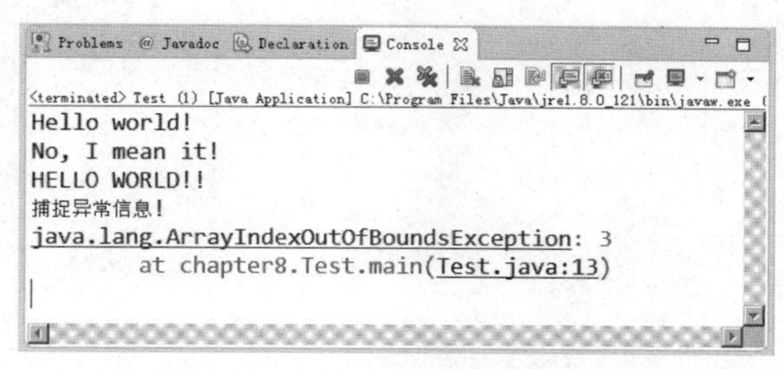

图 7-3 ExcepHaveCatch 程序运行结果

可见程序在出现异常后，系统能够正常地继续运行，而没有异常终止。在上面的程序代码中，对可能会出现错误的代码用 try…catch 语句进行了处理，当 try 代码块中的语句发生异常时，程序就会跳转到 catch 代码块中执行，执行完 catch 代码块中的代码后，系统会继续执行 catch 代码块后的其他代码，但不会执行 try 代码块中发生异常语句后的代码。可见 Java 的异常处理是结构化的，不会因为一个异常影响整个程序的执行。

当 try 代码块中的程序发生了异常，系统将发生这个异常的代码行号、类别等信息封装到一个对象中，并将这个对象传递给 catch 代码块，所以 catch 代码块是以下面的格式出现的：

```
catch(Exception ex){
  ex.printStackTrace();
}
```

catch 关键字后面括号中的 Exception 就是 try 代码块传递给 catch 代码块的变量类型，ex 是变量名。

catch 语句可以有多个，分别处理不同类型的异常，Java 运行时系统从上到下分别对每个 catch 语句处理的异常类型进行检测，直到找到类型相匹配的 catch 语句为止。这里，类型匹配是指 catch 所处理的异常类型与生成的异常对象的类型完全一致或者是它的父类，因此，catch 语句的排列顺序应该是从特殊到一般。

用一个 catch 语句也可以处理多个异常类型，这时它的异常类型参数应该是这多个异常类型的父类，在程序设计过程中，要根据具体的情况来选择 catch 语句的异常处理类型。

【例 7-2】 使用多个 catch 捕获可能产生的多个异常。

```
public class MutiCatchFirstDemo {
        public static void main(String[] args) {
                String friends[]={"Kelly","Sandy","Jeck","Chery"};
                try{// 此语句段内可能会产生两类异常
                        for(int i=0;i<=4;i++)// 访问数组中的元素，可能产生数组越界异常
                                System.out.println(friends[i]);
                        int num=friends.length/0;// 进行除法运算，产生除数为 0 异常
                }catch(ArrayIndexOutOfBoundsException e){// 先捕获数组越界异常
                        e.printStackTrace();
                }catch(ArithmeticException e){// 接着捕获数学异常
                        e.printStackTrace();
                }
        }
}
```

运行此程序，结果如图 7-4 所示。

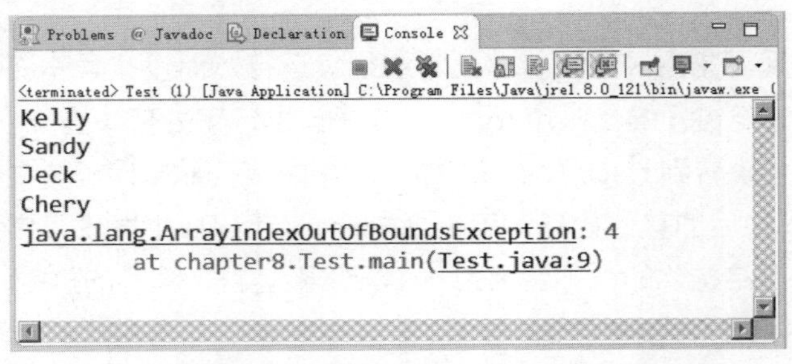

图 7-4 MutiCatchFirstDemo 运行结果

从运行结果可以看出，ArrayIndexOutOfBoundsException 异常类型的对象被捕获了，而 ArithmeticException 异常类型的对象没有被捕获，这是因为首先执行 for 循环，当执行到 i 变为 4 的时候，访问 friend[4] 时发生了数组下标越界异常，和第一个 catch 后面的异常匹配，就直接跳出 try 语句，所以后面除 0 的语句不会被执行，也就不会发生 ArithmeticException 异常了。如果调换一下语句的顺序，变成例 7-3 中的程序，则执行结果就会发生变化。

【例 7-3】多 catch 语句的应用。

```
public class MutiCatchSecondDemo {
    public static void main(String[] args) {
            String friends[]={"Kelly","Sandy","Jeck","Chery"};
            try{
```

```
                //首先进行除法运算，产生除数为0异常
                int num=friends.length/0;
                //接着访问数组中的元素，可能产生数组越界异常
                for(int i=0;i<=4;i++)
                        System.out.println(friends[i]);
            }catch(ArrayIndexOutOfBoundsException e){
                e.printStackTrace();
            }catch(ArithmeticException e){
                e.printStackTrace();
            }
    }
}
```

运行此程序，结果如图7-5所示。ArithmeticException异常类的对象被捕获了，而ArrayIndexOutOfBoundsException异常类的对象没有被捕获。

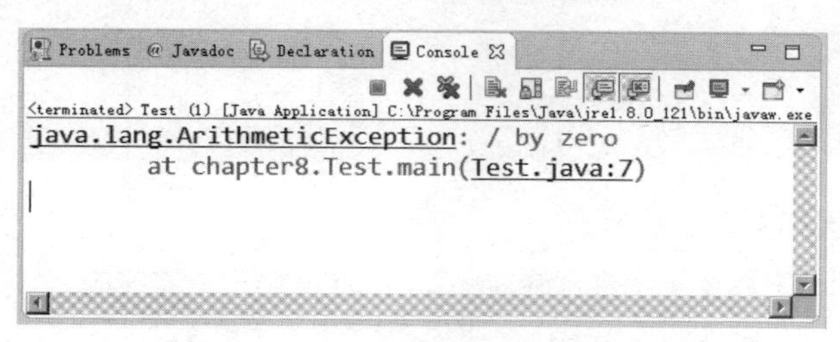

图7-5 MutiCatchDemo的运行结果

如果不能确定程序中到底会发生何种异常，那么可以不用明确地抛出那种异常，而直接使用Exception类，因为它是所有异常类的超类，所以不管发生任何类型的异常，都会和Exception匹配，也就会被捕获。如果想知道究竟发生了何种异常，可以通过向控制台输出信息来判断，使用toString()方法可以输出具体异常信息的描述。

但是，在使用Exception类时，有一点需要注意，当使用多个catch语句时，必须把其他需要明确捕获的异常类放在Exception类之前，否则编译时会报错。因为Exception类是诸如ArithmeticException类的父类，而应用父类的catch语句将捕获该类型及其所有子类类型异常，如果子类异常在其父类后面，子类异常所在位置将永远不会到达，而在Java中，不能到达的语句是一个错误。读者可以自己验证一下，在此不再赘述。

2. finally语句

当try块中的代码执行到某一条语句抛出了一个异常后，其后的代码不会被执行。但是在异常发生后，往往需要作一些善后处理，此时可以使用finally语句。

无论try代码块是否抛出异常，finally代码块都要被执行，它提供了统一的出口。因此可以把一些善后工作放在finally代码块中，比如关闭打开的文件、数据库和网络连接等。

【例 7-4】使用 finally 语句进行善后处理。

```
public class TestFinally {
  public static void main(String args[]) {
    int i = 0;
    String greetings[] = { "ab", "cd","ef" };
    try {
    while (i < 4) {
        // 特别注意循环控制变量 i 的设计，避免造成无限循环
        System.out.println(greetings[i++]);
      }
    }catch (ArrayIndexOutOfBoundsException e) {
        System.out.println(" 数组下标越界异常 ");
    } finally{
        System.out.println(" 执行 finally 代码块 ");
    }
  }
}
```

程序的运行结果如图 7-6 所示。

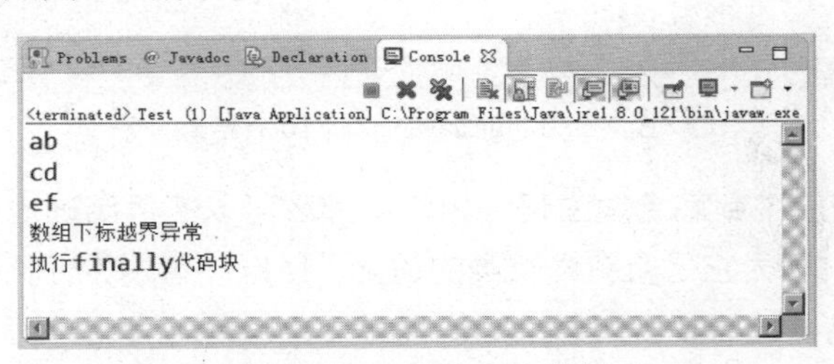

图 7-6　TestFinally 运行结果

对执行结果进行分析可以发现，发生异常后，finally 代码块依然会被执行。

3. try 语句的嵌套

try 语句可以被嵌套，在嵌套的时候，一个 try 语句块可以在另一个 try 语句块的内部。每次进入 try 语句块，异常的前后关系都会被推入某一个堆栈。如果内部的 try 语句不含特殊异常 catch 处理程序，堆栈将弹出，而由下一个 try 语句的 catch 处理程序来检查是否与之匹配。这个过程将继续下去，直到 catch 语句匹配成功，或者直到所有的嵌套 try 语句被检查耗尽。如果没有 catch 语句匹配，Java 运行时环境将自动处理这个异常。如例 7-2 和例 7-3，如果在一个 try 块中产生多个异常，那么当第一个异常被捕获后，后续的代码不会被执行，则其他异常也就不能产生。为了执行 try 块所有的代码，捕获所有可能产生的异常，可以使用嵌套的 try 语句。

【例 7-5】使用嵌套的 try 语句捕获程序中产生的所有异常。

```
public class NestedTryDemo {
```

```
        public static void main(String[] args) {
                String friends[]={"Kelly","Sandy","Jeck","Chery"};
                try{
                        try{
// 先捕获除数为 0 的异常
                                int num=friends.length/0;
                        }catch(ArithmeticException e){
                                e.printStackTrace();
                        }
// 即使发生了 ArithmeticException 异常，也会被执行
                        for(int i=0;i<=4;i++)
                                System.out.println(friends[i]);
                }catch(ArrayIndexOutOfBoundsException e){
// 捕获数组越界异常
                        e.printStackTrace();
                }
        }
}
```

程序的运行结果如图 7-7 所示。

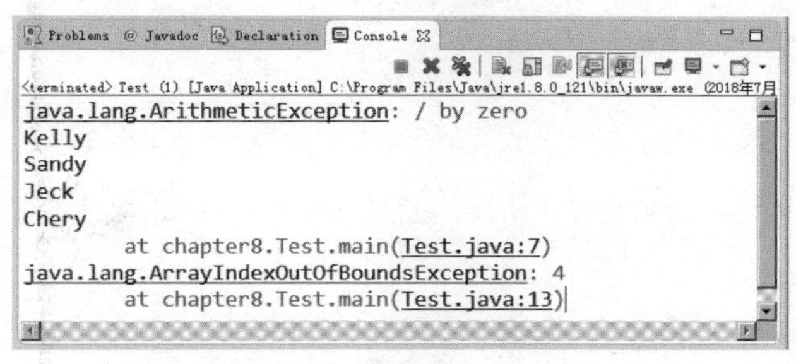

图 7-7　NestedTryDemo 的运行结果

7.5　声明异常

如果一个方法中产生了异常，可以选择使用 try-catch-finally 处理。但是有些情况下，一个方法并不需要处理它所产生的异常，或者不知道该如何处理异常，这时可以选择向上传递异常，由调用它的方法来处理这些异常。这种传递可以逐层向上进行，直到 main() 方法，这就需要使用 throws 子句声明异常。throws 子句包含在方法的声明中，其格式如下：

```
returnType methodName([paramlist]) throws ExceptionList
```

其中，在 ExceptionList 中可以声明多个异常，用逗号分隔。Java 要求方法捕获所有可能出现的非运行时异常，或者在方法定义中通过 throws 子句交给调用它的方法进行处理。

【例 7-6】使用 throws 子句声明异常。

```
import java.io.*;
public class ThrowsDemo {
    // 声明 ArithmeticException 异常，如果本方法内产生了此异常，则向上抛出
        public static int compute(int x) throws ArithmeticException{
            int z=100/x;
            return z;
        }
        public static void main(String[] args) {
            int x;
        try{
// 调用 compute() 方法，有可能产生异常，在此捕获并处理
        x = System.in.read();
        compute(x-48);
        }catch(IOException ioe){
        System.out.println("read error");
                ioe.printStackTrace();
        }catch(ArithmeticException e){
        System.out.println("devided by 0");
                e.printStackTrace();
        }
        }
}
```

运行此程序，输出结果如图 7-8 所示。通过 printStackTrace() 方法打印出此异常的传递轨迹。

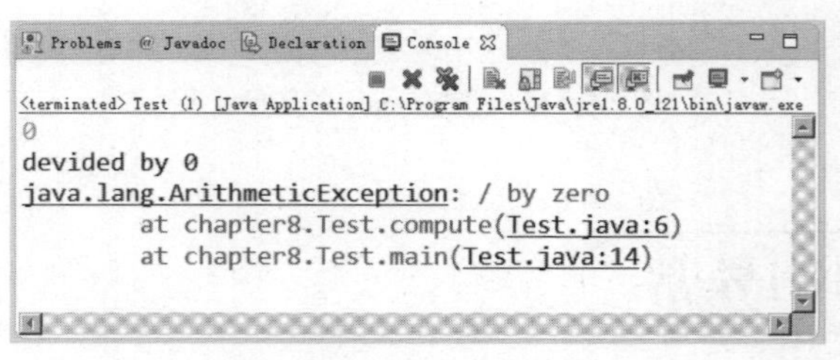

图 7-8　ThrowsDemo 运行结果

7.6　抛出异常

前面讨论的异常都是运行时环境引发的，而在实际编程过程中，可以显式地抛出自己的异常。使用 throw 语句可以明确抛出某个异常，其标准格式如下：

```
throw ExceptionInstance;
```

其中，ExceptionInstance 必须是异常类一个对象，简单数据类型以及非异常类都不能作为 throw 语句的对象。

与 throws 语句不同的是，throw 语句用于方法体内，并且只能抛出一个异常类对象，而 throws 语句用在方法声明中，用来指明方法可能抛出的多个异常。

通过 throw 抛出异常后，如果想由上一级代码来捕获并处理异常，则同样需要在抛出异常的方法中使用 throws 语句在方法声明处指明要抛出的异常；如果想在当前方法中捕获并处理 throw 抛出的异常，则必须使用 try…catch 语句，执行流程在 throw 语句后立即停止，后面的任何语句都不执行，程序会检查最里层的 try 语句块，看是否有 catch 语句符合所发生的异常类型。如果找到符合的 catch 语句，程序控制就会转到那个语句；如果没有，那么将检查下一个最里层的 try 语句，依次类推。如果找不到符合的 catch 语句，默认的异常处理系统将终止程序并打印出堆栈轨迹。当然，如果 throw 抛出的异常是 Error、RuntimeException 或它们的子类，则无须使用 throws 语句或 try…catch 语句。

例如，当输入一个学生的年龄为负数时，Java 运行时系统不会认为这是错误的，而实际上这是不符合逻辑的，这时就可以通过显式地抛出一个异常对象来处理。

【例 7-7】throw 语句的使用。

创建一个 ThrowDemo 类，该类的成员方法 validate() 首先将传过来的字符串转换为 int 类型，然后判断该整数是否为负，如果为负则抛出异常，然后此异常交给方法的调用者 main() 方法捕获并处理。

```
    public class ThrowDemo{
            public static int validate(String initAge) throws Exception{
                    int age=Integer.parseInt(initAge);          // 把字符串转换为整型
                    if(age<0) // 如果年龄小于 0
    // 抛出一个 Exception 类型的对象
                    throw new Exception(" 年龄不能为负数！ ");
                     return age;
            }
            public static void main(String[] args) {
                    try{
                            int yourAge=validate("-30");          // 调用静态的 validate 方法
                            System.out.println(yourAge);
                    }catch(Exception e){                // 捕获 Exception 异常
                            System.out.println(" 发生了逻辑错误！ ");
                            System.out.println(" 原因： "+e.getMessage());
                    }
            }
}
```

运行此程序，输出结果如图 7-9 所示。

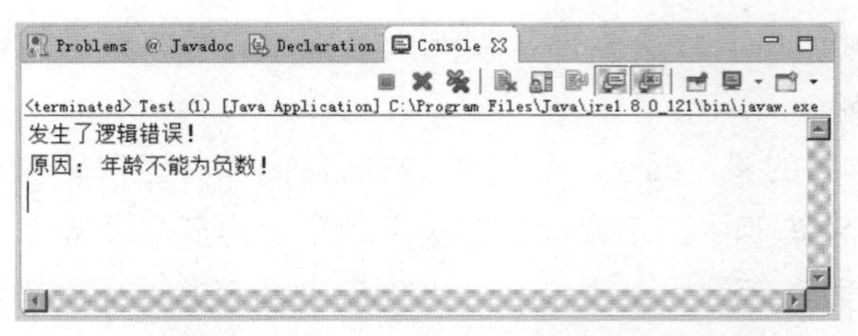

图 7-9　ThrowDemo 运行结果

7.7　自定义异常

尽管利用 Java 提供的异常类型已经可以描述程序中出现的大多数异常情况，但是有时候程序员还是需要自己定义一些异常类，来详细描述某些特殊异常情况。

自定义的异常类必须继承 Exception 类或者其子类，然后可以通过扩充自己的成员变量或者方法，以反映更加丰富的异常信息以及对异常对象的处理功能。

在程序中自定义异常类，并使用自定义异常类，可以按照以下步骤来进行。

（1）创建自定义异常类。

（2）在方法中通过 throw 抛出异常对象。

（3）若在当前抛出异常的方法中处理异常，可以使用 try…catch 语句捕获并处理；否则在方法的声明处通过 throws 指明要抛给方法调用者的异常，继续进行下一步操作。

（4）在出现异常的方法调用代码中捕获并处理异常。

【例 7-8】自定义异常的应用举例。

要获得一个学生的成绩，此成绩必须在 0~100，如果成绩小于 0 则抛出一个数据太小的异常，如果成绩大于 100 则抛出一个数据太大的异常。因为 Java 提供的异常类中不存在描述这些情况的异常，那么只能在程序中自己定义所需异常类。

```
public class MyExceptionDemo {
        public static void main(String[] args) {
                MyExceptionDemo med=new MyExceptionDemo();
                try{ // 有可能发生 TooHigh 或 TooLow 异常
                        med.getScore(105);
                }catch(TooHigh e){     // 捕获 TooHigh 异常
                        e.printStackTrace();  // 打印异常发生轨迹
                                              // 打印详细异常信息
                        System.out.println(e.getMessage()+" score is:"+e.score);
                }catch(TooLow e){     // 捕获 TooLow 异常
                        e.printStackTrace();
                        System.out.println(e.getMessage()+" core is:"+e.score);
                }
```

```
        }
        public void getScore(int x) throws TooHigh,TooLow{
            if(x>100){  // 如果 x>100 则抛出 TooHigh 异常
// 创建一个 TooHigh 类型的对象
                TooHigh e=new TooHigh("score>100",x);
                throw e;  // 抛出该异常对象
            }
            else if(x<0){ // 如果 x<0 则抛出 TooLow 异常
                // 创建一个 TooLow 类型的对象
              TooLow e=new TooLow("score<0",x);
                throw e;  // 抛出该对象
            }
            else
            System.out.println("score is:"+x);
            }
}
class TooHigh extends Exception{
        int score;
        public TooHigh(String mess,int score){
            super(mess);          // 调用父类的构造方法
            this.score=score;        // 设置成员变量的值，保存分数值
        }
}
class TooLow extends Exception {
        int score;
        public TooLow(String mess,int score){
            super(mess);
            this.score=score;
        }
}
```

运行此程序，输出结果如图 7-10 所示。

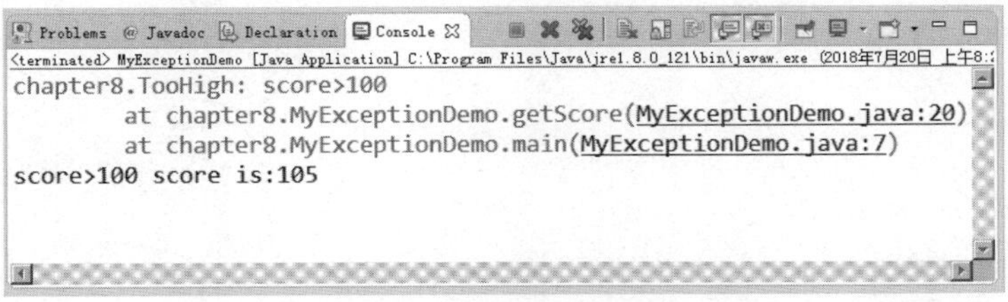

```
Problems  Javadoc  Declaration  Console
<terminated> MyExceptionDemo [Java Application] C:\Program Files\Java\jre1.8.0_121\bin\javaw.exe (2018年7月20日 上午8:
chapter8.TooHigh: score>100
	at chapter8.MyExceptionDemo.getScore(MyExceptionDemo.java:20)
	at chapter8.MyExceptionDemo.main(MyExceptionDemo.java:7)
score>100 score is:105
```

图 7-10　MyExceptionDemo 运行结果

强化练习

熟练应用 Java 的异常处理机制构建应用程序，不仅可以提高程序的可读性，还能对异常给予恰当的处理，保证程序继续运行，不轻易出现死机，不出现灾难性的后果。课后读者可以自行练习以下操作，亲身体验 Java 异常处理机制为程序开发带来的好处。

练习 1:

编写一个能够接收两个参数的程序，并让两个参数相除。用异常处理语句处理缺少参数和除数为 0 的两种异常。

练习 2:

自定义异常类 SexException，并编写相关程序实现如下功能。

（1）在 main() 方法中输入性别。

（2）判断输入的值是否为“男”或“女”。

（3）如果输入的值不是“男”或“女”，则抛出 SexException 异常对象，并打印详细异常信息。

第8章 图形用户界面设计详解

内容概要

图形界面作为用户与程序交互的窗口，是软件开发中一项非常重要的工作。随着用户需求的日益提高，现在的应用软件必须做到界面友好、功能强大而又使用简单。本章主要介绍 Java 图形用户界面设计的相关基础知识，包括常见容器类和布局管理器、GUI 事件处理模型以及事件适配器。通过本章的学习，读者将能设计简单的图形用户界面。

学习目标

- ◆ 掌握图形用户界面基本组件窗口
- ◆ 掌握如何使用布局管理器对组件进行管理
- ◆ 理解 Java 的事件处理机制
- ◆ 了解事件适配器的用法

课时安排

- ◆ 理论学习 2 课时
- ◆ 上机操作 2 课时

8.1 Swing 概述

在 Java 中为了方便图形用户界面的实现，专门设计了类库来满足各种各样的图形界面元素和用户交互事件，该类库即为抽象窗口工具箱 (Abstract Window Toolkit，AWT)。AWT 是 1995 年随 Java 的发布而提出的，但随着 Java 的发展，AWT 已经不能满足用户的需求，所以 Sun 公司于 1997 年 JavaOne 大会上提出并在 1998 年 5 月发布的 JFC（Java Foundation Class）中包含了一个新的 Java 窗口开发包 Swing。

AWT 不仅提供了基本的组件，还提供了丰富的事件处理接口。Swing 是建立在 AWT 1 .1 基础上的，AWT 是 Swing 的大厦基石。AWT 中提供的控件数量有限，远没有 Swing 丰富，但是 Swing 的出现并不是为了替代 AWT，而是提供了更丰富的开发选择。Swing 中使用的事件处理机制就是 AWT 1 .1 提供的。所以 AWT 和 Swing 是合作关系，而不是用 Swing 取代了 AWT。

AWT 组件定义在 java.awt 包中，而 Swing 组件则定义在 javax.swing 包中，AWT 和 Swing 包含了部分对应的组件，例如标签和按钮，在 java.awt 包中分别用 Label 和 Button 表示，而在 javax.swing 包中则用 JLabel 和 JButton 表示，多数 Swing 组件以字母“J”开头。

Swing 组件与 AWT 组件最大的不同是，Swing 组件实现时不包含任何本地代码，因此 Swing 组件可以不受硬件平台的限制，而具有更多的功能。不包含本地代码的 Swing 组件被称为“轻量级 (lightweight)”组件，而包含本地代码的 AWT 组件被称为“重量级 (heavyweight)”组件，当“重量级”组件和“轻量级”组件一同使用时，如果组件区域有重叠，则“重量级”组件总是显示在上面，因此这两种组件通常不应一起使用。在 Java 2 平台上推荐使用 Swing 组件。

Swing 组件与 AWT 相比，Swing 组件显示出更强大的优势，具体表现如下。

（1）丰富的组件类型。Swing 提供了非常丰富的标准组件；基于它良好的可扩展性，除了标准组件，Swing 还提供了大量的第三方组件。

（2）更好的 API 模型支持。Swing 遵循 MVC 模式，它的 API 成熟并设计良好，经过多年的演化，变得越来越强大，灵活并且可扩展。

（3）标准的 GUI 库。Swing 和 AWT 都是 JRE 中的标准库，不要单独将它们随应用程序一起分发，它们是平台无关的，所以用户不用担心平台兼容性。

（4）性能更稳定。在 Java 5.0 之后，Swing 组件变得越来越成熟稳定，由于它是纯 Java 实现的，不会有兼容性问题，在每个平台上都有同样的性能，不会有明显的性能差异。

8.2 常用容器类

Java 的图形用户界面由组件构成，如命令按钮、文本框等，这些组件都必须放到一定的容器中才能使用。容器是组件的容器，各种组件包括容器都可以通过 add( ) 方法添加到容器中。

8.2.1 顶层容器（JFrame）

显示在屏幕上的所有组件都必须包含在某个容器中，而有些容器是可以嵌套的，在这个嵌套层次的最外层必须是一个顶层容器。Swing 中提供了 4 种顶层容器，分别为 JFrame、JApplet、JDialog 和 JWindow。JFrame 是一个带有标题行和控制按钮（最小化、恢复 / 最大化、关闭）的独立窗口，创建应用程序时需要使用 JFrame；创建小应用程序时使用 JApplet，它被包含在浏览器窗口中；创建对话框时使用 JDialog；JWindow 是一个不带有标题行和控制按钮的窗口，因此通常很少使用。

JFrame 是 Java Application 程序的图形用户界面容器，是一个有边框的容器。JFrame 类包含支持任何通用窗口特性的基本功能，如最小化窗口、移动窗口、重新设定窗口大小等。JFrame 容器作为最顶层容器，不能被其他容器所包含，但可以被其他容器创建并弹出成为独立的容器。JFrame 类的继承关系如图 8-1 所示。

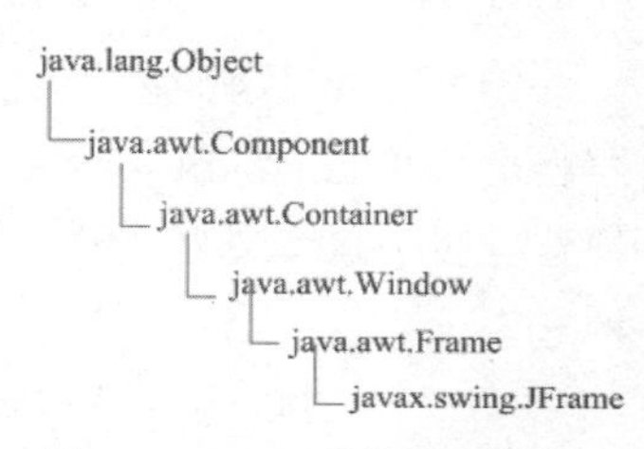

图 8-1 JFrame 类的继承关系

JFrame 类常用的两种构造方法如下。

（1）JFrame()。构造一个初始时不可见的新窗体。

（2）JFrame(String title)。方法创建一个标签为 title 的 JFrame 对象。还可以使用专门的方法 getTitle() 和 setTitle(String) 来获取或指定 JFrame 的标题。

创建窗体有两种方式。

（1）直接编写代码调用 JFrame 类的构造器，这种方法适合使用简单窗体的情况。

（2）继承 JFrame 类，在继承的类中编写代码对窗体进行详细的刻画，这种方式比较适合窗体比较复杂的情况。利用继承编写自己的窗体是多数开发者采用的一种方式。

【例 8-1】创建一个空白的窗体框架，其标题为“欢迎使用图书管理系统”。

```
import javax.swing.JFrame; // 导入包，JFrame 类在 swing 包中
public class MainFrame extends JFrame{
    // 成员变量的声明，后续添加
        public  MainFrame() {
            this.setTitle(" 欢迎使用图书管理系统 ");    // 设置标题
            this.setVisible(true); // 或者 this.show(); 使窗口显示出来
            this.setSize(300, 150); // 设置窗口大小
        }
        public static void main(String[] args) {
            new  MainFrame();
        }
}
```

运行结果如图 8-2 所示。

图 8-2　程序运行结果

注意：① JFrame 类构造器创建的窗体是不可见的，需要在代码中使用 show( ) 方法或给出实际参数为 true 的 setVisible(boolean) 方法使其可见。② JFrame 类构造器创建的窗体默认的尺寸为 0 像素 ×0 像素，默认的位置坐标为 [0,0]，因此开发中不仅要将窗体设置为可见的，而且还要使用 setSize(int x,int y) 方法设置 JFrame 容器大小。

定义完窗口框架后，在加入控制组件之前首先要得到窗口的内容窗格。对于每一个顶层容器（JFrame、JApplet、JDialog 及 JWindow），都有一个内容窗格（ContentPanel），顶层容器中除菜单之外的组件都放在这个内容窗格中。将组件放入内容窗格，可以使用两种方法。

（1）通过顶层容器的 getContentPane() 方法获得其默认的内容窗格（该方法的返回类型为 java.awt.Container，仍然为一个容器），然后将组件添加到内容窗格中，例如：

```
Container contentPane=frame.getContentPane();
contentPane.add(button, BorderLayout.CENTER);//button 为一命令按钮
```

上面两条语句可以合并为一条：

```
frame.getContentPane().add(button, BorderLayout.CENTER);
```

（2）通过创建一个新的内容窗格取代顶层容器默认的内容窗格。通常的做法是创建一个 JPanel 的实例（它是 java.awt.Container 的子类），然后将组件添加到 JPanel 实例中，再通过顶层容器的 setContentPane() 方法将 JPanel 实例设置为新的内容窗格。例如：

```
JPanel contentPane=new JPanel( );
// 设置布局格式，JPanel 默认布局为 FlowLayout
contentPane.setLayout(new BorderLayout())
 contentPane. add(button, BorderLayout.CENTER);
frame. setContentPane(contentPane);
```

8.2.2　中间容器——面板类（JPanel）

面板（JPanel）是一种用途广泛的容器，与顶层容器不同的是，面板不能独立存在，必须被添加到其他容器内部。可以将其他控件放在面板中来组织一个子界面，面板也可以嵌套，由此可以设计出复杂的图形用户界面。

JPanel 是无边框，不能被移动、放大、缩小或关闭的容器，它支持双缓冲功能，在处

理动画上较少发生画面闪烁的情况。JPanel 类继承自 javax.swing.JComponent 类，使用时首先应创建该类的对象，再设置组件在面板上的排列方式，最后将所需组件加入面板中。

JPanel 类的常用构造方法如下。

（1）public JPanel( )。使用默认的 FlowLayout 方式创建具有双缓冲的 JPanel 对象。

（2）public JPanel(FlowLayoutManager layout)。在构建对象时指定布局格式。

【例 8-2】在例 8-1 的基础上创建一个面板对象，通过 add() 方法在面板上添加一个命令按钮，然后将面板添加到窗口中，其运行结果如图 8-3 所示。

```
import java.awt.*;
import javax.swing.*;
public class MainFrame extends JFrame {
    // 成员变量的声明，后续添加
    public MainFrame() {
            this.setTitle(" 欢迎使用图书管理系统 ");
            Container container = this.getContentPane(); // 获取内容窗格
            container.setLayout(new BorderLayout()); // 设置内容窗格的布局
            JPanel panel = new JPanel(); // 创建一个面板对象
            panel.setBackground(Color.RED); // 设置背景颜色
            JButton bt = new JButton("Press me"); // 创建命令按钮对象，文本为提示信息
            panel.add(bt); // 把按钮添加到面板容器对象里
            container.add(panel, BorderLayout.SOUTH); // 添加面板到内容窗格的南部
            this.setVisible(true); // 或者 this.show();
            this.setSize(300, 150); // 设置窗口大小
    }
    public static void main(String[] args) {
            new MainFrame();
    }
}
```

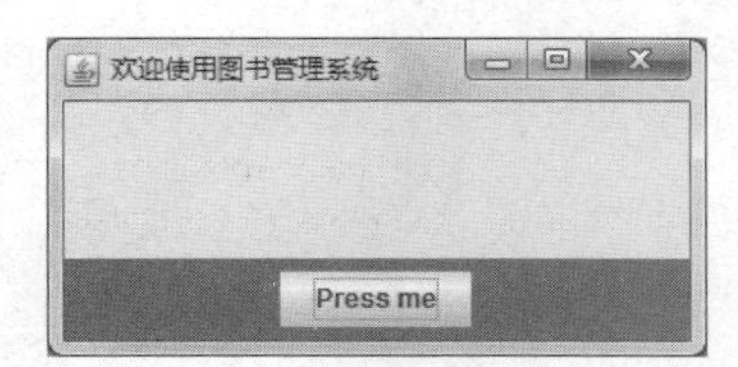

图 8-3　程序运行结果

8.2.3　中间容器——滚动面板类（JScrollPane）

javax.swing 包中的 JScrollPane 类也是 Container 类的子类，因此该类创建的对象也是一个容器，称为滚动窗口。可以把一个组件放到一个滚动窗口中，然后通过滚动条来观察这个组件。与 JPanel 创建的容器所不同的是，JScrollPane 带有滚动条，而且只能向滚动窗口添加一个组件。所以，经常将一些组件添加到一个面板容器中，然后再把这个面板添加

到滚动窗口中。JScrollPane 类常用的构造方法如下。

（1）JScrollPane( )。创建一个空的（无视口的视图）JScrollPane，需要时水平和垂直滚动条都可显示。

（2）JScrollPane(Component view)。创建一个显示指定组件内容的 JScrollPane，只要组件的内容超过视图大小就会显示水平和垂直滚动条。

（3）JScrollPane(int vsbPolicy,int hsbPolicy)。创建一个具有指定滚动条策略的空（无视口的视图）JScrollPane。可用的策略设定在 setVerticalScrollBarPolicy(int) 和 setHorizontalScrollPolicy (int) 中列出。

JscrollPane 常用的成员方法可以参阅 Java API 进行学习，下面通过一个例子简单说明 JScrollPane 的使用。

【例 8-3】在窗口上放置 5 个命令按钮，其中前 4 个放到 JScrollPane 容器中，置于窗格的中间区域，当窗口的大小发生变化时，可以通过单击滚动条浏览被隐藏的组件。

```
import java.awt.*;
import javax.swing.*;
public class scrollPaneDemo extends JFrame {
    JPanel p;
    JScrollPane scrollpane;
    private Container container;
    public scrollPaneDemo() {
            this.setTitle(" 欢迎使用图书管理系统 "); // 设置标题
            container = this.getContentPane(); // 获得内容窗格
            container.setLayout(new BorderLayout());// 设置内容窗格的布局
            scrollpane = new JScrollPane(); // 创建 JscrollPane 类的对象
    scrollpane.setHorizontalScrollBarPolicy(JScrollPane.HORIZONTAL_SCROLLBAR_ALWAYS);
    scrollpane.setVerticalScrollBarPolicy(JScrollPane.VERTICAL_SCROLLBAR_ALWAYS);
            p = new JPanel();
            scrollpane.setViewportView(p); // 设置视图
            p.add(new JButton("one"));// 创建并添加命令按钮到面板容器中
            p.add(new JButton("two"));
            p.add(new JButton("three"));
            p.add(new JButton("four"));
            container.add(scrollpane);// 把滚动窗口添加到内容窗格中部
            container.add(new JButton("five"), BorderLayout.SOUTH);
            this.setVisible(true);
            this.setSize(300, 200);
    }
    public static void main(String[] args) {
            new scrollPaneDemo();
    }
}
```

其运行结果如图 8-4 所示。

图 8-4　程序运行结果

8.3　布局管理器

除了顶层容器控件外，其他的控件都需要添加到容器当中，容器相当于一个仓库，而布局管理器就相当于仓库管理员，采用一定的策略来管理容器中各个控件的大小、位置等属性。通过使用不同的布局管理器，可以方便地设计出各种界面。每个容器（JPanel 和顶层容器的内容窗格）都有一个默认的布局管理器，开发者也可以通过容器的 setLayout( ) 方法改变容器的布局管理器。

Java 平台提供了多种布局管理器，java.awt 包中共定义了 5 种布局编辑类，分别是 FlowLayout、BorderLayout、CardLayout、GridLayout 和 GridBagLayOut，每个布局管理器对应一种布局策略。这 5 个类都是 java.lang.Object 类的直接子类。Javax.swing 包中定义了 4 种布局编辑类，分别是 BoxLayout、ScrollPaneLayout、ViewportLayout 和 SpringLayout。

8.3.1　FlowLayout 布局管理器

FlowLayout 类是 java.lang.Object 类的直接子类。FlowLayout 的布局策略是将采用这种布局策略的容器中的组件按照加入的先后顺序从左向右排列，当一行排满之后就转到下一行继续从左至右排列，每一行中的组件都居中排列。FlowLayout 是 Applet 默认使用的布局策略。

FlowLayout 定义在 java.awt 包中，它有三种构造方法。

（1）FlowLayout( )。创建一个使用居中对齐的 FlowLayout 实例。

（2）FlowLayout(int align)。创建一个指定对齐方式的 FlowLayout 实例。

（3）FlowLayout(int align，int hgap，int vgap)。创建一个既指定对齐方式，又指定组件间间隔的 FlowLayout 类对象。其中对齐方式 align 的可取值有 FlowLayout.LEFT(左对齐)、FlowLayout.RIGHT(右对齐)、FlowLayout.CENTER(居中对齐)。如 new FlowLayout(FlowLayout.LEFT)，创建一个使用左对齐的 FlowLayout 实例。还可以通过 setLayout( ) 方法直接创建 FlowLayout 对象并设置其布局，如 setLayout(new FlowLayout(FlowLayout.RIGHT,30,50))。

【例 8-4】创建窗体框架，并以 FlowLayout 的布局放置 4 个命令按钮。

```
import javax.swing.*;
```

```
import java.awt.*;
public class FlowLayoutDemo extends JFrame {
    private JButton button1, button2, button3, button4; // 声明 4 个命令按钮对象
    public FlowLayoutDemo() {
            this.setTitle(" 欢迎使用图书管理系统 "); // 设置标题
            Container container = this.getContentPane();// 获得内容窗格
            // 设置为 FlowLayout 的布局，JFrame 默认的布局为 BorderLayout
            container.setLayout(new FlowLayout(FlowLayout.LEFT));
            button1 = new JButton("ButtonA") ;
            button2 = new JButton("ButtonB");
            button3 = new JButton("ButtonC");
            button4 = new JButton("ButtonD");
            container.add(button1);
            container.add(button2);
            container.add(button3);
            container.add(button4);
            this.setVisible(true); // 使窗口显示出来
            this.setSize(300, 200); // 设置窗体大小
    }
        public static void main(String[] args) {
            new FlowLayoutDemo();
    }
}
```

程序的运行结果如图 8-5 所示。

图 8-5　程序运行结果

注意： 如果改变窗口的大小，窗口中组件的布局也会随之改变。

8.3.2　BorderLayout 布局管理器

BorderLayout 是顶层容器中内容窗格的默认布局管理器，它提供了一种较为复杂的组件布局管理。每个 BorderLayout 管理的容器被分为东、西、南、北、中共 5 个区域，这 5 个区域分别用字符串常量 BorderLayout.EAST、BorderLayout.WEST、BorderLayout.SOUTH、BorderLayout. NORTH、BorderLayout.CENTER 表示，在容器的每个区域，可以加入一个组件，往容器内加入组件时都应该指明把它放在容器的哪个区域中。

BorderLayout 定义在 java.awt 包中，它有两种构造方法。

（1）BorderLayout()。

（2）BorderLayout(int hgap, int vgap)。

前者创建一个各组件间的水平、垂直间隔为 0 的 BorderLayout 实例；后者创建一个各组件间的水平间隔为 hgap、垂直间隔为 vgap 的 BorderLayout 实例。

在 BorderLayout 布局管理器的管理下，组件通过 add( ) 方法加入到容器中指定的区域，如果 add( ) 方法中没有指定将组件放到哪个区域，那么它将会默认地被放置在 Center 区域。

```
JFrame f=new JFrame(" 欢迎使用图书管理系统 ");
JButton bt1=new JButton("button1");
JButton bt2=new JButton("button1");
f.getContentPane( ).add(bt1, BorderLayout.NORTH) ;// 或者 add(bt1, "North")
f.getContentPane( ).add(bt2);
```

以上语句实现将按钮 bt1 放置到窗口的北部，将按钮 bt2 放置到窗口的中间区域。

在 BorderLayout 布局管理器的管理下，容器的每个区域只能加入一个组件，如果试图向某个区域加入多个组件，只有最后一个组件是有效的。如果希望在一个区域放置多个组件，可以在这个区域放置一个内部容器 JPanel 或者 JScrollPane 组件，然后将所需的多个组件放到内部容器中，通过内部容器的嵌套构造复杂的布局。

```
JFrame f=new JFrame(" 欢迎使用图书管理系统 ");
JButton bt1=new JButton("button1");
JButton bt2=new JButton("button1");
JPanel p=new JPanel();
p.add(bt1);
p.add(bt2);
f.getContentPane( ).add(p, BorderLayout.SOUTH); // 或者 add(bt1, "South")
```

以上语句实现将按钮 bt1 和 bt2 放置到窗口的南部区域。

对于东、西、南、北四个边界区域，若某个区域没有被使用，这时 Center 区域将会扩展并占据这个区域的位置。如果四个边界区域都没有使用，那么 Center 区域将会占据整个窗口。

8.3.3 GridLayout 布局管理器

如果界面上需要放置的组件比较多，且这些组件的大小又基本一致，如计算器、遥控器的面板，那么使用 GridLayout 布局管理器是最佳的选择。GridLayout 是一种网格式的布局管理器，它将容器空间划分成若干行乘若干列的网格，而每个组件按添加的顺序从左到右、从上到下占据这些网格，每个组件占据一格。

GridLayout 定义在 java.awt 包中，有三种构造方法。

（1）GridLayout( )。按默认 (1 行 1 列) 方式创建一个 GridLayout 布局。

（2）GridLayout(int rows, int cols)。创建一个具有 rows 行、cols 列的 GridLayout 布局。

（3）GridLayout(int rows, int cols, int hgap, int vgap)。按指定的行数 rows、列数 cols、水平间隔 hgap 和垂直间隔 vgap 创建一个 GridLayout 布局。

如 new GridLayout(2,3) 表示创建一个 2 行 3 列的布局管理器，可容纳 6 个组件。rows 和 cols 中一个值可以为 0，但是不能同时为 0。如果 rows 或者 cols 为 0，那么网格的行数或者列数将根据实际需要而定。下面通过例子说明这种布局管理器的使用方法和特点。

【例 8-5】GridLayout 布局管理器的使用。

```
import javax.swing.*;
import java.awt.*;
public class GridLayoutDemo extends JFrame {
// 声明 6 个按钮对象
    private JButton button1, button2, button3, button4, button5, button6;
    public GridLayoutDemo() {
            this.setTitle(" 欢迎使用图书管理系统 "); // 设置标题
            Container container = this.getContentPane(); // 获得内容窗格
            container.setLayout(new GridLayout(2, 3)); // 设置为 2 行 3 列的布局管理器
            button1 = new JButton("ButtonA");
            button2 = new JButton("ButtonB");
            button3 = new JButton("ButtonC");
            button4 = new JButton("ButtonD");
            button5 = new JButton("ButtonE");
            button6 = new JButton("ButtonF");
            container.add(button1);
            container.add(button2);
            container.add(button3);
            container.add(button4);
            container.add(button5);
            container.add(button6);
            this.setVisible(true);
            this.setSize(300, 200);
    }
    public static void main(String[] args) {
            new GridLayoutDemo();
    }
}
```

运行该程序，结果如图 8-6 所示。

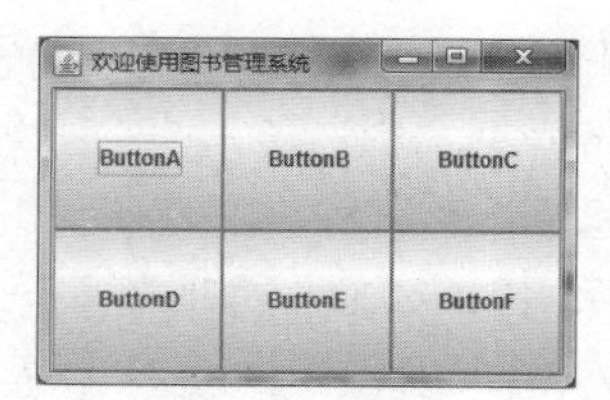

图 8-6　程序运行结果

注意：组件放入容器中的次序决定了它占据的位置。当容器的大小发生改变时，Grid Layout 所管理的组件的相对位置不会发生变化，但组件的大小会随之变化。

8.3.4 CardLayout 布局管理器

CardLayout 也是定义在 java.awt 包中的布局管理器，它将每个组件看成一张卡片，如同扑克牌一样将组件堆叠起来，而每次在屏幕上显示的只能是最上面的一个组件，这个被显示的组件将占据所有的容器空间。用户可通过 CardLayout 类的常用成员方法选择使用其中的卡片。如使用 first(Container container) 方法显示 container 中的第一个对象，last(Container container) 显示 container 中的最后一个对象，next(Container container) 显示下一个对象，previous(Container container) 显示上一个对象。

CardLayout 类有两个构造方法，分别是 CardLayout( ) 和 CardLayout(int hgap,int vgap)。前者使用默认（间隔为 0）方式创建一个 CardLayout( ) 类对象；后者创建指定水平间隔和垂直间隔的 CardLayout( ) 对象。具体用法可参阅 Java API 文档，此处不再详细介绍。

8.3.5 BoxLayout 布局管理器

BoxLayout 是 Swing 所提供的布局管理器，它将容器中的组件按水平方向排成一行或者按垂直方向排成一列。当组件排成一行时，每个组件可以有不同的宽度；当组件排成一列时，每个组件可以有不同的高度。

创建 BoxLayout 类的对象的构造方法是 BoxLayout(Container target, int axis)，其中 target 是容器对象，表示要为哪个容器设置此布局管理器；axis 指明 target 中组件的排列方式，其值可为表示水平排列的 BoxLayout.X_AXIS，或为表示垂直排列的 BoxLayout.Y_AXIS。下面通过例子说明这种布局管理器的使用方法和特点。

【例 8-6】窗口使用 BoxLayout 的布局管理，创建两个 JPanel 容器，一个是水平的 BoxLayout，一个是垂直的 BoxLayout；再向这两个 JPanel 容器中分别加入三个命令按钮组件，并把这两个 JPanel 容器添加到内容窗格的北部和中部。

```
import javax.swing.*;
import java.awt.*;
public class BoxLayoutDemo extends JFrame {
    private JButton button1, button2, button3, button4, button5, button6;// 声明 6 个按钮对象
    Container container;
    public BoxLayoutDemo() {
            this.setTitle(" 欢迎使用图书管理系统 ");// 设置标题
            container = this.getContentPane(); // 获取内容窗格
            container.setLayout(new BorderLayout()); // 设置布局
            JPanel px = new JPanel(); // 声明中间容器并设置布局为水平的 BoxLayout
            px.setLayout(new BoxLayout(px, BoxLayout.X_AXIS));
            button1 = new JButton("ButtonA");
```

```
			button2 = new JButton("ButtonB");
			button3 = new JButton("ButtonC");
			px.add(button1); // 把按钮放到中间容器中
			px.add(button2);
			px.add(button3);
			container.add(px, BorderLayout.NORTH);// 把中间容器放置到北部区域
			JPanel py = new JPanel();// 声明中间容器并设置布局为垂直的 BoxLayout
			py.setLayout(new BoxLayout(py, BoxLayout.Y_AXIS));
			button4 = new JButton("ButtonD");
			button5 = new JButton("ButtonE");
			button6 = new JButton("ButtonF");
			py.add(button4); // 把按钮放到中间容器中
			py.add(button5);
			py.add(button6);
			container.add(py, BorderLayout.CENTER); // 把中间容器放置到中间区域
			this.setVisible(true); // 显示窗口
			this.setSize(300, 250);// 设置窗口大小
	}
	public static void main(String[] args) {
			new BoxLayoutDemo();
	}
}
```

其运行结果如图 8-7 所示。

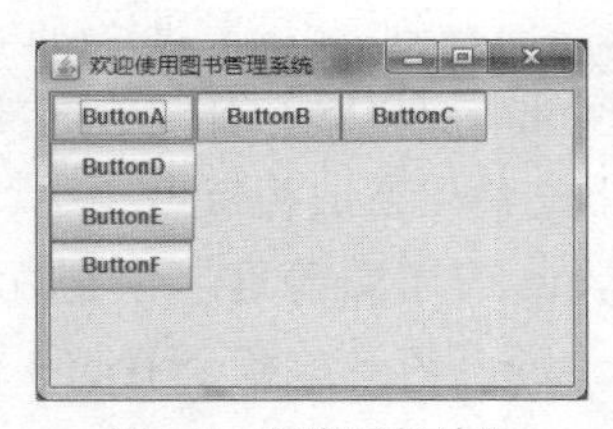

图 8-7　程序运行结果

在 javax.swing 包中定义了一个专门使用 BoxLayout 布局管理器的特殊容器 Box 类。由于 BoxLayout 是以水平或垂直方式排列的，因此，当创建一个 Box 容器时，必须指定 Box 容器中组件的排列方式是水平还是垂直的。Box 的构造函数为 Box(int axis)，参数 axis 的取值可以为表示水平排列的 BoxLayout.X_AXIS 或垂直排列的 BoxLayout.Y_AXIS。也可使用 Box 类提供的创建 Box 实例的静态方法：

```
public static Box creatHorizontalBox( )
public static Box creatVerticalBox( )
```

前者使用水平方向的 BoxLayout，后者使用垂直方向的 BoxLayout。

除了前面介绍的常用的 5 种布局管理器外，还有其他的布局管理器像 GridBagLayout 等，如果需要使用，可参阅 Java　API 文档。

8.4 Java 的 GUI 事件处理

设计和实现图形用户界面的工作主要有两个：①创建组成界面的各种成分和元素，指定它们的属性和位置关系，构成完整的图形用户界面的物理外观；②定义图形用户界面的事件和各界面元素对不同事件的响应，从而实现图形用户界面与用户的交互功能。图形用户界面的事件驱动机制，可根据产生的事件来决定执行相应的程序段。

8.4.1 事件处理模型

Java 采用委托事件模型来处理事件。委托事件模型的特点是将事件的处理委托给独立的对象，而不是组件本身，从而将使用者界面与程序逻辑分开。整个“委托事件模型”由产生事件的对象（事件源）、事件对象及监听者对象之间的关系所组成。

每当用户在组件上进行某种操作时，事件处理系统便会将与该事件相关的信息封装在一个“事件对象”中。例如，用户用鼠标点击命令按钮时便会生成一个代表此事件的 ActionEvent 事件类对象。用户操作不同，事件类对象也不同。

然后将该事件对象传递给监听者对象，监听者对象根据该事件对象内的信息决定适当的处理方式。每类事件对应一个监听程序接口，它规定了接收并处理该类事件的方法的规范。如 ActionEvent 事件就对应 ActionListener 接口，该接口中只有一个方法即 actionPerformed()，当出现 ActionEvent 事件时，该方法将会被调用。

为了接收并处理某类用户事件，必须在程序代码中向产生事件的对象注册相应的事件处理程序，即事件的监听程序（Listener），它是实现了对应监听程序接口的一个类。当事件产生时，产生事件的对象就会主动通知监听者对象，监听者对象就可以根据产生该事件的对象来决定处理事件的方法。例如，为了处理命令按钮上的 ActionEvent 事件，需要定义一个实现 ActionListener 接口的监听程序类。每个组件都有若干个形如 add×××Listener(×××Listener) 的方法，通过这类方法，可以为组件注册事件监听程序。例如，JButton 类中有方法 public void addAcitonListener(AcitonListenerl)，该方法可以为 JButton 组件注册 ActionEvent 事件监听程序，方法的参数应该是一个实现了 ActionListener 接口的类的实例。图 8-8 显示了事件的处理过程。

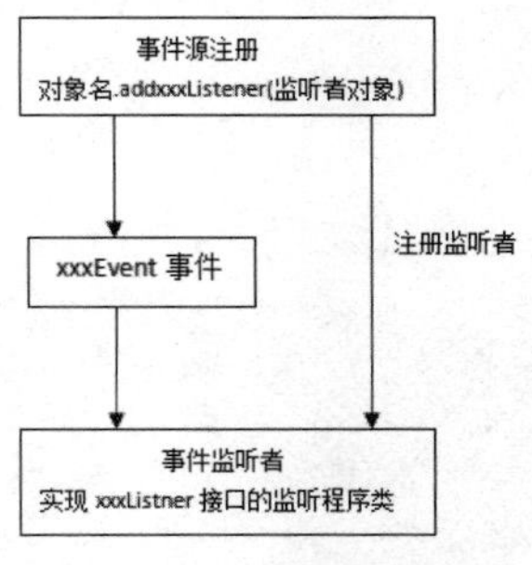

图 8-8 事件处理模型示意

【例 8-7】事件处理演示程序。

在窗口界面放置一个命令按钮，为该命令按钮注册一个 ButtonEventHandle 对象作为 ActionEvent 事件的监听程序，该监听者类实现 ActionEvent 事件对应的 ActionListener 接口，在该类的 actionPerformed 方法中给出如何处理 ActionEvent 事件，当用户点击命令按钮时 ActionEvent 事件即被触发，该方法被调用。

```
import java.awt.*;
import javax.swing.*;
import java.awt.event.*; //ActionListener 接口和事件类位于 event 包中，需导入该包
public class TestEvent extends JFrame {
    private JButton button1;
    private Container container;
    public TestEvent() {
            this.setTitle(" 欢迎使用图书管理系统 ");
            container = this.getContentPane();
            container.setLayout(new FlowLayout());
            button1 = new JButton(" 测试事件 ");
            button1.addActionListener(new ButtonEventHandle());
            container.add(button1); // 把命令按钮添加到内容窗格上
            this.setVisible(true);
            this.setSize(300, 400);
    }
    class ButtonEventHandle implements ActionListener {
            //ActionListener 接口中方法实现，当触发 ActionEvent 事件时，执行该方法中的代码
            public void actionPerformed(ActionEvent e) {
                    System.out.println(" 命令按钮被点击 ");
            }
    }
    public static void main(String[] args) {
            new TestEvent();
    }
}
```

注意：该程序实现当用户单击命令按钮时在屏幕上显示字符串“命令按钮被点击”提示信息。本例的事件监听程序定义为内部类，也可以定义在一个匿名内部类中或者定义在组件所在类中。

【例 8-8】单击命令按钮时关闭窗口结束程序执行。

```
import java.awt.*;
import javax.swing.*;
import java.awt.event.*;
public class TestEvent2 extends JFrame implements ActionListener{
```

```
// 组件所在类作为事件监听程序类，该类必须实现事件对应的 ActionListener 接口
    private JButton button1;
    private Container container;
    public TestEvent2() {
            this.setTitle(" 欢迎使用图书管理系统 ");
            container = this.getContentPane();
            container.setLayout(new FlowLayout());
            button1 = new JButton(" 退出 "); // 创建命令按钮组件对象
            button1.addActionListener(this);
            container.add(button1);
            this.show(true);
            this.setSize(300, 400);
    }
            public void actionPerformed(ActionEvent e) {
            System.exit(0);
    }
    public static void main(String[] args) {
            new TestEvent2();
    }
}
```

注意：本例注册事件源的监听者对象为 this，要求该类必须实现 ActionListener 接口。当用户单击命令按钮时触发 ActionEvent 事件，事件监听者对该事件进行处理，执行 actionPerformed 方法中的代码。该例实现单击命令按钮时关闭窗口，结束程序的运行。

事件监听者与事件源之间是多对多的关系，一个事件监听者可以为多个事件源服务，同样，一个事件源可以有多个不同类型的监听者。

8.4.2 事件及监听者

前面介绍了图形用户界面中事件处理的一般机制，其中只涉及 ActionEvent 事件类。由于不同事件源上发生的事件种类不同，不同的事件由不同的监听者处理，所以在 java.awt.event 包和 javax.swing.event 包中还定义了很多其他事件类，每个事件类都有一个对应的接口，接口中声明了若干个抽象的事件处理方法，事件的监听程序类需要实现相应的接口。

1. AWT 中的常用事件类及其监听者

java.util.EventObject 类是所有事件对象的基础父类，所有事件都是由它派生出来的。AWT 的相关事件继承于 java.awt.AWTEvent 类，这些 AWT 事件分为两大类：低级事件和高级事件。

低级事件是指基于组件和容器的事件，如鼠标的进入、点击、拖放等，或组件的窗口开关等。低级事件主要包括 ComponentEvent、ContainerEvent、WindowEvent、FocusEvent、

KeyEvent、MouseEvent 等。

高级事件是基于语义的事件，它可以不和特定的动作相关联，而依赖于触发此事件的类，如在 TextField 中按 Enter 键会触发 ActionEvent 事件，滑动滚动条会触发 AdjustmentEvent 事件，或是选中项目列表的某一条就会触发 ItemEvent 事件。高级事件主要包括 ActionEvent、AdjustmentEvent、ItemEvent、TextEvent 等。

表 8-1 列出了常用的 AWT 事件及其相应的监听器接口，一共 10 类事件，11 个接口。

表 8-1　常用的 AWT 事件及其相应的监听器接口

事件类别	描述信息	接口名	方法
ActionEvent	激活组件	ActionListener	actionPerformed(ActionEvent e)
ItemEvent	选择了某些项目	ItemListener	itemStateChanged(ItemEvent e)
MouseEvent	鼠标移动	MouseMotionListener	mouseDragged(MouseEvent e) mouseMoved(MouseEvent e)
	鼠标点击等	MouseListener	mousePressed(MouseEvent e) mouseReleased(MouseEvent e) mouseEntered(MouseEvent e) mouseExited(MouseEvent e) mouseClicked(MouseEvent e)
KeyEvent	键盘输入	KeyListener	keyPressed(KeyEvent e) keyReleased(KeyEvent e) keyTyped(KeyEvent e)
FocusEvent	组件收到或失去焦点	FocusListener	focusGained(FocusEvent e) focusLost(FocusEvent e)
AdjustmentEvent	移动了滚动条等组件	AdjustmentListener	adjustmentValueChanged(AdjustmentEvent e)
ComponentEvent	对象移动、缩放、显示、隐藏等	ComponentListener	componentMoved(ComponentEvent e) componentHidden(ComponentEvent e) componentResized(ComponentEvent e) componentShown(ComponentEvent e)
WindowEvent	窗口收到窗口级事件	WindowListener	windowClosing(WindowEvent e) windowOpened(WindowEvent e) windowIconified(WindowEvent e) windowDeiconified(WindowEvent e) windowClosed(WindowEvent e) windowActivated(WindowEvent e) windowDeactivated(WindowEvent e)
ContainerEvent	容器中增加、删除了组件	ContainerListener	componentAdded(ContainerEvent e) componentRemoved(ContainerEvent e)
TextEvent	文本字段或文本区发生改变	TextListener	textValueChanged(TextEvent e)

2. Swing 中的常用事件类及其监听者

Swing 并不是用来取代原有 AWT 的，使用 Swing 组件时，对于较低层的事件，需要使用 AWT 包提供的处理方法对事件进行处理。javax.swing.event 包中也定义了一些事件类，包括 AncestorEvent、CaretEvent、CaretEvent 、DocumentEvent 等。表 8-2 列出了常用的 Swing 事件及其相应的监听器接口。

表 8-2 常用的 Swing 事件及其相应的监听器接口

事件类别	描述信息	接口名	方法
AncestorEvent	报告给子组件	AncestorListener	ancestorAdded(AncestorEvent event) ancestorRemoved(AncestorEvent event) ancestorMoved(AncestorEvent event)
CaretEvent	文本插入符已发生更改	CaretListener	caretUpdate(CaretEvent e)
ChangeEvent	事件源的状态发生更改	ChangeListener	stateChanged(ChangeEvent e)
DocumentEvent	文档更改	DocumentListener	insertUpdate(DocumentEvent e) removeUpdate(DocumentEvent e) changedUpdate(DocumentEvent e)
UndoableEditEvent	撤销操作	UndoableEditListener	undoableEditHappened(UndoableEditEvent e)
ListSelectionEvent	选择值发生更改	ListSelectionListener	valueChanged(ListSelectionEvent e)
ListDataEvent	列表内容更改	ListDataListener	intervalAdded(ListDataEvent e) contentsChanged(ListDataEvent e) intervalRemoved(ListDataEvent e)
TableModelEvent	表模型发生更改	TableModelListener	tableChanged(TableModelEvent e)
MenuEvent	菜单事件	MenuListener	menuSelected(MenuEvent e) menuDeselected(MenuEvent e) menuCanceled(MenuEvent e)
TreeExpansionEvent	树扩展或折叠某一节点	TreeExpansionListener	treeExpanded(TreeExpansionEvent event) treeCollapsed(TreeExpansionEvent event)
TreeModelEvent	树模型更改	TreeModelListener	treeNodesChanged(TreeModelEvent e) treeNodesInserted(TreeModelEvent e) treeNodesRemoved(TreeModelEvent e) treeStructureChanged(TreeModelEvent e)
TreeSelectionEvent	树模型选择发生更改	TreeSelectionListener	valueChanged(TreeSelectionEvent e)

所有的事件类都继承自 EventObject 类，在该类中定义了一个重要的方法 getSource()，该方法的功能是从事件对象获取触发该事件的事件源，为编写事件处理的代码提供方便，该方法的接口为 public Object getSource()，无论事件源是何种具体类型，返回的都是 Object 类型的引用，开发人员需要自己编写代码进行引用的强制类型转换。

AWT 组件类和 Swing 组件类提供有注册和注销监听器的方法，注册监听器的方法为 public void add×××Listener (<ListenerType> listener)；如果不需要对该事件监听处理，可以把事件源的监听器注销，方法为 public void remove×××Listener (<ListenerType> listener)。

8.4.3 窗口事件

大部分 GUI 应用程序都需要使用窗体作为最外层的容器，可以说窗体是组建 GUI 应用程序的基础，应用中需要使用的其他控件都是直接或间接放在窗体中的。

如果窗体关闭时需要执行自定义的代码，可以利用窗口事件 WindowEvent 来对窗体进行操作，包括关闭窗体、窗体失去焦点、获得焦点、最小化等。WindowEvent 类包含的窗口事件见表 8-1。

WindowEvent 类的主要方法有 getWindow( ) 和 getSource( )。这两个方法的区别是：getWindow( ) 方法返回引发当前 WindowEvent 事件的具体窗口，返回值是具体的 Window 对象；getSource( ) 方法返回的是相同的事件引用，其返回值的类型为 Object。下面通过一个示例说明窗口事件的使用。

【例 8-9】创建两个窗口，对窗口事件进行测试，根据对窗口的不同操作在屏幕上显示对应的提示信息。

```
import java.awt.*;
import javax.swing.*;
import javax.swing.JFrame;
import java.awt.event.*; //WindowEvent 在该包中
public class windowEventDemo {
    JFrame f1, f2;
    public static void main(String[] arg) {
            new windowEventDemo();
    }
    public windowEventDemo() {
            f1 = new JFrame(" 这是第一个窗口事件测试窗口 "); // 创建 JFrame 对象
            f2 = new JFrame(" 这是第二个窗口事件测试窗口 ");
            Container cp = f1.getContentPane(); // 创建 JFrame 的容器对象，获得 ContentPane
            f1.setSize(200, 250); // 设置窗口大小
            f2.setSize(200, 250);
            f1.setVisible(true); // 设置窗口为可见
            f2. setVisible(true);
            f1.addWindowListener(new WinLis());
            f2.addWindowListener(new WinLis());
    }
    class WinLis implements WindowListener{
            public void windowOpened(WindowEvent e) {// 窗口打开时调用
                    System.out.println(" 窗口被打开 ");
            }
            public void windowActivated(WindowEvent e) { // 将窗口设置成活动窗口
            }
            public void windowDeactivated(WindowEvent e) { // 将窗口设置成非活动窗口
                    if (e.getSource() == f1)
                            System.out.println(" 第一个窗口失去焦点 ");
                    else
                            System.out.println(" 第二个窗口失去焦点 ");
            }
            public void windowClosing(WindowEvent e) {// 窗口关闭
                    System.exit(0);
            }
```

```
            public void windowIconified(WindowEvent e) { // 窗口图标化时调用
                if (e.getSource() == f1)
                    System.out.println(" 第一个窗口被最小化 ");
                else
                    System.out.println(" 第二个窗口被最小化 ");
            }
            public void windowDeiconified(WindowEvent e) {
            }// 窗口非图标化时调用
            public void windowClosed(WindowEvent e) {
            }// 窗口关闭时调用
        }
    }
```

注意：接口中有多个抽象方法时，如果某个方法不需要处理，也要以空方法体的形式给出方法的实现。

8.5 事件适配器

从例 8-9 的窗口事件可以看出，为了进行事件处理，需要创建实现对应接口的类，而这些接口中往往声明了很多抽象方法，为了实现这些接口，需要给出这些方法的所有实现。如 WindowListener 接口中定义了 7 个抽象方法，在实现接口的类中必须同时实现这 7 个方法。然而，在某些情况下，用户往往只关心其中的某一个或者某几个方法。为了简化编程，引入了适配器（Adapter）类。具有两个以上方法的监听者接口均对应一个 XXXAdapter 类，提供了接口中每个方法的默认实现。在实际开发中，编写监听器代码时不再直接实现监听接口，而是继承适配器类并重写需要的事件处理方法，这样就可避免编写大量不必要的代码。表 8-3 列出了一些常用的适配器类。

表 8-3　Java 中常用的适配器类

适配器类	实现的接口
ComponentAdapter	ComponentListener，EventListener
ContainerAdapter	ContainerListener，EventListener
FocusAdapter	FocusListener，EventListener
KeyAdapter	KeyListener，EventListener
MouseAdapter	MouseListener，EventListener
MouseMotionAdapter	MouseMotionListener，EventListener
WindowAdapter	WindowFocusListener，WindowListener，WindowStateListener，EventListener

表中所给的适配器都在 java.awt.event 包中，而 Java 是单继承，一个类继承了某个适配器就不能再继承其他类了，因此在使用适配器开发监听程序时经常使用匿名类或内部类来实现。适配类要结合键盘事件、鼠标事件来使用。

8.5.1 键盘事件

键盘操作是最常用的用户交互方式，Java 提供了 KeyEvent 类来捕获键盘事件，处理 KeyEvent 事件的监听者对象可以是实现 KeyListener 接口的类，也可以是继承 KeyAdapter 类的子类。在 KeyListener 接口中有如下三个事件。

（1）public void keyPressed(KeyEvent e)。代表键盘按键被按下的事件。

（2）public void keyReleased(KeyEvent e)。代表键盘按键被放开的事件。

（3）public void keyTyped(KeyEvent e)。代表按键被敲击的事件。

KeyEvent 类中的常用方法如下。

（1）char getKeyChar() 方法。返回引发键盘事件的按键对应的 Unicode 字符。如果这个按键没有 Unicode 字符与之对应，则返回 KeyEvent 类的一个静态常量 KeyEvent.CHAR-UNDEFINED。

（2）String getKeyText() 方法。返回引发键盘事件的按键的文本内容。

（3）int getKeyCode() 方法。返回与此事件中的键相关联的整数 keyCode。

【例 8-10】把所敲击的键盘键的键符显示在窗口上，当按下 Esc 键时退出程序的执行。其运行结果如图 8-9 所示。

```
import java.awt.*;
import javax.swing.*;
import java.awt.event.*;
public class KeyEventDemo extends JFrame {
    private JLabel showInf; // 声明标签对象用于显示提示信息
    private Container container;
    public KeyEventDemo() {
            container = this.getContentPane(); // 获取内容窗格
            container.setLayout(new BorderLayout()); // 设置布局管理器
            showInf = new JLabel();// 创建标签对象，初始没有任何提示信息
            container.add(showInf, BorderLayout.NORTH); // 把标签放到内容窗格的北部
            this.addKeyListener(new keyLis()); // 注册键盘事件监听程序 keyLis() 为内部类
            this.addWindowListener(new WindowAdapter() {// 匿名内部类开始
                            public void windowClosing(WindowEvent e) {
                                    System.exit(0);
                            } // 窗口关闭
                    });// 匿名类结束
            this.setSize(300, 200); // 设置窗口大小
            this.setVisible(true); // 设置窗口为可见
    }
    class keyLis extends KeyAdapter { // 内部类开始
            public void keyTyped(KeyEvent e) {
                    char c = e.getKeyChar();// 获取键盘键入的字符
                    showInf.setText(" 你按下的键盘键是 " + c + ""); // 设置标签上的显示信息
```

```
            }
            public void keyPressed(KeyEvent e) {
                        if (e.getKeyCode() == 27) // 如果按下 ESC 键退出程序的执行
                                    System.exit(0);
            }
      } // 内部类结束
      public static void main(String[] arg) {
            new KeyEventDemo();
      }
}
```

注意：本窗口对键盘事件进行处理，采用内部类 keyLis 作为键盘事件的监听程序，该类是 KeyAdapter 类的子类，只对键盘按下和键盘敲击两种事件给出处理。同时也对窗口事件进行处理，由于 WindowListener 接口中有 7 类事件，而这里只需要对窗口关闭事件进行处理，所以采用匿名内部类作为窗口事件的监听器。该例子是对主窗口注册多个不同类型的监听者，可以实现对不同类型的事件进行处理。

图 8-9　程序运行结果

8.5.2　鼠标事件

在图形用户界面中，鼠标主要用来进行选择、切换或绘画。当用户用鼠标进行交互操作时，会产生鼠标事件 MouseEvent。所有的组件都可以产生鼠标事件，可以通过实现 MouseListener 接口和 MouseMotionListener 接口的类，或者是继承 MouseAdapter 的子类来处理相应的鼠标事件。

与 Mouse 有关的事件可分为两类。

（1）MouseListener 接口，主要针对鼠标的按键与位置作检测，共提供如下 5 个事件的处理方法。

① public void mouseClicked(MouseEvent e)。代表鼠标点击事件。

② public void mouseEntered(MouseEvent e)。代表鼠标进入事件。

③ public void mousePressed(MouseEvent)。代表鼠标按下事件。

④ public void mouseReleased(MouseEvent)。代表鼠标释放事件。

⑤ public void mouseExited(MouseEvent)。代表鼠标离开事件。

（2）MouseMotionListener 接口，主要针对鼠标的坐标与拖动操作作处理，处理方法有如下两个。

① public void mouseDragged(MouseEvent)。代表鼠标拖动事件。

② public void mouseMoved(MouseEvent)。代表鼠标移动事件。

MouseEvent 类还提供了获取发生鼠标事件坐标及点击次数的成员方法，常用方法如下。

（1）Point getPoint()。返回 Point 对象，包含鼠标事件发生的坐标点。

（2）int getClickCount()。返回与此事件关联的鼠标单击次数。

（3）int getX()。返回鼠标事件 x 坐标。

（4）int getY()。返回鼠标事件 y 坐标。

（5）int getButton()。返回哪个鼠标按键更改了状态。

【例 8-11】实现功能：检测鼠标的坐标并在窗口的文本框中显示出来，同时还显示鼠标的按键操作和对其位置作检测，图 8-10 为其运行界面图。

```
import java.awt.*;
import javax.swing.*;
import java.awt.event.*;
public class MouseEventDemo extends JFrame implements MouseListener {
    private JLabel showX, showY, showSatus; // 显示提示信息的标签
    private JTextField t1, t2; // 用于显示鼠标 x、y 坐标的文本框
    private Container container;
    public MouseEventDemo() {
            container = this.getContentPane();// 获取内容窗格
            container.setLayout(new FlowLayout()); // 设置布局格式
            showX = new JLabel("X 坐标 ");// 创建标签对象，字符串为提示信息
            showY = new JLabel("Y 坐标 ");// 创建标签对象，字符串为提示信息
            showSatus = new JLabel();// 创建标签初始为空，用于显示鼠标的状态信息
            t1 = new JTextField(10);
            t2 = new JTextField(10);
            container.add(showX);
            container.add(t1);
            container.add(showY);
            container.add(t2);
            container.add(showSatus);
            this.addMouseListener(this);
            this.addMouseMotionListener(new mouseMotionLis());
            this.addWindowListener(new WindowAdapter() {// 匿名内部类开始
                    public void windowClosing(WindowEvent e) {
                            System.exit(0);
                    } // 窗口关闭
                    });// 匿名内部类结束
            this.setSize(400, 200); // 设置窗口大小
            this.setVisible(true); // 设置窗口可见
```

```
	}
	class mouseMotionLis extends MouseMotionAdapter {
		public void mouseMoved(MouseEvent e) {
			int x = e.getX(); // 获取鼠标的 x 坐标
			int y = e.getY(); // 获取鼠标的 y 坐标
			t1.setText(String.valueOf(x)); // 设置文本框的提示信息
			t2.setText(String.valueOf(y));
		}
		public void mouseDragged(MouseEvent e) {
			showSatus.setText(" 拖动鼠标 "); // 设置标签的提示信息
		}
	}// 内部类结束
	public void mouseClicked(MouseEvent e) {
		showSatus.setText(" 点击鼠标 " + e.getClickCount() + " 次 ");
	}// 获取鼠标点击次数
	public void mousePressed(MouseEvent e) {
		showSatus.setText(" 鼠标按钮按下 ");
	}
	public void mouseEntered(MouseEvent e) {
		showSatus.setText(" 鼠标进入窗口 ");
	}
	public void mouseExited(MouseEvent e) {
		showSatus.setText(" 鼠标不在窗口 ");
	}
	public void mouseReleased(MouseEvent e) {
		showSatus.setText(" 鼠标按钮松开 ");
	}
	public static void main(String[] arg) {
		new MouseEventDemo();// 创建窗口对象
	}
}
```

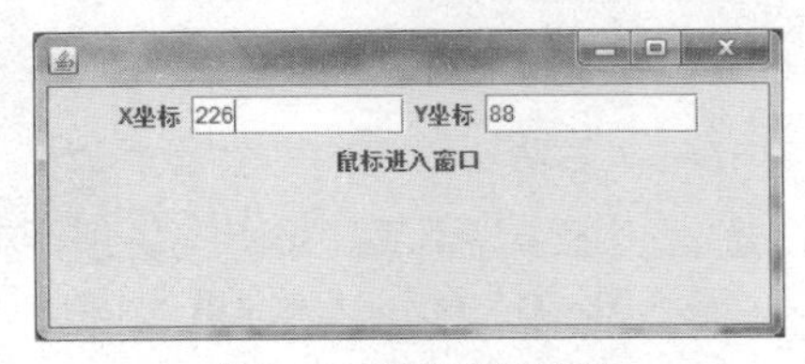

图 8-10　程序运行结果

注意： 本程序检测鼠标的拖动以及进入和离开窗口的情况，并在窗口上显示出来。程序中为一个组件注册了多个监听程序：对于 MoseEvent 事件，采用组件所在的类以实现接口的方式作为事件的监听者；对于鼠标的移动和拖动事件，采用内部类继承适配器的方式来处理；对于关闭窗口的事件，采用匿名类来处理。

强化练习

本章首先介绍了如何创建 Java 图形用户界面，然后详细讲解了在进行用户界面设计时用到的常用容器、布局管理器以及 Java 事件响应机制、常用事件的监听和处理方法等，最后介绍了事件适配器的实现原理。通过本章的学习，读者应该能够进行基本图形用户界面的创建及其事件的处理。

练习 1：

创建一个标题为“欢迎使用图书管理系统”窗口，窗口的背景颜色为蓝色，并在其中添加一个“退出”命令按钮。

练习 2：

创建一个 JFrame 窗口，包含两个按钮，一个负责“体育之窗”的打开和关闭，一个负责“音乐之窗”的打开和关闭。当负责“体育之窗”的按钮上的文字为“打开体育之窗”时，单击该按钮，“体育之窗” 打开，同时按钮上的文字改为“关闭体育之窗”。这时，再单击它，“体育之窗”关闭，按钮上的文字又改为“打开体育之窗”。“音乐之窗”按钮也有类似的处理效果。

练习 3：

创建一个窗体，包含一个“点击”按钮，当用鼠标点击该按钮时，窗体的背景色变为红色。

练习 4：

创建一个窗体，窗体包含若干组件，对组件进行布局设计，使得程序运行效果如图 8-11 所示。

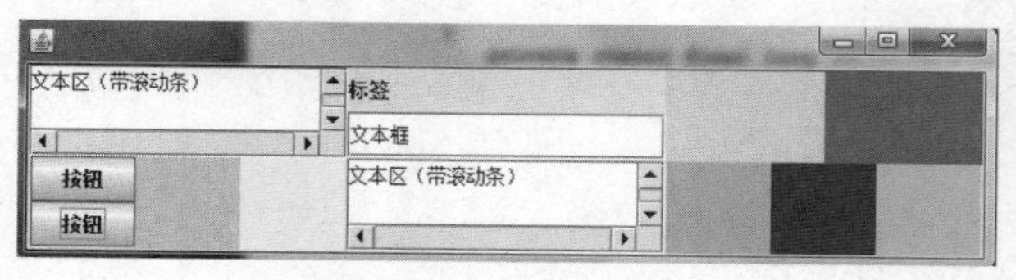

图 8-11　程序运行效果图

第9章 Swing组件详解

内容概要

Java 的图形用户界面由各种组件 (component) 构成，在 java.awt 包和 javax.swing 包中定义了多种用于创建图形用户界面的组件类，这些组件类具有特定的属性和功能，基本能满足不同程序界面的需求。本章将重点介绍 Swing 包中常见组件的特点及用法，通过本章的学习，读者将能够创建内容丰富、风格多样的图形用户界面。

学习目标

- ◆ 掌握 Swing 常用基本组件的用法。
- ◆ 掌握不同组件对事件的响应处理机制。
- ◆ 理解 Swing 高级组件的用法。

课时安排

- ◆ 理论学习 2 课时
- ◆ 上机操作 2 课时

9.1 Swing 基本组件

Swing 是对 AWT 的扩展，它提供了许多新的图形界面组件。Swing 组件以”J”开头，除了有与 AWT 类似的按钮（JButton)、标签（JLabel)、复选框（JCheckBox)、菜单（JMenu）等基本组件外，还增加了一个丰富的高层组件集合，如表格（JTable）、树（JTree）等。这些组件从功能上可分为以下几类。

（1）顶层容器。JFrame、JApplet、JDialog、JWindow 共 4 个。

（2）中间容器。JPanel、JScrollPane、JSplitPane、JToolBar。

（3）特殊容器。在 GUI 上起特殊作用的中间层，如 JInternalFrame、JLayeredPane、JRootPane。

（4）基本控件。实现人机交互的组件，如 JButton、JComboBox、JList、JMenu、JTextField。

（5）不可编辑信息的显示。向用户显示不可编辑信息的组件，例如 JLabel、JProgressBar、ToolTip。

（6）可编辑信息的显示。向用户显示能被编辑的格式化信息的组件，如 JColorChooser、JFileChooser 等。

它们之间的继承关系如图 9-1 所示。本节主要介绍基本的 Swing 组件使用方法，包括标签、按钮和文本类组件等。

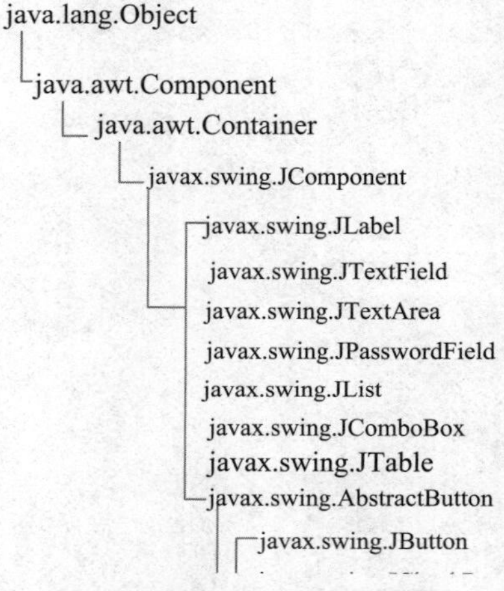

图 9-1 常用 Swing 组件的继承关系

9.1.1 标签（JLabel）

JLable 组件被称为标签，它是一个静态组件，也是标准组件中最简单的一个组件。每个标签用一个标签类的对象表示，可以显示一行静态文本和图标。标签只起信息说明的作用，而不接受用户的输入，也无事件响应。其常用构造方法如下。

(1)JLabel()。构造一个既不显示文本信息也不显示图标的空标签。

(2)JLabel(String text)。构造一个显示文本信息的标签。

(3)JLabel(String text, int horizontalAlignment)。构造一个显示文本信息的标签。

(4)JLabel(String text, Icon icon, int horizontalAlignment)。构造一个同时显示文本信息和图标的标签。

参数 text 代表标签的文本提示信息，Icon 代表标签的显示图标，horizontalAlignment 代表水平对齐方式（它的取值可以是 JLabel .LEFT、JLabel .CENTER 等常量之一，默认情况下标签上的内容居中显示）。创建完标签对象后，可以通过成员方法 setHorizontalAlignment (int alignment) 更改标签对齐方式，通过 getIcon() 和 setIcon(Icon icon) 方法获取标签的图标和修改标签上的图标，通过 getText() 和 setText(String text) 方法获取标签的文本提示信息和修改标签的文本内容。

9.1.2 文本组件

文本组件是用于显示信息和提供用户输入文本信息的主要工具，Swing 中提供了文本框（JTextField）、文本域（JTextArea）、口令输入域（JPasswordField）等多种文本组件，它们都有一个共同的基类 JTextComponent。JTextComponent 类中定义的主要方法见表 9-1，主要实现对文本进行选择、编辑等操作，需要更多的成员方法时，可参阅 Java API 手册或系统的帮助。

表 9-1 JTextComponent 类常用成员方法

成员方法	功能说明
getText()	从文本组件中提取所有文本内容
getText(int offs, int len)	从文本组件中提取指定范围的文本内容
getSelectedText()	从文本组件中提取被选中的文本内容
selectAll()	在文本组件中选中所有文本内容
setEditable(boolean b)	设置为可编辑或不可编辑状态
setText(String t)	设置文本组件中的文本内容
replaceSelection(String content)	用给定字符串所表示的新内容替换当前选定的内容

1. JTextField

JTextField 称为文本框，它是一个单行文本输入框，可以输出任何基于文本的信息，也可以接受用户输入。

1）JTextField 常用的构造方法

（1）JTextField()。用于创建一个空的文本框，一般作为输入框。

（2）JTextField(int columns)。构造一个具有指定列数的空文本框，一般用于显示长度或者输入字符的长度受到限制的情况下。

（3）JTextField(String text)。构造一个显示指定字符的文本框，一般作为输出框。

（4）JTextField(String text, int columns)。构造一个具有指定列数并显示指定初始字符串的文本域 。

2）JTextField 组件常用的成员方法

（1）setFont(Font f)。设置字体。

（2）setActionCommand(String com)。设置动作事件使用的命令字符串。

（3）setHorizontalAlignment(int alig)。设置文本的水平对齐方式。

3）事件响应

JTextField 类只引发 ActionEvent 事件，当用户在文本框中按回车键时引发。当监听者对象的类声明实现了 ActionListener 接口，并且通过 addActionListener( ) 语句注册文本框的监听者对象后，监听程序内部动作事件的 actionPerformed(ActionEvent e) 方法就可以响应动作事件了。

【例 9-1】文本框 JtextField 的应用。

编程实现在第一个文本框中输入一个不大于 10 的正整数，按 Enter 键把该数的阶乘在第二个文本框上显示出来。其运行结果如图 9-2 所示。

```
import java.awt.*;
import javax.swing.*;
import java.awt.event.*;
// 该类作为事件监听者，需要实现对应的接口
public class JTextFieldDemo extends JFrame implements ActionListener {
    private JLabel lb1, lb2;
    private JTextField t1, t2;
    private Container container;
    public JTextFieldDemo() {
            container = this.getContentPane(); // 获取内容窗格
            container.setLayout(new FlowLayout()); // 设置布局管理
            lb1 = new JLabel(" 请输入一个正整数：");// 创建标签对象，字符串为提示信息
            lb2 = new JLabel(" 该数的阶乘值为：");// 创建标签对象，字符串为提示信息
            t1 = new JTextField(10);// 创建输入文本框，最多显示 10 个字符
            t2 = new JTextField(10);
            container.add(lb1); // 将组件添加到窗口上
            container.add(t1);
            container.add(lb2);
            container.add(t2);
            t1.addActionListener(this);// 为文本框注册 ActionEvent 事件监听器
            // 为窗口注册窗口事件监听程序，监听器以匿名类的形式进行
            this.addWindowListener(new WindowAdapter() {// 匿名类开始
                                public void windowClosing(WindowEvent e){
                                        System.exit(0);
                                } // 关闭窗口
                        });// 匿名类结束
            this.setTitle("JTextField 示例 ");// 设置窗体标题
            this.setSize(600, 450);// 设置窗口大小
            this.setVisible(true);// 设置窗体的可见性
    }
    public void actionPerformed(ActionEvent e) { // ActionListener 接口中方法的实现
            // 使用 getText() 获取文本框输入的内容，转换为整型数值
            int n = Integer.parseInt(t1.getText());
            long f = 1;
            for (int i = 1; i <= n; i++)
                    f *= i;
            t2.setText(String.valueOf(f)); // 修改文本框输出内容
    }
    public static void main(String[] arg) {
            new JTextFieldDemo();
```

```
        }
    }
```

注意：本程序对文本框的 ActionEvent 事件进行注册处理，当用户在文本框中输入内容按 Enter 键时该事件被触发，执行 actionPerformed() 方法里的代码。

图 9-2　例 9-1 的运行结果

2. JTextArea

JTextArea 被称为文本域，它与文本框的主要区别是：文本框只能输入 / 输出一行文本，而文本域可以输入 / 输出多行文本。JTextArea 本身不带滚动条，构造对象时可以设定区域的行、列数。由于文本域通常显示的内容比较多，超出指定的范围时不方便浏览，因此一般将其放入滚动窗格 JScorllPane 中。

1）常用的构造方法

（1）JTextArea()。构造一个空的文本域。

（2）JTextArea(String text)。构造显示初始字符串信息的文本域。

（3）JTextArea(int rows, int columns)。构造具有指定行和列的空的文本域，这两个参数用来确定首选大小。

（4）JTextArea(String text,int rows,int columns)。构造具有指定文本、行和列的新文本域。

2）JTextArea 组件常用的成员方法

（1）insert(String str, int pos)。将指定文本插入指定位置。

（2）append(String str)。将给定文本追加到文档结尾。

（3）replaceRange(String str,int start,int end)。用给定的新文本替换从指示的起始位置到结尾位置的文本。

（4）setLineWrap(boolean wrap)。设置文本域是否自动换行，默认为 false。

3）事件响应

JTextArea 的事件响应由 JTextComponent 类决定。 JTextComponent 类可以引发两种事件：DocumentEvent 事件与 UndoableEditEvent 事件。当用户修改了文本区域中的文本，如作文本的增、删、改等操作时，JTextComponent 类将引发 DocumentEvent 事件；当用户在文本区域上撤销所作的增、删、改时，JTextComponent 类将引发 UndoableEditEvent 事件。文本域组件构造方法和成员方法的具体使用结合后面的命令按钮组件再举例说明。

3. JPasswordField

JPasswordField 组件实现一个密码框，用来接收用户输入的单行文本信息。密码框中不显示用户输入的真实信息，而是通过显示一个指定的回显字符作为占位符。新创建密码框的默认回显字符为”*”，可以通过成员方法进行修改。

1）JPasswordField 的常用构造方法

（1）JPasswordField()。构造一个空的密码框。

（2）JPasswordField(String text)。构造一个显示初始字符串信息的密码框。

（3）JPasswordField(int columns)。构造一个具有指定长度的空密码框。

2）JPasswordField 的常用成员方法

（1）setEchoChar(char c)。设置密码框的回显字符。

（2）char[] getPassword()。返回此密码框中所包含的文本。

（3）char getEchoChar()。获得密码框的回显字符。

例如下面代码片段，判断输入到密码框中的密码是否与给定密码相等。

```
JLabel lb1=new JLabel(" 密码 ");
JPasswordField pwf=new JPasswordField(6); // 可以接受 6 个字符的密码框
pwf.setEchoChar( '*' ); // 设置回显字符
getContentPane().add(lb1);
getContentPane().add(pwf); // 添加到内容窗格中
 …….
 char[] psword=pwf.getPassword(); // 得到密码框中输入的文本
 String s=new String(psword); // 把字符数组转换为字符串
 if(s.equals("123456")) // 比较字符串的值是否相等
      System.out.println(" 密码正确！ ");
```

9.1.3 按钮组件

按钮是图形用户界面最常用、最基本的组件，经常用到的按钮有 JButton、JCheckBox、JRadioButton 等，这些按钮类均是 AbstractButton 类的子类或者间接子类。所有按钮上都可以设置和获得文本提示信息、图标等成员方法，可以注册事件监听程序。AbstractButton 定义了各种按钮所共有的一些方法，常用的成员方法有以下几个。

（1）Icon getIcon() 和 setIcon(Icon icon)。获得和修改按钮图标。

（2）String getText() 和 setText(String text)。获取和修改按钮文本信息。

（3）setEnabled(boolean b)。启用或禁用按钮。

（4）setHorizontalAlignment(int alignment)。设置图标和文本的水平对齐方式。

（5）String getActionCommand() 和 setActionCommand(String actionCommand) 获取和设置按钮的动作命令。

（6）setRolloverIcon(Icon rolloverIcon)。设置鼠标指针经过时按钮的图标。

（7）setPressedIcon(Icon pricon)。设置按钮按下时的图标。

按钮类之间的继承关系如图 9-3 所示，从图中可以看出菜单项也是 AbstractButton 类的子类。下面分别对这三类命令按钮作简单的介绍。

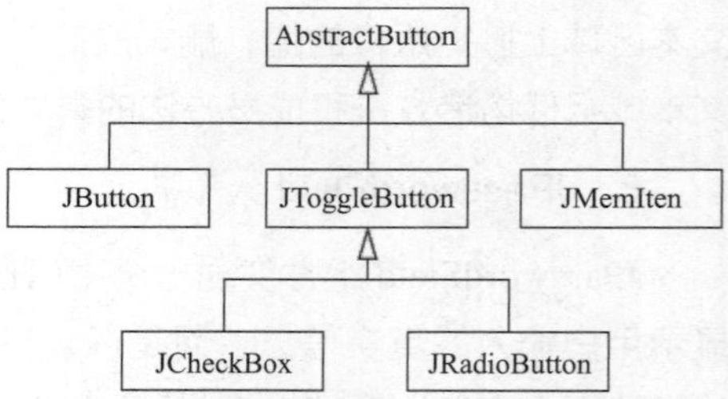

AbstractButton
JButton
JToggleButton
JMemIten
JCheckBox
JRadioButton

图 9-3　按钮组件类之间的继承关系图

1. JButton

JButton 是最常用、最简单的按钮，可分为有无标签和图标几种情况。

1）JButton 类常用的构造方法

（1）JButton( )。创建一个无文本也无标签的按钮。

（2）JButton(String text)。创建一个具有文本提示信息但没有图标的按钮。

（3）JButton(Icon icon)。创建一个具有图标、但没有文本提示信息的按钮。

（4）JButton(String text，Icon icon)。创建一个既有文本提示信息又有图标的按钮。

如：

```
JButton bt=new JButton("exit",new ImageIcon("aa.gif"));
```

2）事件响应

JButton 类能引发 ActionEvent 事件，当用户用鼠标单击命令按钮时来触发。如果程序需要对此动作作出反应，就需要使用 addActionListener() 方法为命令按钮添加事件监听程序，该程序实现 ActionListener 接口。可使用 ActionEvent 类的 getSource( ) 方法获取引发事件的对象名，使用 getActionCommand( ) 方法来获取对象文本提示信息。

2．JCheckBox 组件

JCheckBox 组件被称为复选框，它提供选中 / 未选中两种状态，并且可以同时选定多个复选框。

1）JCheckBox 组件类的常用构造方法

（1）JCheckBox( )。构造一个无标签的复选框。

（2）JCheckBox(String text)。构造一个具有提示信息的复选框。

（3）JCheckBox(String text,boolean selected)。创建具有文本的复选框并指定其最初是否处于选定状态。

创建复选框组件对象，可以通过 JCheckBox 类提供的成员方法设定复选框的属性。如通过 setText(String text) 设定文本提示信息、setSelected(boolean b) 方法设定复选框的状态。通过 isSelected() 方法获取复选框当前的状态。

2）事件响应

JCheckBox 不仅可以触发 ActionEvent 事件，还可以触发 ItemEvent 事件。当复选框、单选按钮以及下拉列表框中的选择状态发生变化时就会触发 ItemEvent 事件，要对该类事件进行处理需要用 addItemListener( ) 方法注册事件监听者。事件监听者需要实现 ItemListener 接口中的方法：public void itemStateChanged(ItemEvent e)。

ItemEvent 事件的主要方法：Object getItem()，返回引发选中状态变化事件的具体选择项；int getStateChange()，此组件到底有没有被选中，返回值是一个整型值，通常用 ItemEvent 类的静态常量 SELECTED(代表选项被选中) 和 DESELECTED(代表选项被放弃或不选) 来表达。

3．JRadioButton 组件

JRadioButton 组件被称为单选按钮。在 Java 中，JRadioButton 组件与 JCheckBox 组件功能完全一样，只是图形不同，复选框为方形图标，单选按钮为圆形图标。如果要实现多

选一的功能，需要利用 javax.swing.ButtonGroup 类实现。ButtonGroup 类是一个不可见的组件，不需要将其添加到容器中显示在界面上，表示一组单选按钮之间互斥的逻辑关系。实现诸如 JRadioButton、JRadioButtonMenuItem 等组件的多选一功能。ButtonGroup 类可被 AbstractButton 类的子类所使用。该组件的使用和触发事件和 JCheckBox 相同。

9.1.4 组合框

JComboBox 组件称为组合框或者下拉列表框，其特点是将所有选项折叠收藏在一起，只显示最前面的或用户选中的一个。它有两种形式：不可编辑的和可编辑的，对于不可编辑的 JComboBox，用户只能在现有的选项列表中进行选择；而可编辑的 JComboBox，用户既可以在现有选项中选择，也可以输入新的内容，它一次只能选择一项。

1）JComboBox 常用的构造方法

（1）JComboBox()。创建一个没有任何可选项的组合框。

（2）JCombBox(Object[ ] items)。根据 Object 数组创建组合框，Object 数组的元素即为组合框中的可选项。

例如，创建一个具有 3 个可选项的组合：

```
String contentList={" 学士 "," 硕士 "," 博士 "};
JComboBox jcb=new JComboBox(contentList);
```

创建组合框对象后可以通过该类的成员方法对其属性进行修改。

2）JComboBox 类常用成员方法

（1）void addItem(Object anObject)。为项列表添加选项。

（2）Object getItemAt(int index)。返回指定索引处的列表项。

（3）int getItemCount()。返回列表中的项数。

（4）int getSelectedIndex()。返回列表中与给定项匹配的第一个选项。

（5）Object getSelectedItem()。返回当前所选项。

（6）void removeAllItems()。从项列表中移除所有项。

（7）removeItem(Object anObject)。从项列表中移除指定的项。

（8）removeItemAt(int anIndex)。移除指定位置 anIndex 处的项。

（9）setEditable(boolean aFlag)。确定 JComboBox 字段是否可编辑。

3）事件响应

JComboBox 组件能够响应的事件分为选择事件与动作事件。若用户选取下拉列表中的选择项时，则激发 ItemEvent 事件，使用 ItemListener 事件监听者进行处理；若用户在 JComboBox 上直接输入选择项并按 Enter 键时，则激发 ActionEvent 事件，使用 ActionListener 事件监听者进行处理。

【例 9-2】不同按钮的使用。

功能实现：分别创建 JButton、JCheckButton 和 JRadioButton 三种不同的按钮，当选中不用的按钮时，在文本域中显示相应的信息。运行结果如图 9-4 所示。

```
import java.awt.*;
import java.awt.event.*;
import javax.swing.*;
import javax.swing.border.*;
public class ThreeStateJButtonDemo {
    JFrame frame = new JFrame ("Three States Button Demo 2");
    JCheckBox cb1 = new JCheckBox("JCheckBox 1");
    JCheckBox cb2 = new JCheckBox("JCheckBox 2");
    JCheckBox cb3 = new JCheckBox("JCheckBox 3");
    JRadioButton rb1 = new JRadioButton("JRadioButton 1");
    JRadioButton rb2 = new JRadioButton("JRadioButton 2");
    JRadioButton rb3 = new JRadioButton("JRadioButton 3");
    JButton jb = new JButton("JButton 1");
    JTextArea ta = new JTextArea(); // 用于显示结果的文本区
    public static void main(String args[]) {
            ThreeStateJButtonDemo tsb = new ThreeStateJButtonDemo ();
            tsb.go();
    }
    public void go() {
            JPanel p1 = new JPanel();
            JPanel p2 = new JPanel();
            JPanel p3 = new JPanel();
            JPanel p4 = new JPanel();
            JPanel pa = new JPanel();
            JPanel pb = new JPanel();
            p1.add(cb1);
            p1.add(cb2);
            p1.add(cb3);
            p2.add(rb1);
            p2.add(rb2);
            p2.add(rb3);
            JScrollPane jp = new JScrollPane(ta);
            p3.setLayout(new BorderLayout());
            p3.add(jp);
            p4.add(jb);
            ItemListener il = new ItemListener() {
                    public void itemStateChanged(ItemEvent e) {
                            JCheckBox cb = (JCheckBox) e.getSource();   // 取得事件源
                            if (cb == cb1) {
                                    ta.append("\n JCheckBox Button 1 "+ cb1.isSelected());
                            } else if (cb == cb2) {
                                    ta.append("\n JCheckBox Button 2 "+ cb2.isSelected());
                            } else{
```

```
                        ta.append("\n JCheckBox Button 3 "+ cb3.isSelected());
                }
            }
        };
        cb1.addItemListener(il);
        cb2.addItemListener(il);
        cb3.addItemListener(il);
        ActionListener al = new ActionListener() {
            public void actionPerformed(ActionEvent e) {
                JRadioButton rb = (JRadioButton) e.getSource();          // 取得事件源
                if (rb == rb1) {
                    ta.append("\n You selected Radio Button 1 "+ rb1.isSelected());
                } else if (rb == rb2) {
                    ta.append("\n You selected Radio Button 2 "+ rb2.isSelected());
                } else {
                    ta.append("\n You selected Radio Button 3 "+ rb3.isSelected());
                }
            }
        };
        rb1.addActionListener(al);
        rb2.addActionListener(al);
        rb3.addActionListener(al);
        ActionListener al1 = new ActionListener(){
            public void actionPerformed(ActionEvent e){
                ta.append("\n You selected  JButton 1  ");
            }
        };
        jb.addActionListener(al1);
        pa.setLayout(new GridLayout(0,1));
        pa.add(p1);
        pa.add(p2);
        pb.setLayout(new GridLayout(0,1));
        pb.add(p3);
        pb.add(p4);
        Container cp = frame.getContentPane();
        cp.setLayout(new GridLayout(0,1));
        cp.add(pa);
        cp.add(pb);
        frame.setDefaultCloseOperation(JFrame.EXIT_ON_CLOSE);
        frame.pack();
        frame.setVisible(true);
    }
}
```

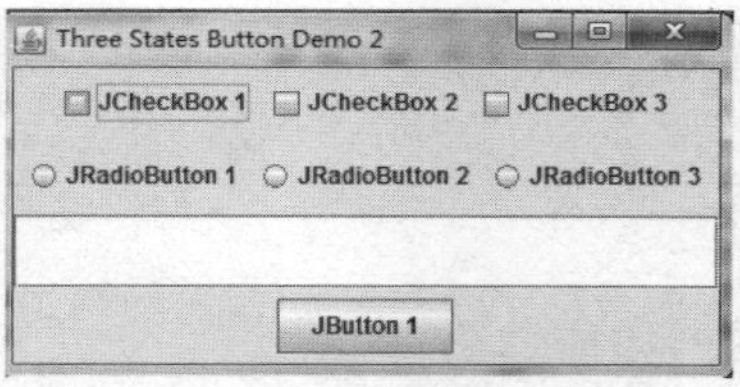

图 9-4　例 9-2 运行结果图

9.1.5　列表框（JList）

JList 称为列表框组件，它可为用户提供一系列可选择的可选项。如果将 JList 放入滚动面板 (JScrollPane) 中，则会出现滚动菜单效果。利用 JList 提供的成员方法，用户可以指定显示在列表框中的选项个数，而多余的选项则可通过列表的上下滚动来显现。

JList 组件与 JComboBox 组件的最大区别是：JComboBox 组件一次只能选择一项，而 JList 组件一次可以选择一项或多项。选择多项时可以是连续区间选择 (按住 Shift 键进行选择)，也可以是不连续的选择 (按住 Ctrl 键进行选择)。

1）JList 常用的构造方法

（1）JList()。构造一个空列表。

（2）JList(Object[] listData)。构造一个列表，列表的可选项由对象数组 listData 指定。

（3）JList(Vector listData)。构造一个列表，列表的可选项由 Vector 型参数确定。

2）JList 类常用的成员方法

（1）int getSelectedIndex( )。返回所选的第一个索引；如果没有选择项，则返回 -1。

（2）void setSelectionBackground(Color c)。设置所选单元的背景色。

（3）void setSelection Foreground(Color c)。设置所选单元的前景色。

（4）void setVisibleRowCount(int num)。设置不使用滚动条可以在列表中显示的行数。

（5）void setSelectionMode(int selectionMode)。确定允许单项选择还是多项选择。

（6）void setListData(Object[] listData)。根据一个 object 数组构造列表。

3) 事件响应

JList 组件的事件处理一般可分为两种：①当用户单击列表框中的某一个选项并选中它时，将产生 ListSelectionEvent 类的选择事件，此事件是 Swing 的事件；②当用户双击列表框中的某个选项时，则产生 MouseEvent 类的动作事件。

若希望实现 JList 的 ListSelectionEvent 事件，首先必须声明实现监听者对象的类接口 ListSelectionListener，并通过 JList 类的 addListSelectionListener( ) 方法注册文本框的监听者对象，再在 ListSelectionListener 接口的 valueChanged (ListSelectionEvent e) 方法体中写入有关代码，就可以响应 ListSelectionEvent 事件了。

【例 9-3】JList 举例。

功能实现：创建一个带有 7 个选项的列表，用户通过不同的单选按钮可以对列表进行多种选择，被选中的信息显示在文本域中。程序运行效果如图 9-5 所示。

```
import java.awt.*;
```

```
import java.awt.event.*;
import javax.swing.*;
import javax.swing.event.*;
public class JListDemo2 {
    JFrame frame = new JFrame ("JList Demo 2");
    JList dataList;
    JPanel panel = new JPanel();
    JRadioButton rb1,rb2,rb3;
    JTextArea ta = new JTextArea(3,40);
    public static void main(String args[]) {
            JListDemo2 ld2 = new JListDemo2();
            ld2.go();
    }
    public void go() {
            String[] data =
            {"Monday", "Tuesday", "Wednesday", "Thusday", "Friday", "Saturday", "Sunday"};
            dataList = new JList(data);
            dataList.addListSelectionListener(new ListSelectionListener() {
                    public void valueChanged(ListSelectionEvent e) {
                            if (!e.getValueIsAdjusting()){
                                    Object[] selections = dataList.getSelectedValues();
                                    String values = "\n";
                                    for (int i=0;i<selections.length;i++) {
                                            values = values+selections[i]+"  ";
                                    }
                                    ta.append(values);
                            }
                    }
            });
            dataList.addMouseListener(new MouseAdapter() {
                    public void mouseClicked(MouseEvent e) {
                            if (e.getClickCount() == 1) {        // 单击
                            // 根据坐标位置得到列表可选项序号
                                    int index = dataList.locationToIndex(e.getPoint());
                                    ta.append("\nClicked on Item " + index);
                            }

                            if (e.getClickCount() == 2) {        // 双击
                                    int index = dataList.locationToIndex(e.getPoint());
                                    ta.append("\nDouble clicked on Item " + index);
                            }
                    }
            });
```

```
// 将列表放入滚动窗格 JScrollPane 中
JScrollPane jsp = new JScrollPane(dataList,
        JScrollPane.VERTICAL_SCROLLBAR_AS_NEEDED,
        JScrollPane.HORIZONTAL_SCROLLBAR_AS_NEEDED);
Container cp = frame.getContentPane();
cp.add(jsp,BorderLayout.CENTER);
rb1 = new JRadioButton("SINGLE SELECTION");
rb2 = new JRadioButton("SINGLE_INTERVAL_SELECTION");
rb3 = new JRadioButton("MULTIPLE_INTERVAL_SELECTION",true);
ButtonGroup group = new ButtonGroup();
group.add(rb1);
group.add(rb2);
group.add(rb3);
ActionListener al = new ActionListener() {
        public void actionPerformed(ActionEvent e) {
                JRadioButton rb = (JRadioButton) e.getSource();        // 取得事件源
                if (rb == rb1) {
                        dataList.setSelectionMode(ListSelectionModel.
                                SINGLE_SELECTION);
                }else if (rb == rb2) {
                        dataList.setSelectionMode(ListSelectionModel.
                                SINGLE_INTERVAL_SELECTION);
                }else {
                        dataList.setSelectionMode(ListSelectionModel.
                                MULTIPLE_INTERVAL_SELECTION);
                }
        }
};
rb1.addActionListener(al);
rb2.addActionListener(al);
rb3.addActionListener(al);
panel.setLayout(new GridLayout(3,1));
panel.add(rb1);
panel.add(rb2);
panel.add(rb3);
cp.add(panel,BorderLayout.EAST);
JScrollPane jsp2 = new JScrollPane(ta,
        JScrollPane.VERTICAL_SCROLLBAR_ALWAYS,
        JScrollPane.HORIZONTAL_SCROLLBAR_AS_NEEDED);
cp.add(jsp2,BorderLayout.SOUTH);
frame.setDefaultCloseOperation(JFrame.EXIT_ON_CLOSE);
frame.pack();
frame.setVisible(true);
```

```
        }
}
```

图 9-5　例 9-3 运行结果图

9.2　菜单

菜单在图形用户界面应用程序中有着非常重要的作用，通过菜单用户可以非常方便地访问应用程序的各个功能，是软件中必备的组件之一，利用菜单可以将程序功能模块化。

9.2.1　菜单组件概述

Swing 包中提供了多种菜单组件，它们的继承关系如图 9-6 所示。通过菜单组件可以创建多种样式的菜单，如下拉式、快捷键式及弹出式菜单等。这里简单介绍下拉式菜单和弹出式菜单的定义与使用。

```
java.lang.Object
└java.awt.Component
  └java.awt.Container
      └javax.swing.JComponent
          javax.swing.JMenuBar
          javax.swing.JPopupMenu
          javax.swing.JSeparator
          javax.swing.AbstractButton
            └javax.swing.JMenuItem
              └javax.swing.JMenu
                javax.swing.JCheckboxMenuItem
                javax.swing.JRadioButtonMenuItem
```

图 9-6　菜单组件的继承关系

1．菜单栏 (JMenuBar)

菜单栏是窗口中的主菜单，它只用来管理菜单，不参与交互式操作。Java 应用程序中的菜单都包含在一个菜单栏对象之中。JMenuBar 只有一个构造方法 JMenuBar( )。而顶层容器类如 JFrame、JApplet 等都有 setMenuBar(JMenuBar menu) 方法把菜单栏放到窗口上。如创建一个菜单栏：

```
JMenuBar  menuBar = new JMenuBar();
```

2．菜单（JMenu）

菜单最基本的形式是下拉菜单，是用来存放和整合菜单项 (JMenuItem) 的组件，它是构成一个菜单不可或缺的组件之一。菜单可以是单一层次的结构，也可以是多层次的结构，具体使用何种形式则取决于界面设计上的需要。

1）JMenu 常用的构造方法

（1）JMenu( )。创建一个空标签的 JMenu 对象。

（2）JMenu(String text)。使用指定的标签创建一个 JMenu 对象。

（3）JMenu(String text，Boolean b)。使用指定的标签创建一个 JMenu 对象，并给出此菜

单是否具有下拉式的属性。

```
JMenu fileMenu = new JMenu(" 文件 (F)");
JMenu helpMenu = new JMenu(" 帮助 (H)");
menuBar.add(fileMenu);
menuBar.add(helpMenu); // 构造两个菜单，并将它们添加到菜单栏上。
```

2）常用成员方法

（1）getItem(int pos)。得到指定位置的 JmenuItem。

（2）getItemCount()。得到菜单项数目，包括分隔符。

（3）insert() 和 remove( )。插入菜单项或者移除某个菜单项。

（4）addSeparator( ) 和 insertSeparator(int index)。在某个菜单项间加入分隔线。

3．菜单项（JMenuItem）

菜单项是菜单系统中最基本的组件，它继承自 AbstractButton 类，所以也可以把菜单项看作一个按钮，它支持许多按钮的功能。例如，加入图标 (Icon) 以及在菜单中选择某一项时会触发 ActionEvent 事件等。

1）常用的菜单构造方法

（1）JMenuItem(String text)。创建一个具有文本提示信息的菜单项。

（2）JMenuItem(Icon icon)。创建一个具有图标的菜单项。

（3）JMenuItem(String text，Icon icon)。创建一个既有文本又有图标的菜单项。

（4）JMenuItem(String text，int mnemonic)。创建一个指定文本和键盘快捷的菜单项。创建菜单项时如果不指明键盘快捷键，也可以通过 setMnemonic() 方法设定。

2）常用的成员方法

（1）void setEnabled(boolean b)。启用或禁用菜单项。

（2）void setAccelerator(KeyStroke keyStroke)。设置加速键，它能直接调用菜单项的操作侦听器而不必显示菜单的层次结构。

（3）void setMnemonic(char mnemonic)。设置快捷键。

由于 JMenuItem 和 JMenu 都是 JAbstractButton 的子类，所以菜单项和菜单的使用方法均与按钮有类似之处。当菜单中的菜单项被选中时，将会引发一个 ActionEvent 事件，因此通常需要为菜单注册 ActionListener 事件监听者，以便对事件作出反应。

4．制作下拉菜单的一般步骤

制作一个可用的菜单系统，一般需要经过下面的几个步骤。

（1）创建一个 JMenuBar 对象并将其放置在一个 JFrame 中。

（2）创建 JMenu 对象。

（3）创建 JMenuItem 对象并将其添加到 JMenu 对象中。

（4）把 JMenu 对象添加到 JMenuBar 中。

以上主要是创建菜单的结构，如果要使用菜单所指出的功能，则必须要为菜单项注册监听者，并在监听者提供的事件处理程序中写入相应的代码。

【例 9-4】建立一个完整的菜单系统，程序运行结果如图 9-7 所示。

```
import java.awt.*;
import java.awt.event.*;
import javax.swing.*;
public class MenuDemo  implements ItemListener,ActionListener{
    JFrame frame = new JFrame ("Menu Demo");
    JTextField tf = new JTextField();
    public static void main(String args[]) {
            MenuDemo menuDemo = new MenuDemo();
            menuDemo.go();
    }
    public void go() {
            JMenuBar menubar = new JMenuBar();      // 菜单栏
            frame.setJMenuBar(menubar);
            JMenu menu,submenu;             // 菜单和子菜单
            JMenuItem menuItem;             // 菜单项
            // 建立 File 菜单
            menu = new JMenu( "File");
            menu.setMnemonic(KeyEvent.VK_F);
            menubar.add(menu);
            //File 中的菜单选项
            menuItem = new JMenuItem( "Open..." );
            menuItem.setMnemonic(KeyEvent.VK_O);// 设置快捷键
            menuItem.setAccelerator(KeyStroke.getKeyStroke(
            KeyEvent.VK_1, ActionEvent.ALT_MASK));              // 设置加速键
            menuItem.addActionListener(this);
            menu.add(menuItem);
            menuItem = new JMenuItem( "Save",KeyEvent.VK_S );
            menuItem.addActionListener(this);
            menuItem.setEnabled(false);// 设置为不可用
            menu.add(menuItem);
            menuItem = new JMenuItem( "Close" );
            menuItem.setMnemonic(KeyEvent.VK_C);
            menuItem.addActionListener(this);
            menu.add(menuItem);
            menu.add(new JSeparator());// 加入分隔线
            menuItem = new JMenuItem( "Exit" );
            menuItem.setMnemonic(KeyEvent.VK_E);
            menuItem.addActionListener(this);
            menu.add(menuItem);
            // 建立 Option 菜单
            menu = new JMenu( "Option" );
            menubar.add(menu);
```

```
        //Option 中的菜单选项
        menu.add( "Font..." );
        // 建立子菜单
        submenu = new JMenu("Color...");
        menu.add(submenu);
        menuItem = new JMenuItem( "Foreground" );
        menuItem.addActionListener(this);
        menuItem.setAccelerator(KeyStroke.getKeyStroke(
        KeyEvent.VK_2, ActionEvent.ALT_MASK));                    // 设置加速键
        submenu.add(menuItem);
        menuItem = new JMenuItem( "Background" );
        menuItem.addActionListener(this);
        menuItem.setAccelerator(KeyStroke.getKeyStroke(
        KeyEvent.VK_3, ActionEvent.ALT_MASK));  // 设置加速键
        submenu.add(menuItem);
        menu.addSeparator();// 加入分隔线
        JCheckBoxMenuItem cm = new JCheckBoxMenuItem("Always On Top");
        cm.addItemListener(this);
        menu.add(cm);
        menu.addSeparator();
        JRadioButtonMenuItem rm = new JRadioButtonMenuItem("Small",true);
        rm.addItemListener(this);
        menu.add(rm);
        ButtonGroup group = new ButtonGroup();
        group.add(rm);
        rm = new JRadioButtonMenuItem("Large");
        rm.addItemListener(this);
        menu.add(rm);
        group.add(rm);
        // 建立 Help 菜单
        menu = new JMenu( "Help" );
        menubar.add(menu);
        menuItem = new JMenuItem( "about..." ,new ImageIcon("dukeWaveRed.gif"));
        menuItem.addActionListener(this);
        menu.add(menuItem);
        tf.setEditable(false); // 设置为不可编辑的
        Container cp = frame.getContentPane();
        cp.add(tf,BorderLayout.SOUTH);
        frame.setDefaultCloseOperation(JFrame.EXIT_ON_CLOSE);
        frame.setSize(300,200);
        frame.setVisible(true);
    }
        // 实现 ItemListener 接口中的方法
```

```
        public void itemStateChanged(ItemEvent e) {
                int state = e.getStateChange();
                JMenuItem amenuItem = (JMenuItem)e.getSource();
                String command = amenuItem.getText();
                if (state==ItemEvent.SELECTED)
                        tf.setText(command+" SELECTED");
                else
                        tf.setText(command+" DESELECTED");
        }
        // 实现 ActionListener 接口中的方法
        public void actionPerformed(ActionEvent e) {
                tf.setText(e.getActionCommand());

                if (e.getActionCommand()=="Exit") {
                        System.exit(0);
                }
        }
}
```

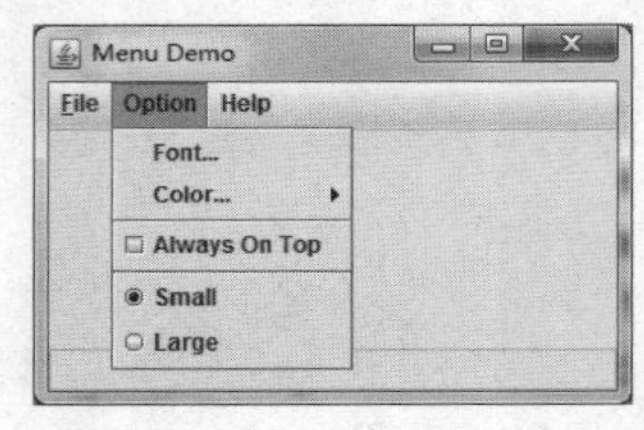

图 9-7　例 9-4 的运行结果

9.2.2　弹出式菜单

弹出式菜单（JPopupMenu）是一种比较特殊的菜单，可以根据需要显示在指定的位置。弹出式菜单有两种构造方法。

（1）public JPopupMenu()。创建一个没有名称的弹出式菜单。

（2）public JPopupMenu(String label)。构建一个有指定名称的弹出式菜单。

在弹出式菜单中可以像下拉式菜单一样加入菜单或者菜单项。显示弹出式菜单式时，必须调用 show(Component invoker, int x,int y) 方法，该方法中需要一个组件作为参数，该组件的位置将作为显示弹出式菜单的参考原点。同样可以像下拉式菜单一样为弹出式菜单项进行事件注册，对用户的交互作出响应。详细使用方法可以参阅 Java API。

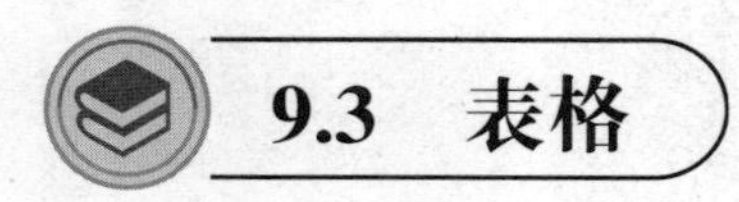

9.3　表格

表格在设计用户的可视化界面时非常有用。当需要显示一大堆统计数据时，用表格可以非常清楚地显示出来。Swing 中的 JTable 就提供了这样的功能。JTable 是 Swing 中最为复杂的组件之一，本节只对它进行简单的介绍，如果读者要进一步地学习和使用，可以参考 Java API 或者联机帮助。

1）JTable 常用的构造方法

（1）JTable ()。构造一个默认的表格。

（2）JTable(int numRows, int numColumns)。使用默认模式构造其指定行和列的表格。

（3）JTable(Object[][] rowData, Object[] columnNames)。构造一个以 columnNames 作为列名，显示二维数组中数据的表格。

（4）JTable(Vector rowData, Vector columnNames)。构造以 columnNames 作为列名，rowData 中数据作为输入来源的表格。

2）JTable 类常用的成员方法

（1）void addColumn(TableColumn aColumn)。将列追加到表格数组的结尾。

（2）int getColumnCount()。返回表格中的列数。

（3）int getRowCount()。返回表格中的行数。

（4）void moveColumn(int column, int targetColumn)。将指定列移动到目标列所占用的位置。

（5）void removeColumn(TableColumn aColumn)。从表格的列数组中移除一列。

（6）void selectAll()。选择表中的所有行、列和单元格。

（7）Object getValueAt(int row, int column)。返回指定单元格的值。

（8）setValueAt(Object aValue, int row, int column)。设置表格指定单元格值。

【例 9-5】JTable 应用举例。

功能实现：创建两个单选按钮，分别表示当前借阅信息和历史借阅信息，当选中当前借阅信息按钮时，借阅信息显示在下方的表格中。程序运行结果如图 9-8 所示。

```
import java.util.*;
import java.awt.*;
import javax.swing.*;
import java.awt.event.*;
public class JTableDemo extends JFrame {
    protected JPanel topPanel;
    private Container container;
    protected JScrollPane bookInLibScrollPane;// 存放借阅信息的面板
    protected JTable borrowInfoTable; // 显示借阅信息的表格
    public JTableDemo() {
            container = this.getContentPane();// 获取内容窗格
            topPanel = new JPanel();
            topPanel.setLayout(new FlowLayout(FlowLayout.LEFT));
            // 设置边框文本提示信息
            topPanel.setBorder(BorderFactory.createTitledBorder(" 借阅查询选项 "));
            JRadioButton currBorrowButton = new JRadioButton(" 当前借阅 ");
```

```
        JRadioButton oldBorrowButton = new JRadioButton(" 历史借阅 ");
        topPanel.add(currBorrowButton); // 添加组件到面板容器
        topPanel.add(oldBorrowButton); // 添加组件到面板容器
        // 注册事件监听程序，对 ActionEvent 事件作出处理
        currBorrowButton.addActionListener(new CurrentBorrowInfoListener());
        oldBorrowButton.addActionListener(new OldBorrowInfoListener());
        // 将 2 个 RadioButton 对象放进 ButtonGroup 中，以实现二选一
        ButtonGroup buttonGroup1 = new ButtonGroup();
        buttonGroup1.add(currBorrowButton);
        buttonGroup1.add(oldBorrowButton);
        this.add(BorderLayout.NORTH, topPanel); // 把面板容器添加到内容窗格上
        this.setTitle(" 我的借阅 "); // 设置标题
        this.setSize(600, 250);// 设置大小
        this.setVisible(true);// 设置可见性
}
class CurrentBorrowInfoListener implements ActionListener {
        public void actionPerformed(ActionEvent event) {
                Vector allBorrowInfoVector = new Vector();// 存放所有的行的内容向量
                Vector rowVector1 = new Vector();// 存放第一行内容的向量
                // 为第一行的内容向量设定值，实际上一般应从数据库读取信息放入向量，这里为
                  测试数据
                rowVector1.add("java 程序设计 ");
                rowVector1.add(" 耿祥义 ");
                rowVector1.add(" 清华大学出版社 ");
                rowVector1.add("09-09-08");
                rowVector1.add("09-12-08");
                rowVector1.add("");
                rowVector1.add("0");
                rowVector1.add("0");
                allBorrowInfoVector.add(rowVector1);// 添加第一行向量
                rowVector1 = new Vector();// 存放第二行向量
                rowVector1.add("java");
                rowVector1.add(" 张白一 ");
                rowVector1.add(" 清华大学出版社 ");
                rowVector1.add("09-10-10");
                rowVector1.add("10-01-10");
                rowVector1.add("");
                rowVector1.add("0");
                rowVector1.add("0");
                allBorrowInfoVector.add(rowVector1);
                Vector borrowHead = new Vector(); // 存储表头信息的向量
                borrowHead.add(" 书名 ");
                borrowHead.add(" 作者 ");
                borrowHead.add(" 出版 ");
```

```
                        borrowHead.add(" 借阅日期 ");
                        borrowHead.add(" 应还日期 ");
                        borrowHead.add(" 归还日期 ");
                        borrowHead.add(" 超期天数 ");
                        borrowHead.add(" 罚款金额 ");
                        // 生成具有内容和表头的表格
                        borrowInfoTable = new JTable(allBorrowInfoVector, borrowHead);
                        borrowInfoTable.setEnabled(false);// 设置表格是不可编辑的，只显示信息
                        borrowInfoTable.setPreferredScrollableViewportSize(
new Dimension(0, 120));
                        bookInLibScrollPane = new JScrollPane();
                        bookInLibScrollPane.setViewportView(borrowInfoTable); // 放置到滚动面板
                        // 设置提示信息
                        bookInLibScrollPane.setBorder(BorderFactory.createTitledBorder(" 借阅信息 "));
                        add(BorderLayout.CENTER, bookInLibScrollPane); // 添加到内容窗格上
                        validate();// 刷新窗口
                }
        }

        class OldBorrowInfoListener implements ActionListener {
                public void actionPerformed(ActionEvent event) {
                        // 把历史借阅信息以表格的形式显示出来，代码略
                }
        }

        public static void main(String[] arg) {
                new JTableDemo();
        }
}
```

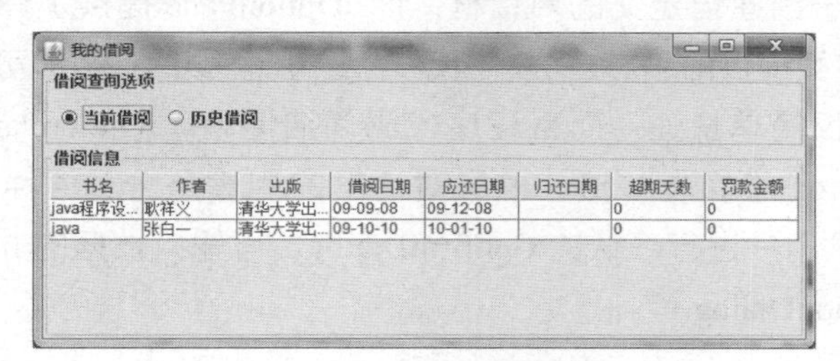

图 9-8　例 9-5 的运行结果

9.4　对话框

图形用户界面应用程序中种类繁多的对话框为用户的操作提供了很大的方便，是应用程序与用户进行交互的重要手段之一。为了方便开发，Swing 对对话框的开发提供了很好

的支持，提供了 JDialog、JOptionPane、JFileChooser 等对话框组件。

9.4.1 对话框（JDialog）

JDialog 是 Swing 中提供的用来实现自定义对话框的类，从本质上讲它是一种特殊的窗体，它具有较少的修饰并且用户可以根据自己的需要设置窗口模式。该类创建的对话框可分为模式对话框和非模式对话框。模式对话框需要用户在处理完该对话框之后才能继续与其他窗体的交互。非模式对话框允许用户处理对话框的同时可以与其他窗体交互。JDialog 类的构造方法主要如下。

（1）JDialog(Frame owner)。构造一个没有标题的非模式对话框，Owner 是对话框的所有者。

（2）JDialog(Frame owner,String title)。构建一个有指定名称的非模式对话框。

（3）JDialog(Frame owner,boolean modal)。构建一个有指定模式的无标题的对话框。

（4）JDialog(Frame owner, String title ,boolean modal)。构建一个具有指定标题和指定模式的对话框，modal 指定模式，true 表示模式对话框，false 表示非模式对话框。

例如：

```
JDialog dialog=new JDialog(parentFrame," 读者登录 ",true);
```

该语句表示创建一个标题为“读者登录”的模式对话框，该对话框被当前容器所拥有。当对话框的拥有者被清除时，对话框也被清除。拥有者被最小化，对话框将变为不可见。刚刚创建的对话框是不可见的，需要调用 setVisible(boolean b) 方法设置其可见性。

对话框可对各种窗口事件进行监听，与 JFrame 组件一样对话框也是顶层容器，可以向对话框的内容窗格中放置各种组件。

9.4.2 标准对话框（JOptionPane）

JDialog 通常用于创建自定义的对话框，而 JOptionPane 提供了许多现成的对话框样式，用户只需使用该类提供的静态方法，指定方法中所需要的参数即可。利用 JOptionPane 类来制作对话框不仅简单快速，而且程序代码简洁清晰。JOptionPane 类中定义了多个形如 show×××Dialog 的静态方法，根据对话框的用途可分为 4 种类型：提示信息的 MessageDialog、要求用户进行确认的 ConfirmDialog、可输入数据的 InputDialog 和由用户自己定义类型的 OptionDialog 等。

1. MessageDialog

MessageDialog 是提示信息对话框。这种对话框中通常只含有一个“确定”按钮，创建这种对话框的静态方法有多种，下面给出其中一个，并对方法的参数给予说明。

```
showMessageDialog(Component parentComponent,Object message,String title,int messageType,  Icon icon)
```

（1）Component parentComponent。对话框的父窗口对象，通常是指 Frame 或 Dialog 组件；

其屏幕坐标将决定对话框的显示位置；此参数也可以为 null，表示采用默认的 Frame 作为父窗口，此时对话框将设置在屏幕的正中。

（2）Object message。显示在对话框中的描述信息。

（3）String title。对话框的标题。

（4）int messageType。对话框所传递的信息类型。messageType 共有 5 种类型，分别用下述字符常量表达：ERROR_MESSAGE、INFORMATION_MESSAGE、WARNING_MESSAGE、QUESTION_MESSAGE、PLAIN_MESSAGE。指定 messageType 后，对话框中就会出现相应的图标及提示字符串，使用 PLAIN_MESSAGE 则没有图标。

（5）Icon icon 对话框上显示的装饰性图标，如果没有指定，则根据 messageType 参数显示默认图标。

2. ConfirmDialog

ConfirmDialog 称为确认对话框，这类对话框通常会询问用户一个问题，要求用户选择 YES 或者 NO 作为回答。例如，当修改了某个文件的内容却没存盘就要关闭此文件时，系统通常都会弹出一个确认对话框，询问是否要保存修改过的内容。创建这种对话框的静态方法有多种，如：showConfirmDialog(Component parentComponent, Object message, String title, int optionType,int messageType,Icon icon)。

除了参数 optionType 外，其他参数和 MessageDialog 相同。optionType 参数用于指定按钮的类型，可有 4 种不同的选择，分别是 DEFAULT_OPTION、YES_NO_OPTION、YES_NO_CANCEL_OPTION 与 OK_CANCEL_OPTION 等。该类方法的返回值是一个整数，根据用户按下的按钮而定，YES、OK=0；NO=1；CANCEL=2；当用户直接关掉对话框时 CLOSED=-1。

3. InputDialog

InputDialog 称为输入对话框，这类对话框可以让用户输入相关的信息，也可以提供信息让用户选择，避免用户输入错误。创建这种对话框的静态方法有多种，如：

showInputDialog(Component parentComponent,Object message,String title,int messageType, Icon icon,Object[] selectionValues, Object initialSelectionValue)。

其中，参数 Object[] selectionValues 给用户提供了可能的选择值，这些数据会以 JComboBox 方式显示出来，而 initialSelectionValue 是对话框初始化时所显示的值。其他参数和 MessageDialog 相同。当用户按下“确定”按钮时会返回用户输入的信息，若按下“取消”按钮则返回 null。

4. OptionDialog

OptionDialog 称为选项对话框，这类的对话框可以让用户自己定义对话框的类型，包括一组可以进行选择的按钮。创建该类对话框的方法如下：

```
int showOptionDialog(Component parentComponent,Object message,String title,int option Type,int messageType,Icon icon,Object[] options,Object initialValue)
```

该方法各个参数和前面对话框中的含义相同，返回值代表用户选择按钮的序号。

【例 9-6】标准对话框的应用。

功能实现：创建 4 个按钮和一个文本域，当用户单击某个按钮，屏幕上将会显示出对应的标准对话框，用户在提示信息、确认、输入和选项对话框中的操作结果将显示在文本域中。运行结果如图 9-9 所示。

```
import java.awt.*;
import java.awt.event.*;
import javax.swing.*;
public class JOptionPaneDemo  implements ActionListener{
    JFrame frame = new JFrame ("JOptionPane Demo");
    JTextField tf = new JTextField();
    JButton messageButton,ConfirmButton,InputButton,OptionButton;
    public static void main(String args[]) {
            JOptionPaneDemo opd = new JOptionPaneDemo();
            opd.go();
    }
    public void go() {
            messageButton = new JButton("message dialog");
            messageButton.addActionListener(this);
            ConfirmButton = new JButton("Confirm dialog");
            ConfirmButton.addActionListener(this);
            InputButton = new JButton("Input dialog");
            InputButton.addActionListener(this);
            OptionButton = new JButton("Option dialog");
            OptionButton.addActionListener(this);
            JPanel jp = new JPanel();
            jp.add(messageButton);
            jp.add(ConfirmButton);
            jp.add(InputButton);
            jp.add(OptionButton);
            Container cp = frame.getContentPane();
            cp.add(jp,BorderLayout.CENTER);
            cp.add(tf,BorderLayout.SOUTH);
            frame.setDefaultCloseOperation(JFrame.EXIT_ON_CLOSE);
            frame.setSize(300, 200);
            frame.setVisible(true);
    }
    public void actionPerformed(ActionEvent e) {
            JButton button = (JButton)e.getSource();
            // 提示信息对话框
            if (button == messageButton){
```

```
                    JOptionPane.showMessageDialog(frame,
                            "File not found.",
                            "An error",
                            JOptionPane.ERROR_MESSAGE);
            }
            // 确认对话框
            if (button == ConfirmButton) {
                    int select = JOptionPane.showConfirmDialog(frame,
                    "Create one","Confirm", JOptionPane.YES_NO_OPTION);
                    if (select == JOptionPane.YES_OPTION)
                            tf.setText("choose YES");
                    if (select == JOptionPane.NO_OPTION)
                            tf.setText("choose NO");
                    if (select == JOptionPane.CLOSED_OPTION)
                            tf.setText("Closed");
            }
            // 输入对话框
            if (button == InputButton) {
                    Object[] possibleValues = { "First", "Second", "Third" };
                    Object selectedValue = JOptionPane.showInputDialog(frame,
                            "Choose one", "Input",JOptionPane.INFORMATION_MESSAGE, null,
                            possibleValues, possibleValues[0]);
                    if(selectedValue != null)
                            tf.setText(selectedValue.toString());
                    else
                            tf.setText("Closed");
            }
            // 选项对话框
            if (button == OptionButton) {
                    Object[] options = { "OK", "CANCEL" };
                    int select = JOptionPane.showOptionDialog(frame, "Click OK to continue",
    "Warning",JOptionPane.DEFAULT_OPTION,JOptionPane.WARNING_MESSAGE,
                            null, options, options[0]);
                    if (select == 0)
                            tf.setText("choose OK");
                    else if (select == 1)
                            tf.setText("choose CANCEL");
                    else if (select == -1)
                            tf.setText("Closed");
            }
        }
}
```

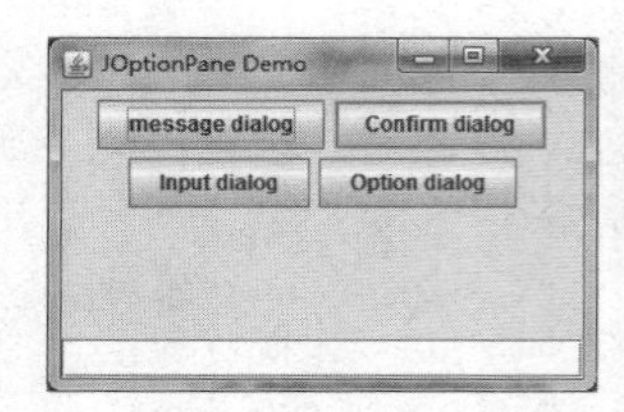

图 9-9　例 9-6 运行结果图

9.4.3　文件对话框（JFileChooser）

文件对话框是专门用于对文件（或目录）进行浏览和选择的对话框。文件对话框也必须依附一个窗口 (JFrame) 对象。

1）常用的构造方法

（1）JFileChooser()。构造一个指向默认目录的文件对话框。

（2）JFileChooser(File currentDirectory)。用给定的 File 作为路径来构造一个文件对话框。

（3）JFileChooser(String currentDirectoryPath)。使用一个给定路径来创建文件对话框 。

2）常用的成员方法

（1）String getName(File f)。返回文件名。

（2）File getSelectedFile()。取得用户所选择的文件。

（3）File[] getSelectedFiles()。若设置为允许选择多个文件，则返回选中文件的列表。

（4）int showOpenDialog(Component parent)。显示一个“打开”文件对话框。

（5）int showSaveDialog(Component parent)。显示“保存”文件对话框。

【例 9-7】文件对话框的应用。

功能实现：在窗口放置两个命令按钮，当单击“打开”按钮时弹出打开文件对话框，当单击“保存”按钮时弹出保存文件对话框，其运行结果如图 9-10 所示。

```
import java.awt.*;
import java.awt.event.*;
import javax.swing.*;
import java.io.*;
public class JFileChooserDemo extends JFrame implements ActionListener {
    JFileChooser fc = new JFileChooser(); // 创建文件对话框对象
    JButton open, save;
    public JFileChooserDemo() {
            Container container = this.getContentPane();
            container.setLayout(new FlowLayout());
            this.setTitle(" 文件对话框演示程序 ");
            open = new JButton(" 打开文件 "); // 定义命令按钮
            save = new JButton(" 保存文件 ");
            open.addActionListener(this);// 为事件注册
            save.addActionListener(this);
```

```
        container.add(open); // 添加到内容窗格上
        container.add(save);
        this.show(true);
        this.setSize(600, 450);
    }
    public static void main(String args[]) {
        JFileChooserDemo fcd = new JFileChooserDemo();
    }
    public void actionPerformed(ActionEvent e) {
        JButton button = (JButton) e.getSource(); // 得到事件源
        if (button == open) {// 单击的是 " 打开 " 按钮
            int select = fc.showOpenDialog(this); // 显示打开文件对话框
            if (select == JFileChooser.APPROVE_OPTION) { // 选择的是否为确认
                File file = fc.getSelectedFile(); // 根据选择创建文件对象
                // 在屏幕上显示打开文件的文件名
                System.out.println(" 文件 " + file.getName() + " 被打开 ");
            } else
                System.out.println(" 打开操作被取消 ");
        }
        if (button == save) {// 单击的是 " 保存 " 按钮
            int select = fc.showSaveDialog(this); // 显示 " 保存 " 文件对话框
            if (select == JFileChooser.APPROVE_OPTION) {
                File file = fc.getSelectedFile();
                System.out.println(" 文件 " + file.getName() + " 被保存 ");
            } else
                System.out.println(" 保存操作被取消 ");
        }
    }
}
```

注意：在上面例子的实际操作中，无论单击对话框中的“打开”按钮或“取消”按钮，选择器都会自动消失，并没有实现对文件的打开操作。这是因为文件对话框仅仅提供了一个文件操作的界面，要真正实现对文件的操作，应学习文件的输入输出流等内容（详见第 11 章）。

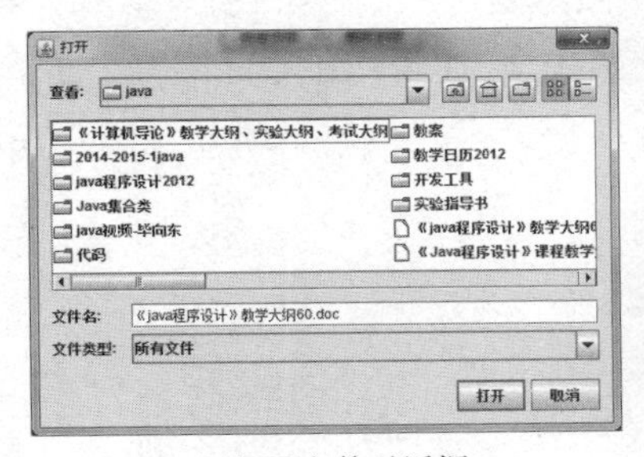

（a）打开文件对话框

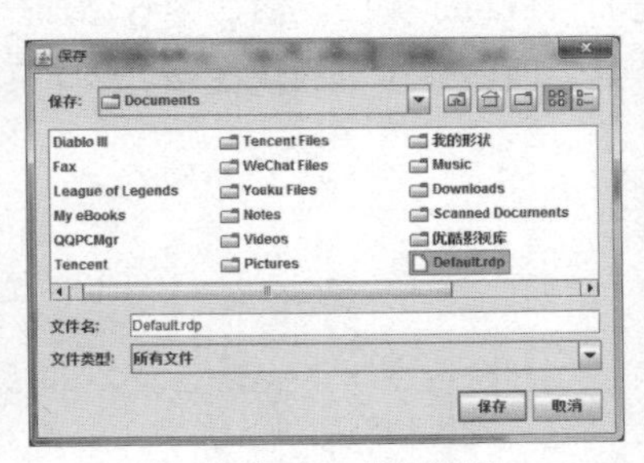

（b）保存文件对话框

图 9-10　例 9-7 的运行结果

强化练习

本章首先介绍了 Swing 常见基本组件的用法，如按钮（JButton）、标签（JLabel）、文本类组件、组合框以及列表框等，接着对 Swing 中比较高级复杂的组件如菜单、表格、树以及对话框等进行详细的描述，结合具体实例演示了 Java 中图形用户界面的设计思想以及每一种组件的具体用法。通过本章的学习，让读者真正具有独立开发实际应用系统的能力。

练习 1:

创建一个有文本框和三个按钮的程序。当按下某个按钮时，使不同的文字显示在文本框中。

练习 2:

一个标签、一个文本框、一个文本区、两个按钮。当在文本区中输入若干数字后，单击“求和”按钮，在文本框显示输入数值的和，标签显示“输入数的和”；单击“求平均值”按钮，在文本框显示输入数的平均值，标签显示“输入数的平均值”。要求文本区设有滚动条。

练习 3:

设计一个面板，该面板中有 4 个运动项目选择框和一个文本区。当某个选择项目被选中时，在文本区中显示该选择项目。

练习 4:

设计一个窗口，取默认布局 BorderLayout 布局，北面添加一个列表，有 4 门课程选项；中心添加一个文本区，当选择列表中的某门课程后，文本区显示相应课程的介绍。

练习 5:

设计一个 JFrame 窗口，窗口中心添加一个文本区。另添加 4 个菜单，每个菜单都有菜单项，每个菜单项都有对应的快捷键，选择某个菜单项时，窗口中心的文本区显示相应信息。

第10章 I/O处理详解

内容概要

Java以流的形式处理所有输入和输出。流是随通信路径从源移动到目的地的字节序列。如果程序写进流，那么它就是流的源。同样，如果从流里读出，它就是流的目的地。流是强大的，因为它们是抽象输入与输出操作的细节。本章将对Java输入和输出的基本概念进行介绍，包括基本的字节流、字符流、文件的读写、流的转换及流的序列化等知识。

学习目标

- ◆ 理解Java输入与输出的基本概念。
- ◆ 掌握Java基本的字节流、字符流所涉及的相关类的概念和应用。
- ◆ 掌握Java文件读写的方法。
- ◆ 熟悉Java中流的转换。
- ◆ 熟悉Java对象流和系列化。

课时安排

- ◆ 理论学习2课时
- ◆ 上机操作2课时

10.1 Java 输入 / 输出基础

本节主要介绍流的基本概念和运行机制，对 Java 中提供的访问流的类和接口的层次结构进行说明，然后，通过一个实例来了解流的基本用法。

10.1.1 流的概念

流 (stream) 的概念源于 UNIX 中管道（pipe）的概念。在 UNIX 中，管道是一条不间断的字节流，用来实现程序或进程间的通信，或读写外围设备、外部文件等。

一个流，必须有源端和目的端，它们可以是计算机内存的某些区域，也可以是磁盘文件，还可以是键盘、显示器等物理设备，甚至可以是 Internet 上的某个 URL 地址。数据有两个传输方向，实现数据从外部源到程序的流称为输入流，如图 10-1 所示，通过输入流可以把外部的数据传送到程序中来处理；而把实现数据从程序到外部源的流叫作输出流，如图 10-2 所示，通过输出流，可以把程序处理的结果数据传送到目标设备。

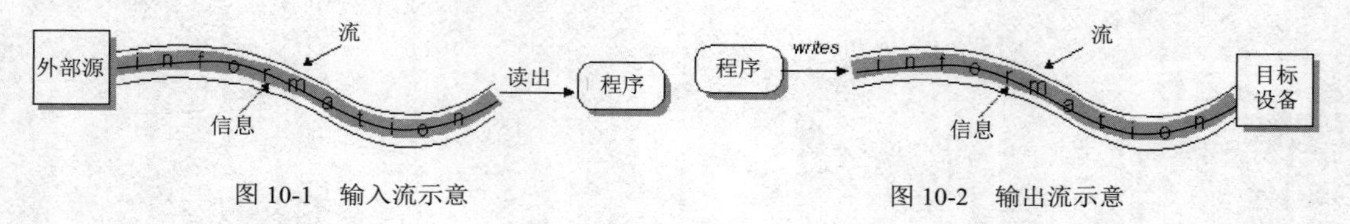

图 10-1　输入流示意　　　　图 10-2　输出流示意

10.1.2 Java 流类的层次结构

Java 中的“流”类都处于 java.io 包或 java.nio 包中，java.nio 包是从 JDK1.4 版本之后开始引用的类库。

Java 中流有以下分类。

（1）按数据的传送方向，可分为输入流和输出流。

（2）按数据处理传输的单位，可分为字节流和字符流。

各类流分别由 4 个抽象类来表示 :InputStream（字节输入流），OutputStream（字节输出流），Reader（字符输入流），Writer（字符输出流）。这 4 个类的基类都是 Object 类，Java 中其他多种多样变化的流类均是由它们派生出来的，流类的派生结构如图 10-3 所示。

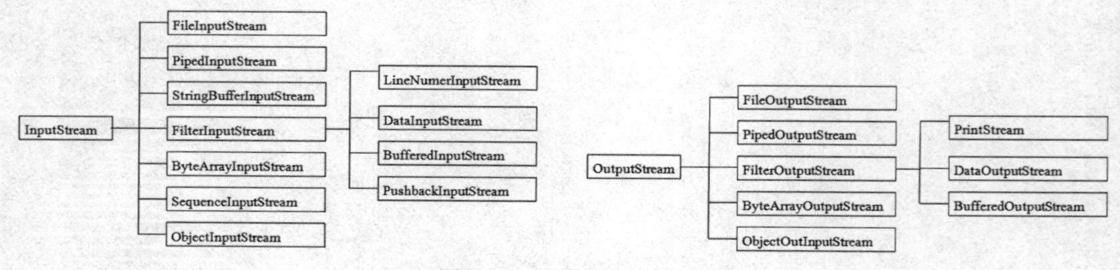

图 10-3　流类的派生结构

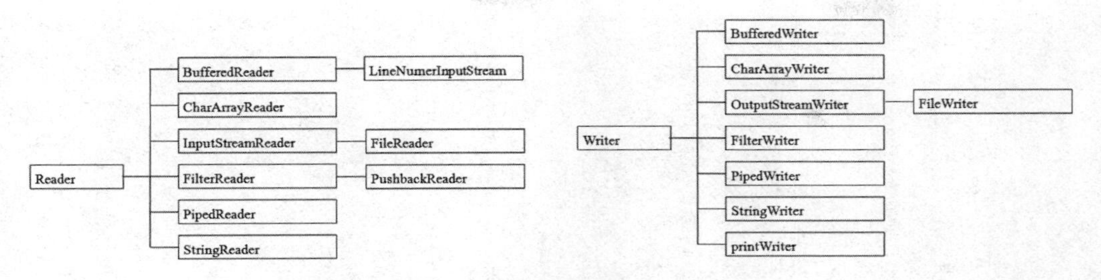

图 10-3　I/O 类的层次结构图（续）

其中的 InputStream 和 OutputStream 在早期的 Java 版本中就已经存在了，它们是基于字节流的，所以有时候也把 InputStream 和 OutputStream 直接称为输入流和输出流，而基于字符流的 Reader 和 Writer 是后来加入作为补充的，直接使用它们的英文类名。

10.1.3　预定义流

Java 程序在运行时会自动导入一个 java.lang 包，这个包定义了一个名为 System 的类，该类封装了运行环境的多个方面，它同时包含三个预定义的流变量：in、out 和 err。这些成员在 System 中被定义为 public 和 static 类型，即意味着它们可以不引用特定的 System 对象而直接被用于程序的特定地方。

（1）System.in 对应键盘，表示标准输入流。它是 InputStream 类型的，程序使用 System.in 可以读取从键盘上输入的数据。

（2）System.out 对应显示器，表示标准输出流。它是 PrintStream 类型的，PrintStream 是 OutputStream 的一个子类，程序使用 System.out 可以将数据输出到显示器上。

（3）System.err 表示标准错误输出流。此流已打开并准备接收输出数据。通常，此流对应于显示器输出或者由主机环境、用户指定的另一个输出目标。按照惯例，此输出流用于显示错误消息，或者显示那些即使用户输出流（变量 out 的值）已经重定向到通常不被连续监视的某一文件或其他目标，也应该立刻引起用户注意其他信息。

【例 10-1】标准输入输出。

功能实现：通过采用标准输入 Syetem.in，分别从键盘输入字符串类型、整型和双精度类型的数据，并通过标准输出 System.out 在控制台输出三种数据类型的结果。

```
import java.io.*;
public class StandardIO {
public static void main(String args[]) {// I/O 操作必须捕获 I/O 异常
    try {
    // 先使用 System.in 构造 InputStreamReader，再构造 BufferedReader
BufferedReader stdin = new BufferedReader(new InputStreamReader(System.in));
      // 读取并输出字符串
      System.out.println("Enter input string");
      System.out.println(stdin.readLine());
```

```
        //读取并输出整型数据
       System.out.println("Enter input an integer:");
        //将字符串解析为带符号的十进制整数
       int num1 = Integer.parseInt(stdin.readLine());
         System.out.println(num1);
        //读取并输出双精度型数据
       System.out.println("Enter input an double:");
       //将字符串解析为带符号的双精度型数据
         double num2 = Double.parseDouble(stdin.readLine());
         System.out.println(num2);
       } catch (IOException e) {
                    System.err.println("IOException");
    }
    }
    }
```

程序运行结果如图 10-4 所示

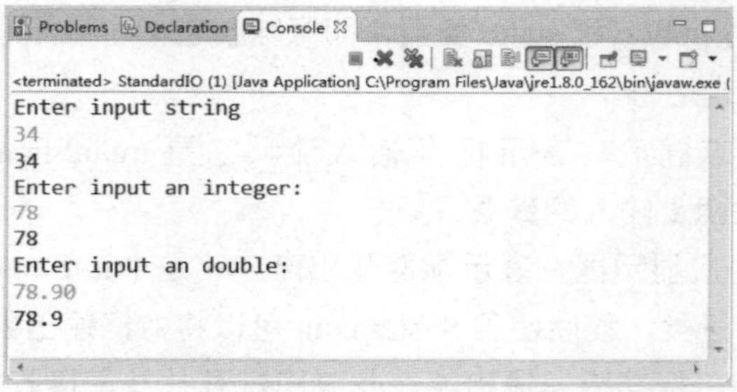

```
Problems  Declaration  Console
<terminated> StandardIO (1) [Java Application] C:\Program Files\Java\jre1.8.0_162\bin\javaw.exe (
Enter input string
34
34
Enter input an integer:
78
78
Enter input an double:
78.90
78.9
```

图 10-4　标准输入、输出的程序运行结果

10.2　Java 流相关类

本节主要介绍 Java 中常用的 I/O 流操作相关的类，详细解释字节流和字符流的使用方式。

10.2.1　字节流

1. InputStream（输入流）

在 Java 中，用 InputStream 类来描述所有字节输入流的抽象概念。它是一个抽象类，所以不能通过 new InputStream() 的方式实例化对象。InputStream 提供了一系列和读取数据有关的方法，见表 10-1。

表 10-1 InputStream 类的方法

方　法	方法说明
int available()	从输入流返回可读的字节数
void close()	关闭输入流并释放与该流关联的所有系统资源
void mark(int readlimit)	在输入流中标记当前的位置。readlimit 参数告知输入流在标记位置失效之前允许读取的字节数
boolean markSupported()	测试输入流是否支持 mark() 和 reset() 方法
abstract int read()	从输入流中读取数据的下一个字节
int read(byte[] b)	从输入流中读取一定数量的字节，并将其存储在缓冲区数组 b 中
int read(byte[] b, int off, int len)	将输入流中最多 len 个数据字节读入 byte 数组
void reset()	将流重新定位到最后一次对输入流调用 mark() 方法时的位置
long skip(long n)	跳过和丢弃输入流中数据的 *n* 个字节

2. OutputStream（输出流）

在 Java 中，用 OutputStream 类来描述所有字节输出流的抽象概念。它是一个抽象类，所以不能被实例化。OutputStream 提供了一系列和写入数据有关的方法，见表 10-2。

表 10-2 OutputStream 类的常用方法

方　法	方法说明
void close()	关闭输出流并释放与此流有关的所有系统资源
void flush()	刷新输出流并强制写出所有缓冲的输出字节
void write(byte[] b)	将 b.length 个字节从指定的 byte 数组写入此输出流
void write(byte[] b, int off, int len)	将指定 byte 数组中从偏移量 off 开始的 len 个字节写入此输出流
abstract void write(int b)	将指定的字节写入此输出流

3. FileInputStream（文件输入流）和 FileOutputStream（文件输出流）

FileInputStream 和 FileOutputStream 类从磁盘文件读和写数据。与这些流有关的类的构造函数允许指定它们连接的文件的路径。FileInputStream 类允许以流的形式从文件读入；FileOutputStream 类允许以流的形式把输出写进文件流。例如：

```
FileInputStream inputFile = new FileInputStream("Employee.dat");
FileOutputStream outputFile = new FileOutputStream("bonus.dat");
```

4. DataInputStream（数据输入流）和 DataOutputStream（数据输出流）

DataInputStream 和 DataOutputStream 是通过过滤流允许读 / 写 Java 的原始数据类型。DataInputStream 类是过滤输入流（FilterInputStream）的子类，它实现了 DataInput 接口中的方法。DataInputStream 不仅可以读取数据流，还可以以与机器无关的方式从基本输入流中读取 Java 语言中各种各样的基本数据类型（如 int 、float、String 等），见表 10-3。

表 10-3 DataInputStream 类的常用方法

方　法	方法说明
int readInt()	从输入流读取 int 类型数据
byte readByte()	从输入流读取 byte 类型数据
char readChar()	从输入流读取 char 类型数据
long readLong()	从输入流读取 long 类型数据
double readDouble()	从输入流读取 double 类型数据
float readFloat()	从输入流读取 float 类型数据
boolean readBoolean()	从输入流读取 boolean 类型数据
String readUTF()	从输入流读取若干字节，然后转换成 UTF-8 编码的字符串

DataOutputStream 是 FilterOutputStream 类的子类。它实现了 DataOutput 接口中定义的独立于具体机器的带格式的写入操作，从而可以实现对 Java 中不同类型的基本类型数据的写入操作（如 writeByte()， writeInt() 等），见表 10-4。

表 10-4 DataOutputStream 常用方法

方　法	方法说明
void writeInt()	向输出流写入一个 int 类型的数据
void writeByte()	向输出流写入一个 byte 类型数据
void writeChar()	向输出流写入一个 char 类型数据
void writeLong()	向输出流写入一个 long 类型数据
void writeDouble()	向输出流写入一个 double 类型数据
void writeFloat()	向输出流写入一个 float 类型数据
boolean writeBoolean()	向输出流写入一个 boolean 类型数据
void writeUTF()	向输出流写入采用 UTF-8 字符编码的字符串

5. BufferedInputStream（缓冲输入流）和 BufferedOutputStream（缓冲输出流）

BufferedInputStream 也是 FilterInputStream 类的子类，它可以为 InputStream 类的对象增加缓冲区功能，来提高读取数据的效率。实例化 BufferedInputStream 类的对象时，需要给出一个 InputStream 类型的实例对象。BufferedInputstream 定义了两种构造函数。

（1）BufferInputstream(InputStream in)。缓冲区默认大小为 2 048 个字节。

（2）BufferInputStream(InputStream in,int size)。第二个参数表示指定缓冲区的大小 , 以字节为单位。

BufferedOutputStream 是 FilterOutputStream 的子类，利用输出缓冲区可以提高写数据的效率。BufferedOutputStream 类先把数据写到缓冲区，当缓冲区满的时候才真正把数据写入目的端，这样可以减少向目的端写数据的次数，从而提高输出的效率。实例化 BufferedOutputStream 类的对象时，需要给出一个 OutputStream 类型的实例对象。该类的构造方法有两个。

（1）BufferedOutputStream(OutputStream out)。

参数 out 指定需要连接的输出流对象，也就是 out 将作为 BufferedOutputStream 流输出

的目标端。

（2）BufferedOutputStream(OutputStream out,int size)。参数 out 指定需要连接的输出流对象，参数 size 指定缓冲区的大小，以字节为单位。

10.2.2 字符流

1. Reader（读取字符流）和 Writer（写入字符流）

InputStream 读取的是字节流，但在很多应用环境中，Java 程序中读取的是文本数据内容，文本文件中存放的都是字符，而 Java 中字符采用的都是 Unicode 编码方式，每一个字符占用两个字节的空间，为了方便读取以字符为单位的数据文件，Java 提供了 Reader 类，它是所有字符输入流的基类。Reader 位于 java.io 包中，它是抽象类，所以不能直接进行实例化。Reader 类提供的方法与 InputStream 类提供的方法类似，见表 10-5。

表 10-5　Reader 类的常用方法

方　法	方法说明
int available()	返回输入流下一个方法调用可以不受阻塞地从此输入流读取（或跳过）的估计字符数
void close()	关闭输入流并释放与该流关联的所有系统资源
void mark(int readlimit)	在输入流中标记当前的位置。readlimit 参数告知给此当前流作标记，最多支持 readLimit 个字符的回溯
boolean markSupported()	测试此输入流是否支持 mark() 和 reset() 方法
int read()	读取一个字符，返回值为读取的字符
int read(char[] b)	从输入流中读取若干字符，并将其存储在字符数组中，返回值为实际读取的字符的数量
int read(char[] b, int off, int len)	读取 len 个字符，从数组 b[] 的下标 off 处开始存放，返回值为实际读取的字符数量，该方法必须由子类实现
void reset()	将流重新定位到最后一次对此输入流调用 mark() 方法时的位置。
long skip(long n)	跳过和丢弃输入流中数据的 *n* 个字符

Writer 类是处理所有字符输出流类的基类，位于 java.io 包中，它是抽象类，所以不能直接进行实例化，Writer 提供多个成员方法，分别用来输出单个字符、字符数组和字符串等，见表 10-6。

表 10-6　Writer 类的常用方法

方　法	方法说明
void write(int c)	将整型值 c 的低 16 位写入输出流
void write(char cbuf[])	将字符数组 cbuf[] 写入输出流
void write(char cbuf[],int off,int len)	将字符数组 cbuf[] 中的从索引为 off 的位置处开始的 len 个字符写入输出流
void write(String str)	将字符串 str 中的字符写入输出流
void write(String str,int off,int len)	将字符串 str 中从索引 off 开始处的 len 个字符写入输出流
void flush()	刷空输出流，并输出所有被缓存的字节

2. FileReader（读取文件字符流）和 FileWriter（写入文件字符流）

因为大多数程序会涉及文件读/写，所以 FileReader 类是一个经常用到的类，FileReader 类可以在一指定文件上实例化一个文件输入流，利用流提供的方法从文件中读取一个字符或者一组数据。由于汉字在文件中占用两个字节，如果使用字节流，读取不当会出现乱码现象，采用字符流就可以避免。FileReader 类有两个构造方法。

（1）FileReader(String filename)。

（2）FileReader(File f)。

相对来说，第一个方法使用更方便一些，构造一个输入流，并以文件为输入源。第二个方法构造一个输入流，并使 File 的对象 f 和输入流相连接。

FileReader 类最重要的方法也是 read()，它返回下一个输入字符的整型表示。

FileWriter 是 OutputStreamWriter 的直接子类，用于向文件中写入字符。此类的构造方法以默认字符编码和默认字节缓冲区大小来创建实例。FileWriter 有两个构造方法。

（1）FileWriter(String filename)。

（2）FileWriter(File f)。

第一个构造方法用文件名的字符串作为参数，第二个方法以一个文件对象作为参数。

【例 10-2】FileReader 类和 FileWriter 类的应用。

功能实现：建立一个 FileReader 对象来读取文件“d:\test.txt”的第一行数据，遇到换行结束，并把读取的结果在控制台中输出显示，以及写入文件。

```
import java.io.*;
public class FileRW{
public static void main(String args[]) throws IOException {
// 创建 FileReader 类对象，并把文件 "test.txt" 作为源端
FileReader fr = new FileReader("d:/test.txt");
char ch = ' ';
// 创建 FileWriter 对象，把文件 "d:/text1.txt" 作为输出流的目标端文件
FileWriter fw = new FileWriter("d:/text1.txt",true);
while (ch != '\n') {// 循环从文件中读取字符，直到遇到换行符
ch = (char) fr.read();
        try { // 把字符串写入输出流中，进而写到文本文件中
                    fw.write(ch);
        } catch (IOException e) {}
                    System.out.print(ch);
}
fw.close();
fr.close();// 关闭流
System.out.print(" 文件写入结束 ");
    }
}
```

程序运行结果如图 10-5 所示。

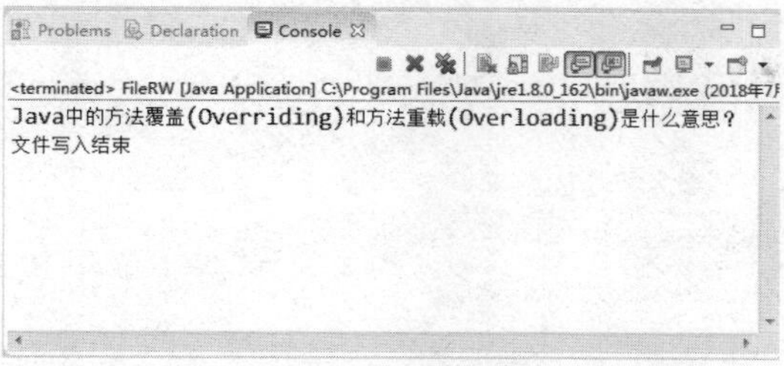

图 10-5　FileReader 类和 FileWriter 类示例运行结果

3.BufferedReader（缓冲读取字符流）和 BufferedWriter（缓冲写入字符流）

Reader 类的 read() 方法每次从数据源中读取一个字符，对一（于）数据量比较大的输入操作，效率会受到很大影响。为了提高效率，可以使用 BufferedReader 类，当使用 BufferedReader 读取文本文件时，会先尽量从文件中读取字符数据并置入缓冲区，而之后若使用 read() 方法获取数据，会先从缓冲区中读取内容。如果缓冲区数据不足，才会再从文件中读取。BufferedReader 类有两个构造方法：

（1）BufferedReader(Reader in)。

（2）BufferedReader(Reader in，int size)。

参数 in 指定连接的字符输入流，第二个构造方法的参数 size，指定以字符为单位的缓冲区大小。BufferedReader 中定义的构造方法只能接收字符输入流的实例，所以必须使用字符输入流。

使用 BufferedWriter 时，写出的数据并不会直接输出至目的地，而是先储存至缓冲区中，如果缓冲区中存满了，才会一次性对目的端进行写入，这样可以减少对磁盘的 I/O 动作，以提高程序的效率。该类提供了 newLine() 方法，它使用平台自己的行分隔符，由系统属性 line.separator 定义，因为并非所有平台都使用字符 (\n) 作为行结束符，因此调用此方法来终止每个输出行要优于直接写入新行符。

BufferedWriter 有两个构造方法：

（1）BufferedWriter(Writer out)。

（2）BufferedWriter(Writer out,int size)。

参数 out 指定连接的输出流，第二个构造方法的 size 参数指定缓冲区的大小，以字符为单位。

【例 10-3】BufferedReader 类的应用。

功能实现：通过 BufferedReader，把文件“d:\test.txt”中的内容送入输入流中，然后按行从流中获取数据，并在控制台中显示。

```
import java.io.*;
public class BufferedR {
public static void main(String args[]) {
```

```
try {
            // 创建一个字符文件输入流，并作为参数传递给字符缓冲输入流
            BufferedReader br = new BufferedReader(new FileReader("d:/test.txt"));
            String s;
            // 每次读一行数据，返回字符串类型
            while ((s = br.readLine()) != null) {
                    System.out.println(s);
            }
    } catch (Exception e) { }
}
}
```

程序运行结果如图 10-6 所示。

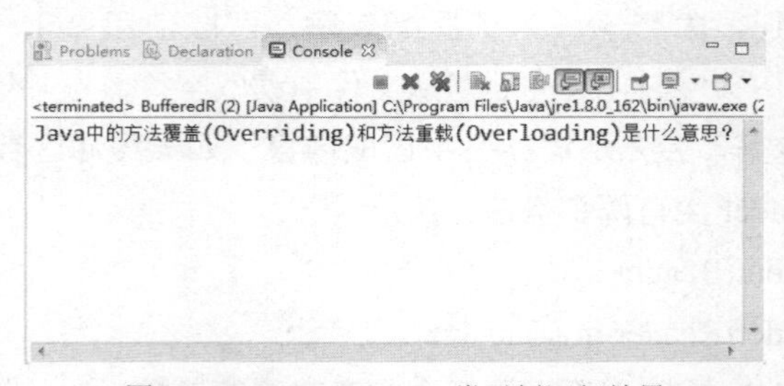

图 10-6　BufferedReader 类示例运行结果

4. StringReader（字符串读取字符流）和 StringWriter（字符串写入字符流）

StringReader 类实现从一个字符串中读取数据。StringReader 类是通过重写父类的成员方法来从一段字符串而不是文件中读取信息的，它把字符串作为字符输入流的数据源，这个类的构造方法为：

```
StringReader(String s)
```

参数 s 指定为输入流对象的数据源。

StringReader 类最重要的方法是 read()，它返回下一个字符的整型表示。

StringWriter 类是一个字符流，可以用其回收在字符串缓冲区中的数据源。构造字符串这个类的构造方法为：

```
StringWriter( );
StringWrite(int  s)
```

参数 s 指定初始字符串缓冲区大小。

StringWrite 类最重要的方法是 write() 和 toString()，表示写入字符串和以字符串的形式返回该缓冲区的当前值。

5. PrintWriter（输出字符流）

PrintWriter 在功能上与 PrintStream 类似，它向字符输出流输出对象的格式化表示形式，

除了接收文件名字符串和 OutputStream 实例作为变量之外，还可以接收 Writer 对象作为输出的对象。

PrintWriter 类实现了 PrintStream 中的所有输出方法，其中，所有 print() 和 println() 都不会抛出 I/O 异常，通过 checkError() 方法可以查看写数据是否成功，如果该方法返回 true 表示成功，否则，表示出现了错误。

PrintWriter 和 PrintStream 的 println(String s) 方法都能输出字符串，两者的区别是：PrintStream 只能使用本地平台的字符编码，而 PrintWriter 使用的字符编码取决于所连接的 Writer 类所使用的字符编码。

PrintWriter 的构造方法如下。

（1）PrintWriter(File file) 。使用指定文件创建不具有自动行刷新的新 PrintWriter。

（2）PrintWriter(File file, String csn)。创建具有指定文件和字符集且不带自动行刷新的新 PrintWriter。

（3）PrintWriter(OutputStream out)。根据现有的 OutputStream 创建不带自动行刷新的新 PrintWriter。

（4）PrintWriter(OutputStream out, boolean autoFlush)。通过现有的 OutputStream 创建新的 PrintWriter。

（5）PrintWriter(String fileName)。创建具有指定文件名称且不带自动行刷新的新 PrintWriter。

（6）PrintWriter(String fileName, String csn)。创建具有指定文件名称和字符集且不带自动行刷新的新 PrintWriter。

10.3 文件的读写

Java 为编程人员提供了一系列的读写文件的类和方法。在 Java 中，所有的文件都是字节形式的，Java 提供了从文件读写字节的方法，而且允许在字符形式的对象中使用字节文件流。本节将主要讲述对文件的读写问题。

10.3.1 如何进行文件的读写

进行文件的读写有两个最常用的流类：FileInputStream 和 FileOutputStream，它们生成与文件链接的字节流。为打开文件，只需创建这些类的对象，在构造函数中以参数形式指定文件的名称即可。这两个类都支持其他形式的重载构造函数。下面是将要用到的形式：

```
FileInputStream(String fileName) throws FileNotFoundException
FileOutputStream(String fileName) throws FileNotFoundException
```

这里，fileName 指定需要打开的文件名。当创建了一个输入流而文件不存在时，会引发 FileNotFoundException 异常。对于输出流，如果文件不能生成，则引发 FileNotFound-

Exception 异常。如果一个输出文件被打开，则所有原先存在的同名文件都将被破坏。

当对文件的操作结束后，需要调用 close() 方法来关闭文件。该方法在 FileInputStream 和 FileOutputStream 中都有定义，具体形式如下。

```
void close() throws IOException
```

为读文件，可以使用在 FileInputStream 中定义的 read() 方法，形式如下。

```
int read() throws IOException
```

该方法每次被调用都仅从文件中读取一个字节并将该字节以整数形式返回。当读到文件尾时，read() 返回 -1。该方法可以引发 IOException 异常。

向文件中写数据，需要使用 FileOutputStream 定义的 write() 方法，其最简单的形式如下：

```
void write(int byteval) throws IOException
```

该方法按照 byteval 指定的数向文件写入字节。尽管 byteval 为整型，但仅仅低 8 位字节可写入文件。如果在写过程出现问题，则引发 IOException 异常。

10.3.2 File 类

在进行文件操作时，通过 File 类可以获取文件本身的一些属性信息，如文件名称、所在路径、可读性、可写性、文件的长度等。File 类除了用作一个文件或目录的抽象表示之外，它还提供了不少相关操作方法。

File 类的构造方法有 3 个。

（1）File(String pathname)。以文件的路径作参数。

（2）File(String directoryPath,String filename)。

（3）File(File f, String filename)。

如果创建了一个文件对象，可以使用下面的方法来获得文件的相关信息，以对文件进行操作。

1. 文件名的操作

（1）public String getName()。返回文件对象名字符串，串空时返回 null。

（2）public String toString()。返回文件名字符串。

（3）public String getParent()。返回文件对象父路径字符串，不存在时返回 null。

（4）public File getPath()。转换相对路径名字符串。

（5）public String getAbsolutePath()。返回绝对路径名字符串，如果为空返回当前使用目录，也可以使用系统指定目录。

（6）public String getCanonicalPath()throws IOException。返回规范的路径名串。

（7）public File getCanonicalFile()throws IOException。返回文件（含相对路径名）规范形式。

（8）public File getAbsoluteFile()。返回相对路径的绝对路径名字符串。

（9）public boolean renameTo(File dest)。重命名指定的文件。

（10）public static Fiel createTempFile(String prifix,String suffix,File directory)throws IOException。在指定目录建立指定前后缀空文件。

（11）public static Fiel createTempFile(String prifix,String suffix)throws IOException。在指定目录建立指定前后缀文件。

（12）public boolean createNewFile()throws IOException。当指定文件不存在时，建立一个空文件。

2. 文件属性测试

（1）public boolean canRead()。测试应用程序是否能读指定的文件。

（2）public boolean canWrite()。测试应用程序是否能修改指定的文件。

（3）public boolean exists()。测试指定的文件是否存在。

（4）public boolean isDirectory()。测试指定文件是否是目录。

（5）public boolean isAbsolute()。测试路径名是否为绝对路径。

（6）public boolean isFile()。测试指定的是否是一般文件。

（7）public boolean isHidden()。测试是否是隐藏文件。

3. 一般文件信息和工具

（1）public long lastModified()。返回文件最后被修改的时间。

（2）public long length()。返回指定文件的字节长度。

（3）public boolean delete()。删除指定的文件。

（4）public void deleteOnExit()。当虚拟机执行结束时请求删除指定的文件或目录。

4. 目录操作

（1）public boolean mkdir()。创建指定的目录，正常建立时返回 true，否则返回 false。

（2）public boolean mkdirs()。常见指定的目录，包含任何不存在的父目录。

（3）public String[]list()。返回指定目录下的文件（存入数组）。

（4）public String[]list(FilenameFilter filter)。返回指定目录下满足指定文件过滤器的文件。

（5）public File[]listFiels()。返回指定目录下的文件。

（6）public File[]listFiles(FilenameFilter filter)。返回指定目录下满足指定文件过滤器的文件。

（7）public File[]listFiles(FileFilter filter)。返回指定目录下满足指定文件过滤器的文件（返回路径名应满足文件过滤器）。

（8）public static File[]listRoots()。列出可用文件系统的根目录结构。

5. 文件属性设置

（1）public boolean setLastModified(long time)。设置指定文件或目录的最后修改时间，操作成功返回 true，否则返回 false。

（2）public boolean setReadOnly()。标记指定的文件或目录为只读属性，操作成功返回

true，否则返回 false。

6. 其他

（1）public URL toURL() throws MalformedURLException。把相对路径名存入 URL 文件。

（2）public int compareTo(OBject o)。与另一个对象比较名字。

（3）public boolean equals(Object obj)。与另一个对象比较对象名。

（4）public int hashCode()。返回文件名的哈希码。

File 类的对象表示的文件并不是真正的文件，只是一个代理而已，通过这个代理来操作文件。创建一个文件对象和创建一个文件在 Java 中是两个不同的概念。前者是在虚拟机中创建了一个文件，但却并没有将它真正地创建到操作系统的文件系统中，随着虚拟机的关闭，这个创建的对象也就消失了。而创建一个文件才是在操作系统中真正地建立一个文件。例如：

```
File f=new File("10.txt"); // 创建一个名为 11.txt 的文件对象
f.CreateNewFile();     // 真正地创建文件
```

【例 10-4】File 类的应用。

功能实现：查看文件目录和文件属性，根据命令行输入的参数，如果是目录，则显示出目录下的所有文件与目录名称，如果是文件，则显示出文件的属性。

```
import java.io.*;
import java.util.*;
public class FileDemo {
public static void main(String[] args) {
    try {
            File file = new File(args[0]);
        if (file.isFile()) { // 是否为文件
System.out.println(args[0] + " 文件 ");
                System.out.print(file.canRead() ? " 可读 " : " 不可读 ");
                System.out.print(file.canWrite() ? " 可写 " : " 不可写 ");
                System.out.println(file.length() + " 字节 ");
            } else {
                        File[] files = file.listFiles();// 列出所有的文件及目录
                        ArrayList<File> fileList = new ArrayList<File>();
                        for (int i = 0; i < files.length; i++) {
                            if (files[i].isDirectory()) { // 是否为目录
                                System.out.println("[" + files[i].getPath() + "]");
                        } else {
                                fileList.add(files[i]); // 文件先存入 fileList
                            }
                        }
                        for (File f : fileList) {
```

```
                                System.out.println(f.toString());// 列出文件
                        }
                        System.out.println();
                }
        } catch (ArrayIndexOutOfBoundsException e) {
                System.out.println("using: Java FileDemo pathname");
        }
}
}
```

程序运行结果如图 10-7 所示。

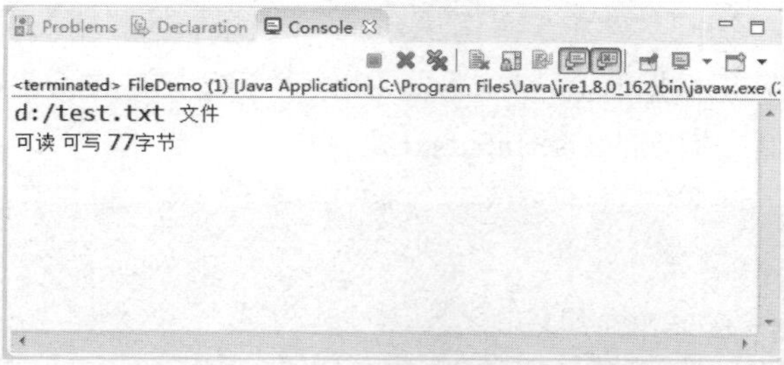

图 10-7　文件目录属性查看程序运行结果

10.3.3 RandomAccessFile（随机访问文件类）

RandomAccessFile 包装了一个随机访问的文件，但它是直接继承于 Object 类而非 InputStream/OutputStream 类。对于 InputStream 和 OutputStream 来说，它们的实例都是顺序访问流，而且读取数据和写入数据必须使用不同的类，随机文件则突破了这种限制。在 Java 中，类 RandomAccessFile 提供了随机访问文件的方法，它可以随机读写文件中任何位置的数据。RandomAccessFile 允许使用同一个实例对象对同一个文件交替进行读写操作。

RandomAccessFile 的构造方法的两个：

（1）RandomAccessFile(File file, String mode)。从中读取和向其中写入（可选）的随机存取文件流，该文件由 File 参数指定。

（2）RandomAccessFile(String name, String mode)。创建从中读取和向其中写入（可选）的随机存取文件流，该文件具有指定名称。Moder：以只读方式打开；rw 可读可写，不存在则创建。

采用 RandomAccessFile 类对象读写文件内容的原理是将文件看作字节数组，并用文件指针指示当前位置。初始状态下，文件指针指向文件的开始位置。读取数据时，文件指针会自动移过读取过的数据。还可以改变文件指针的位置。

RandomAccessFile 类提供的常用操作方法见表 10-7。

表 10-7　RandomAccessFile 类的常用操作方法

方　　法	方法说明
long getFilePointer()	返回文件指针的当前位置
long length()	返回文件的长度
void close()	关闭操作
int read(byte[] b)	将内容读取到一个 byte 数组中
byte readByte()	读取一个字节
int readInt()	从文件中读取整型数据
void seek(long pos)	设置读指针的位置
void writeBytes(String s)	将一个字符串写入到文件中，按字节的方式处理
void writeInt(int v)	将一个 int 型数据写入文件，长度为 4 位
int skipBytes(int n)	指针跳过多少个字节

【实例 10-5】随机访问文件应用举例。

功能实现：利用随机数据流 RandomAccessFile 类记录用户在键盘的输入，每执行一次，将用户的键盘输入存储在指定的 UserInput.txt 文件中。

```
import java.io.*;
public class RandomFile {
    public static void main(String args[]) {
            StringBuffer buf = new StringBuffer();
            char ch;
            try {
                    // 从标准输入流中读取一行字符，并把它添加到字符串缓冲对象中
                    while ((ch = (char) System.in.read()) != '\n') {
                            buf.append(ch);
                    }
                    // 创建一个随机文件对象
                    RandomAccessFile myFileStream = new RandomAccessFile(
                                        "d:/UserInput.txt", "rw");
                    // 文件读写指针定位到文件末尾
                    myFileStream.seek(myFileStream.length());
                    // 将字符串缓冲对象的内容添加到文件的尾部
                    myFileStream.writeBytes(buf.toString());
                    myFileStream.close();// 关闭随机文件对象
            } catch (IOException e) { }
    }
}
```

程序运行的结果如图 10-8 所示。

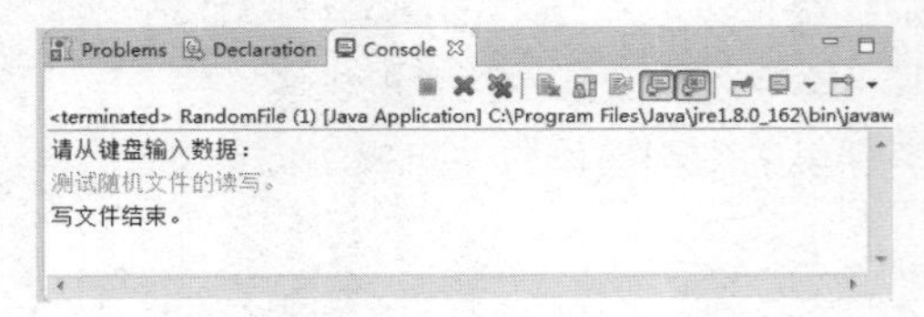

图 10-8　随机访问文件运行结果

在 Java I/O 编程中主要应该注意以下问题。

（1）异常的捕获。由于包 java.io 中几乎所有的类都声明有 I/O 异常，因此程序应该对在 I/O 操作时可能产生的异常加以处理，也就是要将 I/O 操作放在 try-catch 结构中加以检测和处理这些异常。

（2）流结束的判断。方法 read() 的返回值为 -1 时、readLine() 的返回值为 null 时，说明流已经结束，在执行读取操作时，应该加以判断。

10.4 流的转换

整个 I/O 包除了字节流和字符流之外，还提供了两个转换流，这两个转换流实现将字节流变为字符流。

（1）OutputStreamWriter。它是 Writer 的子类，它将字节输出流变为字符输出流，即将 OutputStream 类型转换为 Writer 类型。

（2）InputStreamReader。它是 Reader 的子类，它将字节输入流转变为字符输入流，即将 InputStream 类型转换为 Reader 类型。

1. InputStreamReader

InputStreamReader 是字节流通向字符流的桥梁，它使用指定的 charset 读取字节并将其解码为字符。它使用的字符集可以由名称指定或显式给定，或者可以接受平台默认的字符集。每调用一次 InputStreamReader 中的一个 read() 方法都会从底层输入流读取一个或多个字节，要启用从字节到字符的有效转换，可以提前从底层流读取更多的字节，使其超过满足当前读取操作所需的字节数。

为了提高效率，可考虑在 BufferedReader 内包装 InputStreamReader。例如：

```
BufferedReader in = new BufferedReader(new InputStreamReader(System.in));
```

InputStreamReader 的构造方法有：

（1）InputStreamReader(InputStream in)。创建一个使用默认字符集的 InputStreamReader。

（2）InputStreamReader(InputStream in, Charset cs)。创建使用给定字符集的 InputStream-Reader。

（3）InputStreamReader(InputStream in, CharsetDecoder dec)。创建使用给定字符集解码器的 InputStreamReader。

（4）InputStreamReader(InputStream in, String charsetName)。创建使用指定字符集的 InputStreamReader。

【实例 10-6】InputStreamReader 类的应用。

功能实现：把文件“test.txt”的内容以字节输入流输入，通过输入转换流把字节流转换成字符流，然后把字符流中的字符送入字符数组中并在控制台中显示出来。

```
import java.io.*;
public class InputStreamR {
public static void main(String[] args) throws Exception {
    File f = new File("d:" + File.separator + "test.txt");
    // 创建一个字节输入流对象，把它的内容转换到字符输入流中
    Reader reader = new InputStreamReader(new FileInputStream(f));
    char c[] = new char[1024];
    // 读取输入流中的字符到字符数组中，返回读取的字符长度
    int len = reader.read(c);
    reader.close();
    System.out.println(new String(c, 0, len));
}
}
```

程序运行结果如图 10-9 所示。

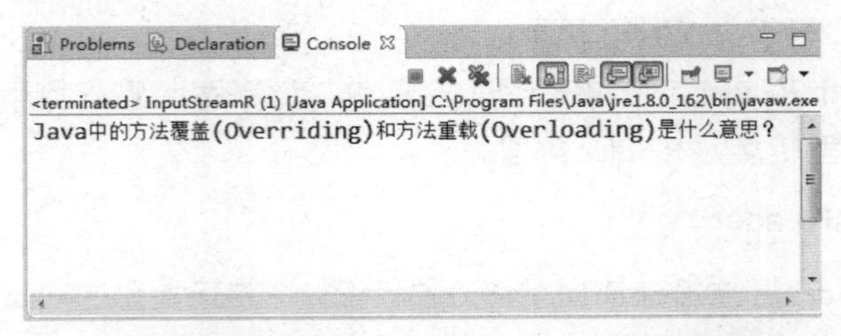

图 10-9　字节输入流变为字符输入流示例运行结果

2. OutputStreamWriter

OutputStreamWriter 是字符流通向字节流的桥梁，可使用指定的 charset 将要写入流中的字符编码成字节。它使用的字符集可以由名称指定或显式给定，否则将接受平台默认的字符集。 每次调用 write() 方法都会在给定字符（或字符集）上调用编码转换器，在写入底层输出流之前，得到的这些字节将存储在缓冲区中。可以指定此缓冲区的大小，不过，默认的缓冲区对多数用途来说已足够大。传递给 write() 方法的字符没有缓冲。

为了提高效率，可考虑将 OutputStreamWriter 包装入 BufferedWriter 中。例如：

```
BufferedWriter out = new BufferedWriter(new OutputStreamWriter(System.out));
```

OutputStreamWriter 类的构造方法有以下几种。

（1）OutputStreamWriter(OutputStream out)。创建使用默认字符编码的 OutputStreamWriter。

（2）OutputStreamWriter(OutputStream out, Charset cs)。创建使用给定字符集的 OutputStreamWriter。

（3）OutputStreamWriter(OutputStream out, CharsetEncoder enc)。创建使用给定字符集编码器的 OutputStreamWriter。

（4）OutputStreamWriter(OutputStream out, String charsetName)。创建使用指定字符集的 OutputStreamWriter。

【例 10-7】OutputStreamWriter 类的应用。

功能实现：创建一个新的文件对象，把它作为字节输出流的目标端，然后通过转换输出流，把字符流转换成字节流，并输出到文件中。

```
import java.io.*;
public class OutputStreamW {
    public static void main(String[] args) throws Exception {
            File f = new File("t.txt"); // 创建文件对象
            // 创建一个字节输出流对象，把它的内容转换到字符输出流中
            Writer out = new OutputStreamWriter(new FileOutputStream(f));
            out.write("hello world");
            out.close(); // 关闭流
    }
}
```

程序运行结果为在 test.txt 文本文件中写入“hello world”字符串，如图 10-10 所示。

图 10-10　字节输出流变为字符输出流示例运行结果

10.5　对象流和序列化

10.5.1　序列化的概念

对象的寿命通常随着生成该对象的程序的终止而终止。有时候，可能需要将对象的状态保存下来，等需要时再进行对象恢复。把对象的这种能记录自己的状态以便将来再生的能力，叫做对象的持久性 (persistence)。对象通过写出描述自己状态的数值来记录自己，这个过程叫对象的序列化 (Serialization)。

对象序列化的目的是将对象保存到磁盘上，或者允许在网络上传输。对象序列化机制就是把内存中的 Java 对象转换为平台无关的字节流，从而允许把这种字节流持久保存在磁盘上，通过网络将这种字节流传送到另一台主机上。其他程序一旦获得这种字节流，就可以恢复原来的 Java 对象。

如果一个对象可以被存放到磁盘上，或者可以发送到另外一台机器并存放到存储器或磁盘上，那么这个对象就被称为可序列化的。

要序列化一个对象，必须与一定的对象输入 / 输出流联系起来，通过对象输出流将对象状态保存下来，再通过对象输入流将对象状态恢复。

java.io 包中提供了 ObjectInputStream 和 ObjectOutputStream 将数据流功能扩展至可读写对象。在 ObjectInputStream 中，用 readObject() 方法可以直接读取一个对象；在 ObjectOutputStream 中，用 writeObject() 方法可以直接将对象保存到输出流中。

10.5.2 ObjectOutputStream

ObjectOutputStream 是一个处理流，所以必须建立在其他节点流的基础之上。例如，先创建一个 FileOutputStream 输出流对象，再基于这个对象创建一个对象输出流。

```
FileOutputStream fileOut=new FileOutputStream("book.txt");
ObjectOutputStream objectOut=new ObjectOutputStream(fileOut);
```

writeObject() 方法用于将对象写入流中，所有对象（包括 String 和数组）都可以通过 writeObject() 写入。可将多个对象或基元写入流中 , 代码如下：

```
objectOut.writeObject("Hello");
objectOut.writeObject(new Date());
```

对象的默认序列化机制写入的内容是：对象的类、类签名，以及非瞬态和非静态字段的值。对象的引用也可以写入。

ObjectInputStream 的构造方法有两个。

（1）ObjectOutputStream()。为完全重新实现 ObjectOutputStream 的子类提供一种方法，让它不必分配仅由 ObjectOutputStream 的实现使用的私有数据。

（2）ObjectOutputStream(OutputStream out)。创建写入指定 OutputStream 的 ObjectOutput-Stream。

ObjectOutputStream 类中常用的成员方法及说明见表 10-8。

表 10-8　ObjectOutputStream 类的常用成员方法

方　法	方法说明
void　defaultWriteObject()	将当前类的非静态和非瞬态字段写入此流
void　flush()	刷新该流的缓冲
void　reset()	重置将丢弃已写入流中的所有对象的状态
void　write(byte[] buf)	写入一个 byte 数组
void　write(int val)	写入一个字节
void　writeByte(int val)	写入一个 8 位字节
void　writeBytes(String str)	以字节序列形式写入一个 String
void　writeChar(int val)	写入一个 16 位的 char 值
void　writeInt(int val)	写入一个 32 位的 int 值
void　writeObject(Object obj)	将指定的对象写入 ObjectOutputStream

10.5.3 ObjectInputStream

ObjectInputStream 是一个处理流，也必须建立在其他节点流的基础之上，它可以对以前使用 ObjectOutputStream 写入的基本数据和对象进行反序列化。示例代码如下：

```
FileInputStream fileIn=new FileInputStream("book.txt");
ObjectInputStream objectIn=new ObjectInputStream(fileIn);
```

ObjectInputStream 类的 readObject() 方法用于从流中读取对象，可以使用 Java 的安全强制转换来获取所需的类型。如在 Java 中，字符串和数组都是对象，所以在序列化期间将其视为对象，读取时，需要将其强制转换为期望的类型。示例代码如下：

```
String s=(String)objectIn.readObject();
Date d=(Date)objectIn.readObject();
```

默认情况下，对象的反序列化机制会将每个字段的内容恢复为写入时它所具有的值和类型，反序列化时始终分配新对象，这样就可以避免现有对象被重写。

ObjectInputStream 的构造方法有两个。

（1）ObjectInputStream()。为完全重新实现 ObjectInputStream 的子类提供一种方式，让它不必分配仅由 ObjectInputStream 的实现使用的私有数据。

（2）ObjectInputStream(InputStream in)。创建从指定 InputStream 读取的 ObjectInputStream。

ObjectInputStream 类常用的方法及说明见表 10-9。

表 10-9　ObjectInputStream 类的常用方法

方　法	方法说明
void　defaultReadObject()	从流读取当前类的非静态和非瞬态字段
int　read()	读取数据字节
byte　readByte()	读取一个 8 位的字节
char　readChar()	读取一个 16 位的 char 值
int　readInt()	读取一个 32 位的 int 值
ObjectStreamClass　readClassDescriptor()	从序列化流读取类描述符
Object　readObject()	从 ObjectInputStream 读取对象

10.5.4 序列化示例

【例 10-8】序列化应用举例。

功能实现：创建一个可序列化的学生对象，并用 ObjectOutputStream 类把它存储到一个文件（student.txt）中，然后再用 ObjectInputStream 类把存储的数据读取到一个学生对象，即恢复保存的学生对象。

```
import java.io.*;
```

```
import Java.util.*;
class Student implements Serializable {
    int id; // 学号
    String name; // 姓名
    int age; // 年龄
    String department; // 系别
    public Student(int id, String name, int age, String department) {
            this.id = id;
            this.name = name;
            this.age = age;
            this.department = department;
    }
}
public class SerializableDemo {
    public static void main(String[] args) {
            Student stu1 = new Student(101036, " 刘明明 ", 18, "CSD");
            Student stu2 = new Student(101236, " 李四 ", 20, "EID ");
            File f = new File("student.txt");
            try {
                    FileOutputStream fos = new FileOutputStream(f);
                    // 创建一个对象输出流
                    ObjectOutputStream oos = new ObjectOutputStream(fos);
                    // 把学生对象写入对象输出流中
                    oos.writeObject(stu1);
                    oos.writeObject(stu2);
                    oos.writeObject(new Date());
                    oos.close();
                    FileInputStream fis = new FileInputStream(f);
                    // 创建一个对象输入流，并把文件输入流对象 fis 作为源端
                    ObjectInputStream ois = new ObjectInputStream(fis);
                    // 把文件中保存的对象还原成对象实例
                    stu1 = (Student) ois.readObject();
                    stu2 = (Student) ois.readObject();
                    System.out.println(" 学号 =" + stu1.id);
                    System.out.println(" 姓名 =" + stu1.name);
                    System.out.println(" 年龄 =" + stu1.age);
                    System.out.println(" 系别 =" + stu1.department);
                    System.out.println(" 学号 =" + stu2.id);
```

```
                System.out.println(" 姓名 =" + stu2.name);
                System.out.println(" 年龄 =" + stu2.age);
                System.out.println(" 系别 =" + stu2.department);
                System.out.println((Date) ois.readObject());
                ois.close();
            } catch (Exception e) {
                e.printStackTrace();
            }
    }
}
```

程序运行结果如图 10-11 所示。

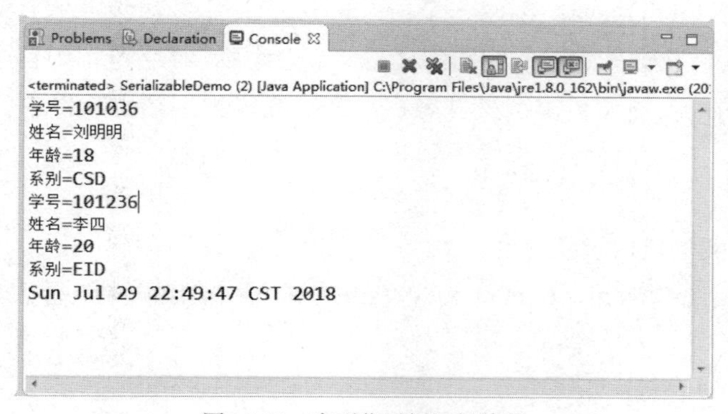

图 10-11　序列化示例运行结果

在例 10-8 中，首先定义了一个类 Student，实现了 Serializable 接口；然后通过对象输出流的 writeObject() 方法将 Student 对象保存到文件 student.txt 中；之后，通过对象输入流的 readObject() 方法从文件 student.txt 中读出保存下来的 Student 对象。

注意： 串行化只能保存对象的非静态成员变量，不能保存任何的成员方法和静态的成员变量，而且序列化保存的只是变量的值，对于变量的任何修饰符，都不能保存。对于某些类型的对象，其状态是瞬时的，这样的对象是无法保存的。例如，一个 Thread 对象，或一个 FileInputStream 对象，对于这些字段，必须用 transient 关键字标明。

强化练习

Java 数据是以数据流方式进行传输，I/O 数据流是数据传输的基础，文件可以用来长期存储数据。读写文件的基本过程是创建数据流对象、用数据流对象读写文件和关闭数据流。最常见的文件是字符文件和字节文件，Java 程序文件就是字符文件，class 文件是字节文件。创建数据流对象、用数据流对象读写文件和关闭数据流可能发生 I/O 异常，要进行异常处理。读者可以自行练习以下操作，熟悉本章讲述的主要内容。

练习 1:

编写一个程序 FileIO.java，创建一个目录，并在该目录下创建一个文件对象；创建文件输出流对象，从标准输入端输入字符串，以“#”结束，将字符串内容写入文件，关闭输出流对象；创建输入流对象，读出文件内容，在标准输出端输出文件中的字符串，关闭输入流对象。

要求：

（1）用 File 类构建目录和文件。

（2）用 FileInputStream、FileOutputStream 为输入和输出对象进行读写操作。

练习 2:

有 5 个学生，每个学生有 3 门课程的成绩，从键盘输入以上数据（包括学生号、姓名、3 门课程成绩），计算出平均成绩，把原有的数据和计算出的平均成绩存放在磁盘文件“student.dat”中。

要求：

（1）成绩输入来自键盘，利用 Scanner 类。

（2）File 类建立文件，BufferedWriter 完成文件的写操作。

练习 3:

编写图形界面的 application 程序，包括分别用于输入字符串和浮点数的两个 TextField，以及两个按钮和一个 TextArea。用户在两个 TextField 中输入数据并单击“输入”按钮后，程序利用 DataOutputStream 将这两个数保存到一个文件 file.dat 中，单击“输出”按钮则将这个文件的内容利用 DataInputStream 读出来显示在 TestArea 中。

第11章 多线程技术详解

内容概要

在多处理器系统中，多线程可以在不同的处理器上同时执行，提高处理器的利用率。在单处理器系统中，多线程技术也可以提升系统的吞吐率达到类似的效果。本章将对进程与线程的基本概念，多线程技术的使用，使用 Thread 类创建、启动、暂停、恢复和停止线程等内容进行介绍。通过本章的学习，读者可以掌握创建和使用多线程技术的方法。

学习目标

- ◆ 熟悉线程的概念
- ◆ 了解线程的运行机制
- ◆ 掌握线程的基本方法
- ◆ 了解线程的生命周期
- ◆ 掌握线程的同步方法

课时安排

- ◆ 理论学习 2 课时
- ◆ 上机操作 2 课时

11.1 线程的基本概念

目前主流的操作系统都支持多个程序同时运行，每个运行的程序都是操作系统所做的一件事情，比如用“酷狗音乐”听歌的同时还可使用“QQ 软件”进行聊天。音乐软件和聊天软件是两个不同的程序，但这两个程序却在“同时”运行。

一个程序的运行一般对应一个进程，也可能包含好几个进程。“酷狗音乐”的运行对应一个进程，“QQ 软件”的运行也对应一个进程，在 Windows 任务管理器中可以看到操作系统正在运行的进程信息。

在“酷狗音乐”播放歌曲的时候，还可以通过“酷狗音乐”程序同时从网上下载歌曲。播放歌曲的程序段是一个线程，下载歌曲的程序段又是一个线程，它们都属于运行“酷狗音乐”所对应的进程。

下面是程序、进程和线程这几个概念的区别和联系。

（1）程序。程序是一段静态的代码，是人们解决问题的思维方式在计算机中的描述，是应用软件执行的蓝本。它是一个静态的概念，存放在外存上，还没有运行的软件叫程序。

（2）进程。进程是程序的一个运行例程，是用来描述程序的动态执行过程。程序运行时，操作系统会为进程分配资源，其中最主要的资源就是内存空间，因为程序是在内存中运行的。一个程序运行结束，它所对应的进程就不存在了，但程序软件依然存在。一个进程可以对应多个程序文件，同样，一个程序软件也可以对应多个进程。譬如，浏览器可以运行多次，可打开多个窗口，每一次运行都对应着一个进程，但浏览器程序软件只有一个。

（3）线程。线程是进程中相对独立的一个程序段的执行单元。一个进程可以包含若干个线程，一个线程不能独立存在，它必须是进程的一部分。一个进程中的多个线程可以共享进程中的资源。

11.2 线程的运行机制

JVM（Java 虚拟机）的很多任务都依赖线程调度，执行程序代码的任务是由线程来完成的。在 Java 中每一个线程都有一个独立的程序计数器和方法调用栈。

程序计数器又称 PC 寄存器，也就是一个记录线程当前执行程序代码位置的寄存器。当线程在执行的过程中，程序计数器指向的是一下条要执行的指令。

方法调用栈简称方法栈，是用来描述线程在执行时一系列方法的调用过程。栈中的每一个元素称为一个栈帧，每一个栈帧对应一个方法调用，栈帧中保存了方法调用的参数、局部变量和程序执行过程中的临时数据等。

JVM 进程启动后，在同一个 JVM 进程中，有且只有一个进程，就是它自己。在这个 JVM 环境中，所有程序都是以线程来运行的，JVM 最先会产生一个主线程，由它来指定程序的入口点。在程序中，主线程就是从 main() 方法开始运行的，当 main() 方法结束后，主线程运行完成，JVM 进程也随之退出。

这样的只有一个线程执行程序逻辑的流程称之为单线程。事实上，还可以在线程中创建新的线程并执行，这样在一个进程中就存在多个程序执行的流程，也就是多线程的环境。

【例 11-1】多线程编程示例。

功能实现：在主线程执行的过程中创建一个子线程，然后，主线程和子线程一起并发执行。

```
public class MyThread extends Thread {// 定义类从 Thread 类继承
    int number;    // 自定义线程编号
    public MyThread(int num) {
            number = num;
            System.out.println(" 创建线程 " + number); // 输出创建线程的编号
    }
    public void run() { //run() 方法是线程运行的主体
            System.out.println(" 子线程 " + number + " 中的输出 "); // 输出执行的线程编号
    }
    public static void main(String args[]) {
            Thread th1 = new MyThread(1); // 实例化一个线程对象，并传递编号 1
            Thread th2 = new MyThread(2); // 实例化一个线程对象，并传递编号 2
            th1.start();    // 启动子线程 1
            th2.start();    // 启动子线程 2
            System.out.println(" 主线程中的输出 ");
    }
}
```

程序运行结果如图 11-1 所示。

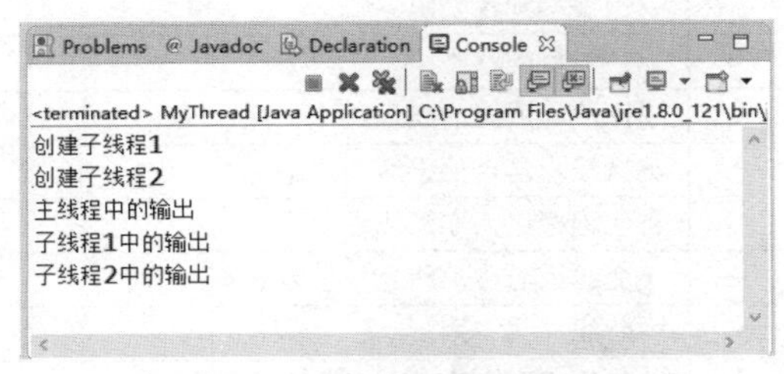

图 11-1　线程运行输出结果

程序运行后，main() 方法在主线程中运行。在 main() 方法中创建的两个子线程对象，通过调用 start() 方法启动两个子线程，这样主线程和子线程并驾齐驱。至于最后三个线程的输出顺序是不是确定的，关键看哪一个线程先运行输出语句。如同三个人进行 100m 短跑比赛，最后的名次事先是不确定的，而且多次比赛的结果也可能不同。

11.3 线程的创建

创建线程的常用方法主要有两种：通过继承 Thread 类或实现 Runnable 接口，在使用 Runnable 接口时需要建立一个 Thread 实例。因此，无论是通过 Thread 类还是 Runnable 接口建立线程，都必须建立 Thread 类或它的子类的实例。

11.3.1 继承 Thread 类

Thread 类位于 java.lang 包中，Thread 的每个实例对象就是一个线程，它的子类的实例也是一个线程。通过 Thread 类或它的派生类才能创建线程的实例并启动一个新的线程，其构造方法为：

```
public Thread(ThreadGroup group,Runnable target,String name,long stackSize);
```

group 指明该线程所属的线程组，target 为实际执行线程体的目标对象，name 为线程名，stackSize 为线程指定的堆栈大小。这些参数都可省略。Thread 类有 8 个重载的构造方法，在 jdk 帮助文档有详细的说明，这里不再赘述。

Thread 类中常用的方法见表 11-1。

表 11-1　Thread 类的常用方法

方　　法	方法说明
void run()	线程运行时所执行的代码都在这个方法中，是 Runnable 接口声明的唯一方法
void start()	使线程开始执行；Java 虚拟机调用线程的 run（）方法
static int activeCount()	返回当前线程所在线程组中活动线程的数目
static Thread currentThread()	返回对当前正在执行的线程对象的引用
static int enumerate(Thread[] t)	将当前线程组中的每一个活动线程复制到指定的数组中
String getName()	返回线程的名称
int getPriority()	返回线程的优先级
Thread.State getState()	返回线程的状态
ThreadGroup getThreadGroup()	返回线程所属的线程组
final boolean isAlive()	测试线程是否处于活动状态
void setDaemon(boolean on)	将线程标记为守护线程或用户线程
void setName(String name)	改变线程名称，使之与参数 name 相同
void interrupt()	中断线程
void join()	等待线程终止，它有多个重载方法
static void yield()	暂停当前正在执行的线程对象，并执行其他线程

编写 Thread 类的派生类，主要是覆盖方法 run()，在这个方法中加入线程所要执行的代码即可，因此，经常把 run() 方法称为线程的执行体。run() 方法可以调用其他方法，使用其他类，并声明变量，就像主线程 main() 方法一样。线程的 run() 方法运行结束，线程也将终止。

通过继承 Thread 类创建线程的步骤如下。

（1）定义 Thread 类的子类，并重写该类的 run() 方法，实现线程的功能。

（2）创建 Thread 子类的实例，即创建线程对象。

（3）调用线程对象的 start() 方法来启动该线程。

创建一个线程对象后，仅仅在内存中增加了一个线程类的实例对象，线程并不会自动开始运行，必须调用线程对象的 start() 方法来启动线程。start() 方法完成两方面的功能：一方面是为线程分配必要的资源，使线程处于可运行状态；另一方面是调用线程的 run() 方法来运行线程。

【例 11-2】通过从 Thread 类继承创建线程。

功能实现：通过继承 Thread 类来实现一个线程类。在主线程执行时创建两个子线程，并让它们并发运行。

```
class ThreadDemo extends Thread {
  private Thread t;
  private String threadName;  // 用来记录线程名
  ThreadDemo( String name) {
    threadName = name;
    System.out.println(" 创建线程 " + threadName ); // 输出创建的线程名
  }
  public void run() {
    System.out.println(" 运行线程 " + threadName ); // 输出运行的线程名
    try {
        System.out.println(" 线程 " + threadName + " 休息一会 ");
        Thread.sleep(10);    // 让线程睡眠一会
    }catch (InterruptedException e) {
      System.out.println(" 线程 " + threadName + " 中断 ."); // 线程睡眠出现中断
    }
    System.out.println(" 线程 " + threadName + " 结束 ."); // 输出将结束的线程
  }
  public void ready() {
    System.out.println(" 启动线程 " + threadName ); // 输出将启动的线程名
    this.start(); // 启动线程
  }
}
public class ThreadApp {
  public static void main(String args[]) {
    ThreadDemo t1 = new ThreadDemo( "Thread-1"); // 实例化线程对象
    t1.ready();
    ThreadDemo t2 = new ThreadDemo( "Thread-2"); // 实例化线程对象
    t2.ready();
  }
}
```

程序运行结果如图 11-2 所示。

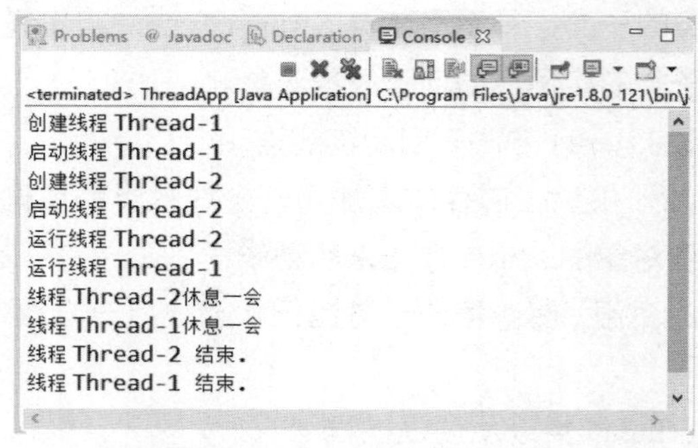

图 11-2　通过继承 Thread 类创建线程

以上程序每次运行输出的结果可能不太一样，因为两个子线程执行的进度和顺序是不确定的。

11.3.2　实现 Runnable 接口

通过继承 Thread 类来创建线程，有一个缺点，那就是如果类已经继承了一个其他类，则无法再继承 Thread 类。此时可以通过实现 Runnable 接口的方式创建线程。Runnable 接口只有一个方法 run()，声明的类需要实现这一方法。run() 方法同样也可以调用其他方法。

通过实现 Runnable 接口来创建线程的步骤如下。

(1) 定义 Runnable 接口的实现类，并实现该接口的 run() 方法。

(2) 创建 Runnable 实现类的实例，并以此实例作为 Thread 类的 target 参数来创建 Thread 线程对象，该 Thread 对象才是真正的线程对象。

【例 11-3】通过实现 Runable 接口创建线程。

功能实现：通过实现 Runnable 接口来实现一个线程类，在主线程中实例化这个子线程对象并启动，子线程执行时，会在给定的时间间隔不断显示系统当前时间。

```
import java.util.*;
class TimePrinter implements Runnable {
    public boolean stop = false;  // 线程是否停止
    int pauseTime;  // 时钟跳变时间间隔
    String name;   // 显示时间的标签
    public TimePrinter(int x, String n) { // 构造方法，初始化成员变量
            pauseTime = x;
            name = n;
    }
    public void run() {
            while (!stop) {
                    try {
```

```
                    // 在控制台中显示系统的当前日期和时间
                    System.out.println(name + ":"
                            + new Date(System.currentTimeMillis()));
                    Thread.sleep(pauseTime); // 线程睡眠 pauseTime 毫秒
                } catch (Exception e) {
                    e.printStackTrace(); // 输出异常信息
                }
            }
        }
}
public class NewThread {
    static public void main(String args[]) {
            // 实例化一个 Runnable 对象
            TimePrinter tp = new TimePrinter(1000, " 当前日期时间 ");
            Thread t = new Thread(tp); // 实例化一个线程对象
            t.start(); // 启动线程
            System.out.println(" 按 Enter 键终止！ ");
            try {
                System.in.read(); // 从输入缓冲区中读取数据，按 Enter 键返回
            } catch (Exception e) {
                e.printStackTrace(); // 输出异常信息
            }
            tp.stop = true; // 置子线程的终止标志为 true
    }
}
```

在本例中，每间隔 1s 在屏幕上显示当前时间，这是主线程创建一个新线程来完成的。程序运行结果如图 11-3 所示。

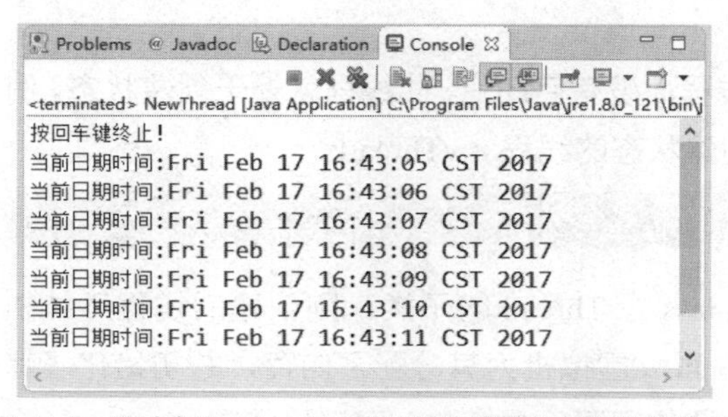

图 11-3　通过实现 Runnable 接口创建线程的程序运行结果

当使用 Runnable 接口时，不能直接创建所需类的对象并运行它，必须从 Thread 类的一个实例内部运行它。

11.4 线程的生命周期

当线程对象被创建时，线程的生命周期就已经开始了，直到线程对象被撤销为止。在线程的整个生命周期中，线程并不是创建后即可进入可运行状态，线程启动之后，也不是一直处于可运行状态。线程整个生命周期含有多种状态，这些状态之间可以互相转换。Java 线程的生命周期可以分为 6 种状态：创建（New) 状态、可运行 (Runnable) 状态、阻塞 (Blocked) 状态、等待（Waiting）状态、计时等待 (Timed Waiting) 状态、终止 (Terminated) 状态。

一个线程创建之后，总是处于其生命周期的 6 个状态之一中，线程的状态表明此线程当前正在进行的活动，而线程的状态是可以通过程序来控制的，就是说，可以对线程进行操作来改变其状态。通过各种操作，线程的 6 个状态之间的转换关系如图 11-4 所示。

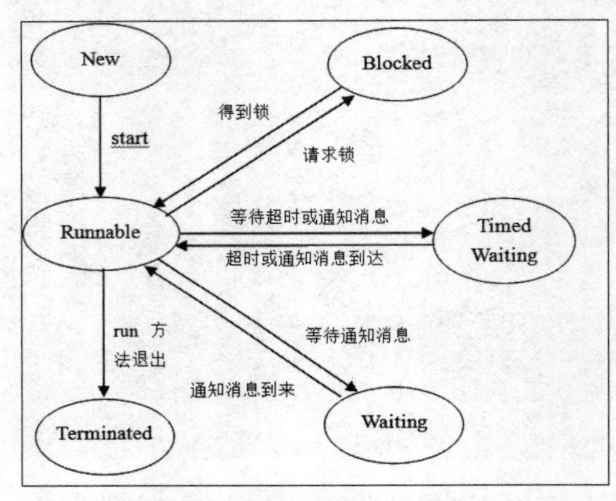

图 11-4　线程状态转换关系

1. 创建状态

如果创建了一个线程而没有启动它，此线程就处于创建状态。例如，下述语句执行以后，使系统有了一个处于创建状态的线程 myThread:

```
Thread myThread=new MyThreadClass();
```

其中，MyThreadClass 是 Thread 的子类。刚创建的线程不能执行，此时，它和其他的 Java 对象一样，仅仅由 Java 虚拟机为其分配了内存，并初始化了其成员变量的值，必须向系统进行注册、分配必要的资源后才能进入可运行状态。

2. 可运行状态

如果对一个处于创建状态的线程调用 start() 方法，则此线程便进入可运行状态。例如：

```
myThread.start();
```

线程 myThread 进入可运行状态，Java 虚拟机会为其创建方法调用栈和程序计数器。使线程进入可运行状态的实质是调用了线程体的 run() 方法，此方法是由 JVM 执行 start() 完成分配必要的资源之后自动调用的，不需要在用户程序中显示调用 run() 方法。显示调用 run() 方法和普通方法调用一样，并没有启动新的线程。

3. 阻塞状态

当一个线程试图获取一个内部的对象锁，而该锁被其他线程持有时，则该线程就进入阻塞状态，或者进入了某个同步块或同步方法，在运行的过程中它调用了某个对象继承自 java.lang.Object 的 wait() 方法，正在等待重新返回这个同步块或同步方法。

4. 等待状态

当线程调用 wait() 方法来等待另一个线程的通知，或者调用 join() 方法等待另一个线程执行结束的时候，该线程也会进入等待状态。

5. 计时等待状态（睡眠状态）

如果线程调用 sleep()、wait()、join() 等方法的时候，会传递一个超时参数，这些方法执行的时候会使线程进入计时等待状态。

6. 终止状态

线程一旦进入终止状态，它将不再具有运行的资格，所以也不可能再转到其他状态。

线程会以以下 3 种方式进入终止状态。

（1）run() 方法执行完成，线程正常结束。

（2）线程抛出一个未捕获的 Exception 或 Error。

（3）直接调用该线程的 stop() 方法来结束线程，该方法已经过时，不推荐使用。

【例 11-4】查看线程状态。

功能实现：在主线程中创建一个子线程，在不同的时期查看子线程的状态并输出。

```
public class ThreadState implements Runnable{
    public synchronized void notifying() throws InterruptedException {
            notify(); // 唤醒由调用 wait() 方法进入等待状态的线程
    }
    public synchronized void waiting() throws InterruptedException {
            wait(); // 使当前线程进入等待状态
    }
    public void run() {
            try {
                    Thread.sleep(500);   // 使当前线程睡眠 500ms
                    waiting();   // 调用 waiting() 方法
            } catch (InterruptedException e) {
                    e.printStackTrace();
            }
```

```
    }
    public static void main(String[] args) throws InterruptedException {
            ThreadState ts = new ThreadState(); // 实例化 Runnable 对象
            Thread th = new Thread(ts);  // 创建线程对象
            System.out.println(" 创建后状态： " + th.getState());// 输出子线程状态
            th.start();  // 启动线程
            System.out.println(" 启动后状态： " + th.getState()); // 输出子线程状态
            Thread.sleep(100); // 主线程睡眠 100ms，等待子线程执行 sleep() 方法
            System.out.println("sleep 后状态： " + th.getState());// 输出子线程状态
            Thread.sleep(500); // 主线程睡眠 500ms，等待子线程执行 wait() 方法
            System.out.println("wait 后状态： " + th.getState());// 输出子线程状态
            ts.notifying();  // 唤醒子线程
            System.out.println(" 返回同步方法前状态： " + th.getState());// 输出子线程状态
            th.join();   // 等待子线程结束
            System.out.println(" 结束后状态： " + th.getState());// 输出子线程状态
    }
}
```

程序运行结果如图 11-5 所示。

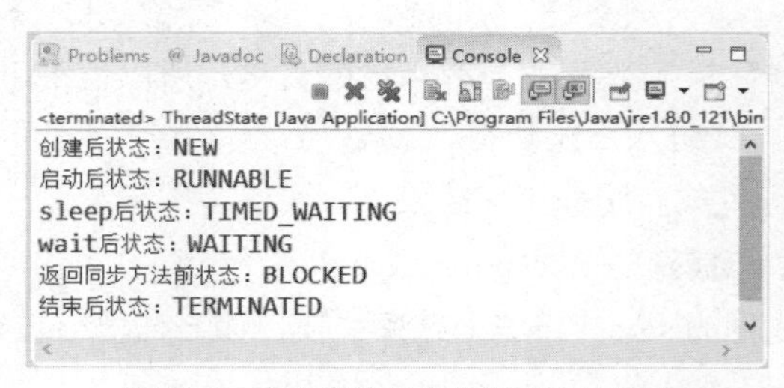

图 11-5　查看线程状态的程序运行结果

11.5　线程调度

线程在生命周期之内，它的状态会经常发生变化，由于在多线程编程中同时存在多个处于活动状态的线程，哪一个线程可以获得 CPU 的使用权呢？往往通过控制线程的状态变化来协调多个线程对 CPU 的使用。

11.5.1　线程睡眠——sleep

如果需要让当前正在执行的线程暂停一段时间，则通过使用 Thread 类的静态方法 sleep() 使其进入计时等待状态，让其他线程有机会执行。

sleep() 方法是 Thread 的静态方法，它有两个重载方法。

(1) public static void sleep(long millis) throws InterruptedException。在指定的毫秒数 millis

内让当前正在执行的线程休眠。

(2) public static void sleep(long millis，int nanos) throws InterruptedException。在指定的毫秒数 millis 加指定的纳秒数 nanos 内让当前正在执行的线程休眠。

线程在睡眠过程中如果被中断，则该方法抛出 InterruptedException 异常，所以调用时要捕获异常。

【例 11-5】线程睡眠应用示例。

功能实现：设计一个数字时钟，在桌面窗口中显示当前时间，每间隔 1s，时间自动刷新。

```
import java.awt.Container;
import java.awt.FlowLayout;
import java.text.SimpleDateFormat;
import java.util.Date;
import javax.swing.JFrame;
import javax.swing.JLabel;
public class DigitalClock extends JFrame implements Runnable{
    JLabel jLabel1,jLabel2;
    public DigitalClock(String title){
            jLabel1=new JLabel(" 当前时间 :");
            jLabel2=new JLabel();
            Container contentPane=this.getContentPane(); // 获取窗口的内容空格
            contentPane.setLayout(new FlowLayout()); // 设置窗口为流式布局
            this.add(jLabel1);    // 把标签添加到窗口中
            this.add(jLabel2);    // 把标签添加到窗口中
            // 点击关闭窗口时退出应用程序
this.setDefaultCloseOperation(JFrame.EXIT_ON_CLOSE);
            this.setSize(300,200);     // 设置窗口尺寸
            this.setVisible(true);              // 使窗口可见
    }

    public void run() {
            while(true){
                    String msg=getTime();  // 获取时间信息
                    jLabel2.setText(msg);  // 在标签中显示时间信息
            }
    }
    String getTime(){
            Date date=new Date();    // 创建时间对象并得到当前时间
            SimpleDateFormat sdf = new SimpleDateFormat("yyyy 年 MM 月 dd 日 HH 时 MM 分 ss 秒 ");
// 创建时间格式化对象，设定时间格式
            String dt = sdf.format(date);  // 格式化当前时间，得到当时时间字符串
            return dt;
    }
```

```
    public static void main(String[] args)
    {
            DigitalClock dc=new DigitalClock(" 数字时钟 ");  // 创建时钟窗口对象
            Thread thread=new Thread(dc);           // 创建线程对象
            thread.start();       // 启动线程
    }
}
```

程序运行结果如图 11-6 所示。

图 11-6　设计数字时钟的程序运行结果

线程睡眠是使线程让出 CPU 资源的最简单的做法之一，线程睡眠的时候，会将 CPU 资源交给其他线程，以便各线程能轮换执行，当线程睡眠一定时间后，线程会苏醒，进入可运行状态等待执行。

11.5.2　线程让步——yield() 方法

调用 yield() 方法可以实现线程让步，它与 sleep() 类似，也会暂停当前正在执行的线程，让当前线程交出 CPU 权限。但 yield() 方法只能让拥有相同优先级或更高优先级的线程有获取 CPU 执行的机会，如果可运行线程队列中的线程的优先级都没有当前线程的优先级高，则当前线程会继续执行。

调用 yield() 方法并不会让线程进入阻塞状态，而是让线程重回可运行状态，它只需要等待重新获取 CPU 执行时间，这一点和 sleep() 方法是不一样的。

yield() 方法是 Thread 类声明的静态方法，它的声明格式如下：

```
public static void yield()
```

【例 11-6】线程让步应用示例。

功能实现：在主线程中创建两个子线程对象，然后启动它们，使其并发执行，在子线程的 run() 方法中每个线程循环 9 次，每循环 3 次输出一行，通过调用 yield() 方法实现两个子线程交替输出信息。

```
public class ThreadYield implements Runnable {
    String str = "";
    public void run() {
            for (int i = 1; i <= 9; i++) {
```

```
                    // 获取当前线程名和输出编号
                    str += Thread.currentThread().getName() + "-----" + i + "    ";
    // 当满 3 条信息时，输出信息内容，并让出 CPU
                    if (i % 3 == 0) {
                        System.out.println(str);     // 输出线程信息
                        str = "";
                        Thread.currentThread().yield();  // 当前线程让出 CPU
                    }
                }
        }
        public static void main(String[] args) {
                ThreadYield ty1 = new ThreadYield();     // 实例化 ThreadYield 对象
                ThreadYield ty2 = new ThreadYield();     // 实例化 ThreadYield 对象

                Thread threada = new Thread(ty1, " 线程 A"); // 通过 ThreadYield 对象创建线程
                Thread threadb = new Thread(ty2, " 线程 B");// 通过 ThreadYield 对象创建线程
                threada.start();  // 启动线程 threada
                threadb.start();           // 启动线程 threadb
        }
}
```

程序运行结果如图 11-7 所示。

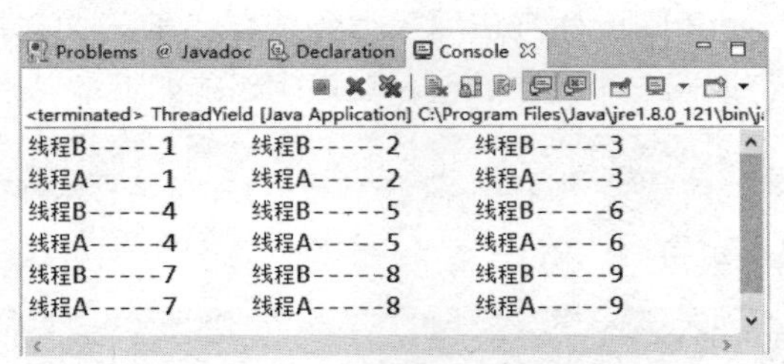

图 11-7 线程让步实例运行结果

重复运行上面的程序，输出的顺序可能会不一样，所以，通过 yield() 方法来控制线程的执行顺序是不可靠的，后面会讲到通过线程的同步机制来控制线程之间的执行顺序。

11.5.3 线程协作——join() 方法

若一个线程运行到某一个点时，需要等待另一个线程运行结束后才能继续运行，这个时候可以通过调用另一个线程的 join() 方法来实现。在很多情况下，主线程创建并启动了子线程，如果子线程要进行大量的耗时运算，主线程往往将早于子线程结束之前结束。这时，如果主线程想等待子线程执行完成之后，获取这个子线程运算的结果数据并进行输出，可以调用子线程对象的 join() 方法来实现。

Thread 类中的 join() 方法的语法格式如下所示：

```
public final void join() throws InterruptedException
```

该方法将使得当前线程进入等待状态，直到被 join() 方法加入的线程运行结束，才恢复执行。由于该方法被调用时可能抛出一个 InterruptedException 异常，因此在调用它的时候需要将它放在 try…catch 语句中。

11.5.4 线程优先级

在 Java 程序中，每一个线程都对应一个优先级，优先级高的线程获得较多的运行机会，优先级低的线程并非没机会执行，只不过获得运行的机会少一些。

线程的优先级用 1~10 之间的整数表示，数值越大优先级越高，线程默认的优先级为 5。为此，Thread 类中定义了三个常量，分别表示最高优先级、最低优先级和默认优先级。

（1）static int MAX_PRIORITY。线程可以具有的最高优先级，值为 10。

（2）static int MIN_PRIORITY。线程可以具有的最低优先级，值为 1。

（3）static int NORM_PRIORITY。分配给线程的默认优先级，值为 5。

在一个线程中开启另外一个新线程，则新开线程称为该线程的子线程，子线程初始优先级与父线程相同。也可以通过调用线程对象的 setPriority() 方法设置线程的优先级。该方法是 Thread 类的成员方法，它的声明格式为：

```
public final void setPriority(int newPriority)
```

Thread 类还有一个 getPriority() 方法用来得到线程当前的优先级。该方法也是 Thread 类的成员方法，调用它将返回一个整数数值。其声明格式如下：

```
public final int getPriority()
```

【例 11-7】线程优先级示例。

```
public class ThreadPriority implements Runnable {
    int count = 0;
    int num = 0;

    public void run() {
            for (int i = 0; i < 10000; i++) {
                    count++;    // 统计循环执行的次数
                    num = 0;
                    for (int j = 0; j < 10000000; j++) {
                            num++;    // 执行 num 加 1 操作，仅仅是为了消磨时间
                    }
            }
    }
    public static void main(String[] args) {
            ThreadPriority tp1 = new ThreadPriority(); // 实例化一个 ThreadPrority 对象
```

```
            ThreadPriority tp2 = new ThreadPriority() ; // 实例化一个 ThreadPrority 对象
            ThreadPriority tp3 = new ThreadPriority(); // 实例化一个 ThreadPrority 对象
            Thread ta = new Thread(tp1, " 奔驰 ");    // 通过 tp1 对象创建一个线程
            Thread tb = new Thread(tp2, " 奥迪 ");    // 通过 tp2 对象创建一个线程
            Thread tc = new Thread(tp3, " 奥拓 ");    // 通过 tp3 对象创建一个线程
            ta.setPriority(Thread.MAX_PRIORITY); // 设置线程为最大优先级
            tb.setPriority(Thread.NORM_PRIORITY); // 设置线程为正常优先级
            c.setPriority(Thread.MIN_PRIORITY);   // 设置线程为最低优先级
            System.out.println(ta.getName() + " 优先级 :" + ta.getPriority()); // 显示优先级
            System.out.println(tb.getName() + " 优先级 :" + tb.getPriority());// 显示优先级
            System.out.println(tc.getName() + " 优先级 :" + tc.getPriority());// 显示优先级
            tc.start();  // 启动线程
            tb.start();  // 启动线程
            ta.start();  // 启动线程
            try {
                Thread.currentThread().sleep(500);  // 主线程睡眠 500ms
            } catch (InterruptedException e) {
                e.printStackTrace();
            }
            System.out.println(ta.getName()+":" + tp1.count + ","+tb.getName()+":" + tp2.count +","+tc.
getName()+ ":" + tp3.count); // 输出 3 个子线程外循环分别跑了多少次
        }
    }
```

程序运行结果如图 11-8 所示。

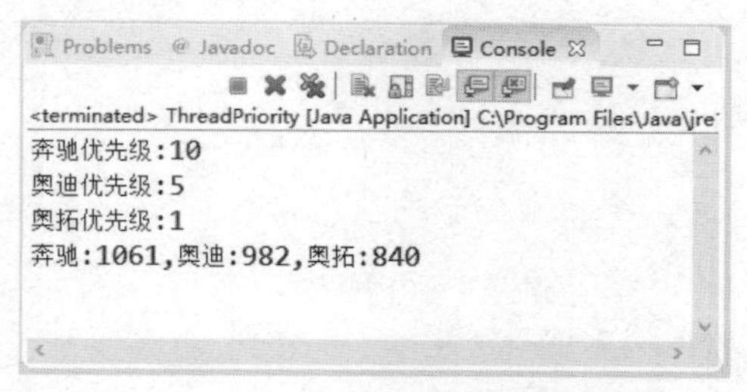

图 11-8　线程优先级示例程序运行结果

从图 11-8 可以看出优先级高的线程只是意味着该线程获取 CPU 的概率相对高一些，并不是说高优先级的线程一直运行。

线程优先级对于不同的线程调度器可能有不同的含义，这和操作系统以及虚拟机的版本有关。不同的系统有不同的线程优先级的取值范围，如 Java 定义了 10 个级别（1~10），这样就有可能出现几个线程在一个操作系统里有不同的优先级，在另外一个操作系统里却有相同的优先级。当设计多线程应用程序的时候，一定不要依赖于线程的优先级，因为线程调度优先级操作是没有保障的，只能把线程优先级作为一种提高程序效率的方法。

11.5.5 守护线程

在 Java 程序中，可以把线程分为两类：用户线程（User Thread）和守护线程（Daemon Thread），守护线程也叫后台线程。用户线程也就是前面所说的一般线程，它负责处理具体的业务；守护线程往往为其他线程提供服务，这类线程可以监视其他线程的运行情况，也可以处理一些相对不太紧急的任务。在一些特定的场合，经常会通过设置守护线程的方式来配合其他线程一起完成特定的功能，JVM 的垃圾回收线程就是典型的守护线程。

守护线程依赖于创建它的线程，而用户线程则不依赖。举个简单的例子：如果在 main() 线程中创建了一个守护线程，当 main() 方法运行完毕之后，守护线程也会随着消亡。而用户线程则不会，用户线程会一直运行直到其运行完毕。

一个用户线程创建的子线程默认是用户线程，可通过线程对象的 setDaemon() 方法来设置一个线程是用户线程或守护线程。但不能把正在运行的用户线程设置为守护线程，setDaemon(true) 必须在 start() 方法之前调用，否则会抛出 IllegalThreadStateException 异常。通过线程对象的 isDaemon() 方法，还可查看一个线程是不是守护线程，如果是守护线程，那么它创建的线程也是守护线程。

【例 11-8】守护线程应用示例。

功能实现：下面的程序演示后台线程的用法。在主线程中创建一个子线程，子线程负责输出 10 行信息，如果把子线程设置成用户线程，则当主线程终止时，子线程会继续运行到结束；如果把子线程设置为守护线程，则当主线程终止时，守护线程也会随主线程自动终止。

```
import java.io.BufferedReader;
import java.io.IOException;
import java.io.InputStreamReader;
public class ThreadDaemon implements Runnable {
    public void run() {
            for (int i = 0; i < 10; i++) {
                    // 输出当前线程是否为守护线程
                    System.out.println("NO. " + i + " Daemon is " + Thread.currentThread().isDaemon());
                    try {
                            Thread.sleep(1);    // 线程睡眠 1ms
                    } catch (InterruptedException e) {
                    }
            }
    }
    public static void main(String[] args) throws IOException {
     System.out.println("Thread's daemon status,yes(Y) or no(N): "); // 输出提示信息
     // 建立缓冲字符流
BufferedReader stdin = new BufferedReader(new InputStreamReader(System.in));
     String str;
```

```
            str = stdin.readLine(); // 从键盘读取一个字符串
            ThreadDaemon td = new ThreadDaemon();      // 创建 ThreadDaemon 对象
            Thread th = new Thread(td);     // 创建线程对象
            if (str.equals("yes") || str.equals("Y")) {
                        th.setDaemon(true); // 设置该线程为守护线程
            }
            th.start();    // 启动线程
            System.out.println(" 主线程即将结束 !");
    }
}
```

程序运行结果如图 11-9 所示。

```
Problems  @ Javadoc  Declaration  Console
<terminated> ThreadDaemon [Java Application] C:\Program Files\Java\jre1
Thread's daemon status,yes(Y) or no(N):
Y
主线程结束!
```

图 11-9 守护线程示例程序运行结果

运行程序，从键盘输入一个字符串 yes 或者 Y 的时候，程序将创建一个守护线程。紧接着主线程执行结束，守护线程也随之终止，此时子线程的 run() 方法中循环语句刚开始执行就结束了，这就说明守护线程随用户线程结束而结束。如果从键盘输入一个字符串 no 或者 N 的时候，程序将创建一个用户线程，这样，不管主线程是否结束，该用户线程都要执行循环 10 次，而通过输出的线程状态是：Daemon is false，也说明了该线程不是守护线程。

11.6 线程的同步

在多线程的程序中，有多个线程并发运行，这多个并发执行的线程往往不是孤立的，它们之间可能会共享资源，也可能要相互合作完成某一项任务，如何使这多个并发执行的线程之间在执行的过程中不产生冲突，是多线程编程必须解决的问题。否则，可能导致程序运行的结果不正确，甚至造成死锁问题。

线程的同步是 Java 多线程编程的难点，往往开发者搞不清楚什么是竞争资源、什么时候需要考虑同步、怎么同步等问题，当然，这些问题没有很明确的答案，但有些原则问题需要考虑，例如是否有竞争资源被同时改动的问题。

11.6.1 多线程引发的问题

有时候在进行多线程程序设计中需要实现多个线程共享同一段代码，从而实现共享同一个私有成员或类的静态成员的目的。这时，由于线程和线程之间互相竞争 CPU 资源，使

得线程无序地访问这些共享资源，最终可能导致无法得到正确的结果。这些问题通常称为线程安全问题。

【例 11-9】多线程并发可能引发的问题。

功能实现：在主线程中通过同一个 Runnable 对象创建 10 个线程对象，这 10 个线程共享 Runnable 对象的成员变量 num，在线程中通过循环实现对成员变量 num 加 1 000 的操作，10 个子线程运行结束之后，显示相加的结果。运行程序，查看结果是否正确。

```
public class ThreadUnsafe {
    public static void main(String argv[]) {
            ShareData shareData = new ShareData();   // 实例化 shareData 对象
            for (int i = 0; i < 10; i++) {
                    new Thread(shareData).start();  // 通过 shareData 对象创建线程并启动
            }
    }
}
class ShareData implements Runnable {
    public int num = 0;  // 计数变量
  private void add(){
int temp;   // 临时变量
// 循环体让变量 num 执行加 1 操作，使用 temp 是为了增加线程切换的概率
            for (int i = 0; i < 1000; i++) {
                    temp = num;
                    temp++;
                    num = temp;
            }
    // 输出线程信息和当前 num 的值
            System.out.println(Thread.currentThread().getName() + "-" + num);
}
    public void run() {
            add();  // 调用 add() 方法
    }
}
```

程序运行结果如图 11-10 所示。

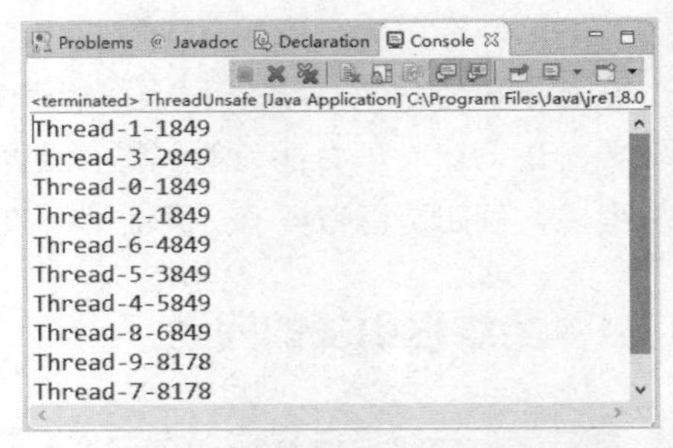

图 11-10　线程共享数据对象引发问题的程序运行结果

由于线程的并发执行，多个线程对共享变量“num”进行修改，导致每次运行输出的内容都不一样，很少会出现输出10 000的结果。为了解决这一类问题，必须要引入同步机制，那么什么是同步，如何实现在多线程访问同一资源的时候保持同步呢？Java提供了“锁”的机制来实现线程的同步。锁的机制要求每个线程在进入共享代码之前都要取得锁，否则不能进入，而退出共享代码之前则释放该锁，这样就防止了几个或多个线程竞争共享代码的情况，从而解决了线程的不同步问题。

Java的同步机制可以通过对关键代码段使用synchronized关键字修饰来实现针对该代码段的同步操作。实现同步的方式有两种：利用同步代码块来实现同步、利用同步方法来实现同步。下面将分别介绍这两种方法。

11.6.2 同步代码块

Java虚拟机为每个对象配备一把锁和一个等候集，这个对象可以是实例对象，也可以是类对象。对实例对象进行加锁，可以保证与这个实例对象相关联的线程可以互斥地使用对象的锁；对类对象进行加锁，可以保证与这个类相关联的线程可以互斥地使用类对象的锁。通过new关键字创建实例对象，从而获得对象的引用，要获得类对象的引用，我们可以通过java.lang.Class类的forName()成员方法，forName()的声明格式如下：

```
public static Class forName(String className) throws ClassNotFoundException
```

一个类的静态成员方法变量和静态成员方法隶属于类对象，而一个类的非静态成员变量和非静态成员方法属于类的实例对象。

在一个方法中，用synchonized声明的语句块称为同步代码块，同步代码块的语法形式如下：

```
synchronized(synObject)
{
//关键代码
}
```

synchronized块是这样一个代码块，其中的代码必须获得对象synObject的锁才能执行。当一个线程欲进入该对象的关键代码时，JVM将检查该对象的锁是否被其他线程获得，如果没有，则JVM把该对象的锁交给当前请求锁的线程，该线程获得锁后就可以进入关键代码区域。

【例11-10】同步代码块应用实例。

功能实现：构建了一个信用卡账户，起初信用额为10 000元，然后模拟透支、存款等多个操作。显然银行账户User对象是个竞争资源，应该把修改账户余额的语句放在同步代码块中，并将账户的余额设为私有变量，禁止直接访问。

```
public class CreditCard {
    public static void main(String[] args) {
```

```
                // 创建一个用户对象
                User u = new User(" 张三 ", 10000);
                // 创建 6 线程对象
                UserThread t1 = new UserThread(" 线程 A", u, 200);
                UserThread t2 = new UserThread(" 线程 B", u, -600);
                UserThread t3 = new UserThread(" 线程 C", u, -800);
                UserThread t4 = new UserThread(" 线程 D", u, -300);
                UserThread t5 = new UserThread(" 线程 E", u, 1000);
                UserThread t6 = new UserThread(" 线程 F", u, 200);
                // 依次启动线程
                t1.start();
                t2.start();
                t3.start();
                t4.start();
                t5.start();
                t6.start();
        }
}

class UserThread extends Thread {
        private User u;    // 创建一个 User 对象
        private int y = 0;
    // 构造方法，初始化成员变量
        UserThread(String name, User u, int y) {
                super(name);    // 调用父类的构造方法，设置线程名
                this.u = u;
                this.y = y;
        }

        public void run() {
                u.oper(y);     // 调用 User 对象的 oper() 方法操作共享数据
        }
}
class User {
        private String code;// 用户卡号
        private int cash; // 用户卡上余额
        User(String code, int cash) {
                this.code = code;
                this.cash = cash;
        }
        public String getCode() {
                return code;
```

```
        }
        public void setCode(String code) {
                this.code = code;
        }
        // 存取款操作方法
        public void oper(int x) {
                try {
                        Thread.sleep(10);
                        // 把修改共享数据的语句放在同步代码块中
                        synchronized (this) {
                                this.cash += x;
                                System.out.println(Thread.currentThread().getName() + " 运行结束，增加 ""
+ x + ""，当前用户账户余额为：" + cash);
                        }
                        Thread.sleep(10);  // 线程睡眠 10ms
                } catch (InterruptedException e) {
                        e.printStackTrace();
                }
        }

        public String toString() {
                return "User{" + "code=" + code + '\'' + ", cash=" + cash +  '}';
        }
}
```

程序运行结果如图 11-11 所示。

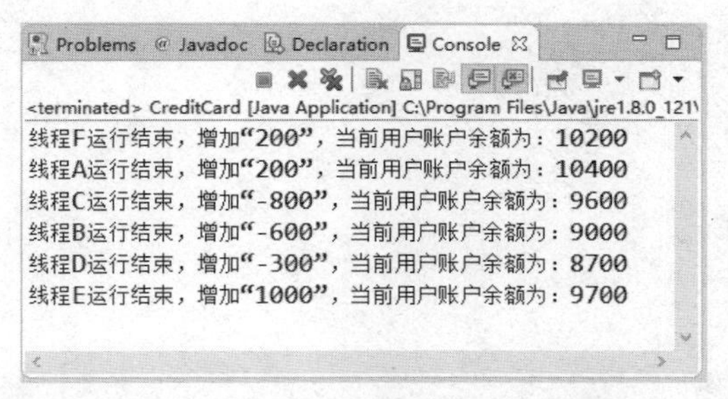

图 11-11　使用同步代码块对互斥资源访问的程序运行结果

注意：在使用 synchronized 关键字的时候，应该尽可能避免在 synchronized() 方法或 synchronized 块中使用 sleep() 或者 yield() 方法，因为 synchronized 程序块占有着对象锁，一旦休息其他的线程只能等着该线程醒来执行完了才能执行，不但严重影响效率，也不合逻辑。同样，在同步代码块内调用 yield() 方法让出 CPU 资源也没有意义，因为该线程占用着锁，其他互斥线程还是无法访问同步代码块。

11.6.3 同步方法

同步方法和同步代码块的功能是一样的，都是利用互斥锁来实现关键代码的同步访问。同步方法中关键代码是一个方法的方法体，只需要调用synchronized关键字修饰该方法即可。一旦被synchronized关键字修饰的方法被一个线程调用，那么所有其他试图调用同一实例中的该方法的线程都必须等待，直到该方法被调用结束后释放其锁给下一个等待的线程。

声明synchronized()方法的格式为：

```
public synchronized void accessVal(int newVal);
```

这种机制确保了同一时刻对于每一个对象，其所有声明为synchronized()的成员方法中至多只有一个处于可执行状态，因为至多只有一个能够获得该类实例对应的锁，从而有效避免了类成员变量的访问冲突。

在Java中，不仅仅是类实例，每一个类也对应一把锁，这样也可将类的静态成员方法声明为synchronized，以控制对类的静态成员变量的访问。

【例11-11】同步方法示例。

功能实现：在主线程中通过同一个Runnable对象创建2个线程对象，这个Runnable对象中有一个同步方法实现输出线程信息，一个线程输出完之后，另一个线程才能开始输出。在主线程中启动这两个线程，实现对同步方法的调用。

```
public class PrintThread{
    private String name;
    public static void main(String[] args) {
            MethodSync ms=new MethodSync();  // 实例化 MethodSync 对象
            Thread t1 = new Thread(ms," 线程 A"); // 通过 MethodSync 对象创建线程
            Thread t2 = new Thread(ms," 线程 B"); // 通过 MethodSync 对象创建线程
            t1.start();    // 启动线程
            t2.start();    // 启动线程
    }
}
class MethodSync  implements Runnable {
    public synchronized void show() {
            System.out.println(Thread.currentThread().getName() + " 同步方法开始 ");
            System.out.println(Thread.currentThread().getName()+" 优先级： " + Thread.currentThread().getPriority());
            System.out.println(Thread.currentThread().getName()+" 其他信息 ......");
                    System.out.println(Thread.currentThread().getName() + " 同步方法结束 ");
    }
    public void run() {
            show();    // 调用 show() 方法显示线程的相关信息
    }
}
```

同步是一种高开销的操作，因此应该尽量减少同步的内容，应尽量少用 synchronized() 设置同步整个方法，一般没有必要的情况下，使用 synchronized 代码块同步关键代码即可。

11.6.4 线程间通信

多个并发执行的线程，如果它们之间只是竞争资源，可以采取 synchronized 设置同步代码块来实现对共享资源的互斥访问，如果多个线程在执行的过程中有次序上的关系，那么多个线程之间必须进行通信，相互协调，来共同完成一项任务。例如，经典的生产者和消费者问题，生产者和消费者共享存放产品的仓库，如果仓库为空时，消费者无法消费产品，当仓库满的时候，生产者就会因产品没有空间存放而无法继续生产产品。

Java 提供了 3 个方法来解决线程间的通信问题。这 3 个方法分别是：wait()、notify() 和 notifyAll()，它们都是 Object 类的 final() 方法。

这 3 个方法只能在 synchronized 关键字作用的范围内使用，并且是同一个同步问题中搭配使用这 3 个方法时才有实际的意义。调用 wait() 方法可以使调用该方法的线程释放共享资源的锁，从可运行状态进入等待状态，直到被再次唤醒。而调用 notify() 方法可以唤醒等待队列中第一个等待同一共享资源的线程，并使该线程退出等待队列，进入可运行状态。调用 notifyAll() 方法可以使所有正在等待队列中等待同一共享资源的线程从等待状态退出，进入可运行状态，此时，优先级最高的那个线程最先执行。

notify() 和 notifyAll() 这两个方法都是把等待队列内的线程唤醒，notify() 只能唤醒一个，但究竟是哪一个不能确定，而 notifyAll() 则唤醒等待队列中的所有线程。为了安全性，大多数时候应该使用 notifiAll()，除非明确知道只唤醒其中的一个线程。

【例 11-12】线程间通信示例。

功能实现：模拟生产者和消费者的关系，生产者在一个循环中不断生产了从 A~Z 的共享数据，而消费者则不断地消费生产者生产的 A~G 的共享数据。在这一对关系中，必须先有生产者生产，才能有消费者消费。为了解决这一问题，引入了等待通知（wait()/notify()）机制如下。

（1）在生产者没有生产之前，通知消费者等待；在生产者生产之后，马上通知消费者消费。

（2）在消费者消费了之后，通知生产者已经消费完，需要生产。

```
class ShareStore {
    private char c;
    private boolean writeable = true; /  / 通知变量
    public synchronized void setShareChar(char c) {
            if (!writeable) {
                    try {
                            wait(); // 未消费等待
                    } catch (InterruptedException e) {
```

```
                }
            }
            this.c = c;
            writeable = false;  // 标记已经生产
            notify();    // 通知消费者已经生产，可以消费
        }
        public synchronized char getShareChar() {
            if (writeable) {
                try {
                    wait();    // 未生产等待
                } catch (InterruptedException e) {
                }
            }
            writeable = true;    // 标记已经消费
            notify();     // 通知需要生产
            return this.c;
        }
}
// 生产者线程
class Producer extends Thread {
        private ShareStore s;
        Producer(ShareStore s) {
            this.s = s;
        }
        public void run() {
            for (char ch = 'A'; ch <= 'G'; ch++) {
                try {
                    Thread.sleep((int) Math.random() * 400);  // 睡眠一个随机时间
                } catch (InterruptedException e) {
                }
                s.setShareChar(ch);    // 生产一个新产品
                System.out.println(ch + " producer by producer.");
            }
        }
}
// 消费者线程
class Consumer extends Thread {
        private ShareStore s;
```

```
        Consumer(ShareStore s) {
                this.s = s;
        }

        public void run() {
                char ch;
                do {
                        try {
                                Thread.sleep((int) Math.random() * 400);  // 睡眠一个随机时间
                        } catch (InterruptedException e) {
                        }
                        ch = s.getShareChar();    // 消费一个新产品
                        System.out.println(ch + " consumer by consumer.**");
                } while (ch != 'G');
        }
}

public class ProducerConsumer {
        public static void main(String argv[]) {
                ShareStore s = new ShareStore(); // 实例化一个 ShareStore 对象
                new Consumer(s).start();    // 创建生产者线程并启动
                new Producer(s).start();    // 创建消费者线程并启动
        }
}
```

在上面的例子中，设置了一个通知变量，每次在生产者生产和消费者消费之前，都测试通知变量，检查是否可以生产或消费。最开始设置通知变量为 true，表示还未生产，此时消费者需要消费，于是修改通知变量，调用 notify() 发出通知。生产者得到通知，生产出第一个产品，修改通知变量，向消费者发出通知。这时如果生产者想要继续生产，但因为检测到通知变量为 false，得知消费者还没有消费，所以调用 wait() 进入等待状态。因此，最后的结果是生产者每生产一个，就通知消费者消费一个；消费者每消费一个，就通知生产者生产一个，所以不会出现未生产就消费或生产过剩的情况。

强化练习

本章首先介绍了线程的基本概念和线程的运行机制；然后重点介绍了如何使用 Thread 类和 Runnable 接口创建多线程类，在此基础上又介绍了如何创建、启动、暂停、恢复和终止线程，以及如何实现线程同步和线程通信的方法。熟练使用多线程技术构建应用程序，不仅可以提供丰富多彩的用户体验，还可以尽快地将数据处理结果呈现给用户。课后读者可以自行练习以下操作，亲身体验多线程编程的乐趣。

练习 1：

编写一个程序，启动 3 个线程，线程每次被调度时，就在控制台中显示其被调度的次数。

练习 2：

创建两个线程，其中一个输出 1~52，另外一个输出 A~Z，两个线程交替执行，并在控制台输出如下格式的内容：

12A 34B 56C 78D...4920Y 5152Z

练习 3：

模拟了生产者、店员和消费者的关系：生产者生产产品、交给店员、消费者从店员处取产品。具体要求如下：

创建生产者（Productor）并将产品交给店员（Clerk），而消费者（Customer）从店员处取走产品，店员一次只能持有固定数量的产品（比如 20），如果生产者试图生产更多的产品，店员会叫生产者暂停一下，如果店中有空位可以存放产品了，再通知生产者继续生产；如果店中没有产品了，店员会告诉消费者等一下，如果店中有产品了再通知消费者来取走产品。

第12章 数据库编程详解

内容概要

在通常的应用系统中，特别是信息管理类系统，数据库编程扮演着非常重要的角色。对于数据量大且逻辑结构复杂的数据，采用文件操作会变得非常复杂。通过数据库编程，可以方便地存取外存上持久存储的大量有组织的数据，数据库编程在数据查询、修改、保存、安全等方面有着其他数据处理技术无法替代的地位，Java 平台专门提供了一个标准的数据库访问组件 JDBC。本章将对在 Java 应用程序中如何通过 JDBC 连接数据库、如何实现对数据库中的数据进行增、删、改、查操作等内容进行介绍。

学习目标

◆ 了解 JDBC 的概念以及 4 种驱动分类

◆ 可以使用 JDBC 进行 Oracle 数据库的开发

◆ 可以使用 DriverManager、Connection、PreparedStatement、ResultSet 对数据库进行增、删、改、查操作

◆ 掌握事务的概念以及 JDBC 对事务的支持

课时安排

◆ 理论学习 2 课时

◆ 上机操作 2 课时

12.1 数据库基础

数据库技术是计算机技术中发展最为迅速的领域之一，已经成为人们存储数据、管理信息和共享资源最常用、最先进的技术。数据库技术在科学、技术、经济、文化和军事等各个领域发挥着重要的作用。

12.1.1 数据库的定义

数据库，顾名思义，就是存放数据的仓库。数据库以文件的形式存放在计算机的外部存储设备上，而且数据按照一定的逻辑结构组织并存放。通常这些数据与应用程序是相关的，如，在学生成绩管理系统中，学生的基本信息、课程信息、成绩信息等都是来自学生成绩管理数据库。

12.1.2 数据库管理系统

由于数据库中的数据是以文件的形式进行存储的，所以文件中的数据量往往非常庞大且结构复杂，如果直接通过 I/O 操作来访问文件中的数据，编程工作将变得异常复杂且访问数据的效率低下。实际上，对于存放数据的这些文件，并不直接对它们进行操作，而是通过一个叫作数据管理系统的软件来完成的。

数据库管理系统（DataBase Management System，DBMS）和操作系统一样是计算机系统的基础软件，也是一个大型的软件系统，用于建立、使用和维护数据库。它对数据库进行统一的管理和控制，以保证数据库的安全性和完整性，它可使多个应用程序和用户用不同的方法在同时或不同时刻去建立、修改和询问数据库。

数据库管理系统是数据库系统的核心，它屏蔽了对数据库文件操作的复杂的细节，Oracle、MySQL、SQL Server 和 DB2 都是数据库管理系统。

12.2 JDBC 概述

操作数据库文件是由数据库管理系统完成的，要想访问数据库中的数据，就要通过数据库管理系统，而数据库管理系统有很多种，与这些数据库管理系统打交道也是一项复杂的工作。Java 提供了一种通过 JDBC 访问数据库的方式，它是一个独立于特定数据库管理系统的程序接口，可以方便地实现对多种关系型数据库的统一操作。下面简单介绍一下 JDBC 的功能及驱动类型。

12.2.1 JDBC

JDBC（Java DataBase Connectivity）是由一组 Java 类、接口组成的用于执行 SQL 语句

的 Java API，可以为多种关系数据库提供统一访问。通过 JDBC 组件向各种关系数据发送 SQL 语句是一件很容易的事，不必再为每一种数据库专门写一个程序，只需用 JDBC API 写一个程序就可以了。

JDBC 接口（API）也包括两个层次：①面向应用的 API，即 Java API，它是由抽象类和接口组成的，供给程序开发人员使用，可以实现数据库的连接、执行 SQL 语句、获得执行结果等。②面向数据库的 API，即 Java Driver API，供开发商开发数据库驱动程序用。JDBC 功能结构如图 12-1 所示。

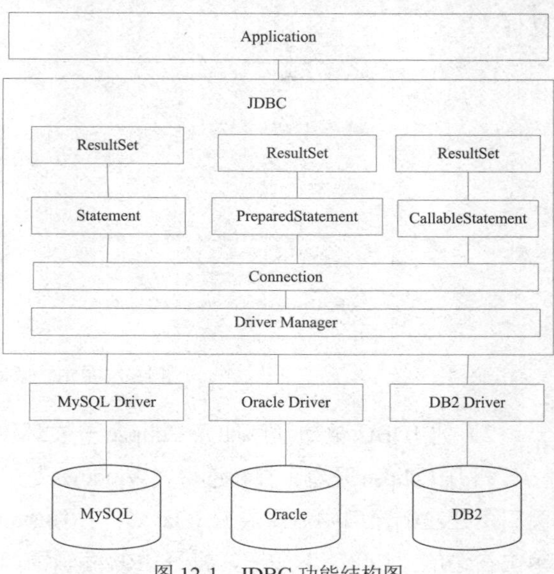

图 12-1　JDBC 功能结构图

1）Java 应用程序

Java 应用程序指由程序员编写的访问数据库的程序，这些程序都可以利用 JDBC 完成对数据库的访问和操作。完成的主要任务有：请求与数据库建立连接、向数据库发送 SQL 请求、为结果集定义存储应用和数据类型、查询结果的处理及关闭数据库等操作。

2）JDBC 驱动程序管理器

JDBC 驱动程序管理器能够动态地管理和维护数据库查询所需要的驱动程序对象，实现 Java 任务与特定驱动程序的连接，从而体现 JDBC 与平台无关的特性。它的主要任务有：为特定的数据库选择驱动程序、处理 JDBC 初始化调用、为每个驱动程序提供 JDBC 功能的入口、为 JDBC 调用执行参数等。

3）驱动程序

JDBC 是独立于 DBMS 的，而每个数据库系统都有自己的协议与客户端通信，所以 JDBC 利用数据库驱动程序来使用这些数据库引擎。因此使用不同的 DBMS，需要的驱动程序也不相同，驱动程序一般由数据库厂商或者第三方提供。

4）数据库

Java 应用程序所需的数据库及其数据库管理系统。

12.2.2　在 Eclipse 环境中配置 JDBC

1）下载相应 JDBC 驱动

本章采用的是 MySQL 数据库，所以下载的是 MySQL 数据库的驱动程序。在浏览器中打开网页 https://dev.mysql.com/downloads/connector/j/，如图 12-2 所示，这里采用的是 8.0.12 版本，在打开页面的选择操作系统下拉列表中选择“Platform Independent”选项，单击“Download”下载 ZIP 压缩包，只使用压缩包里的 mysql-connector-java-8.0.12.jar 包文件。

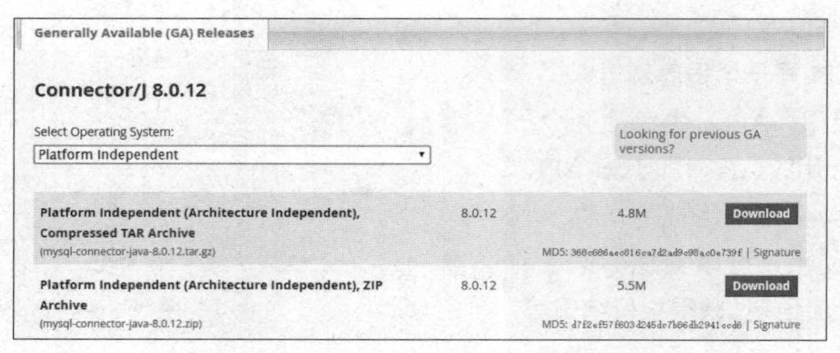

图 12-2　JDBC 驱动程序下载页面

2）把 JDBC 驱动程序加入 Eclipse 开发环境

打开 Eclipse 开发工具，选择“Windows”→“Preferences”菜单命令，打开“Preferences”窗口，在左侧窗口中依次展开“Java”→“Installed JREs”选项，选中 jre，如图 12-3 所示。单击右边的“Edit…”按钮，打开 JRE 编辑窗口。

在“Edit JRE”窗口中，单击右边按钮面板中的“Add External JARs…”按钮，将下载的 MySQL 驱动程序压缩包中的 mysql-connector-java-8.0.12.jar 文件添加到 JRE system libraries 中，单击“Finish”按钮完成配置，如图 12-4 所示。

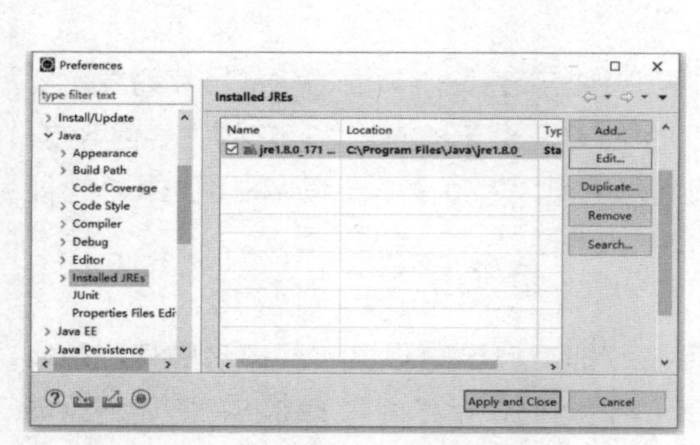

图 12-3　Eclipse 开发环境属性设置窗口

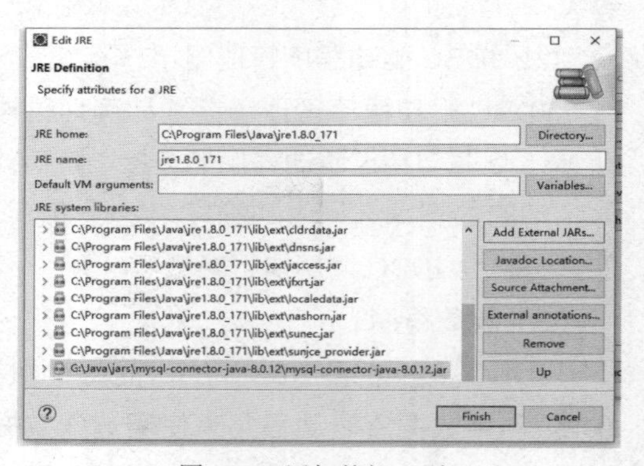

图 12-4　添加外部 Jar 包

12.3　MySQL 数据库安装

1）下载 MySQL 安装程序

在浏览器中打开网页 https://dev.mysql.com/downloads/mysql/，跳转到下载安装程序页面，如图 12-5 所示，单击下面的“Download”按钮下载完整的安装程序。

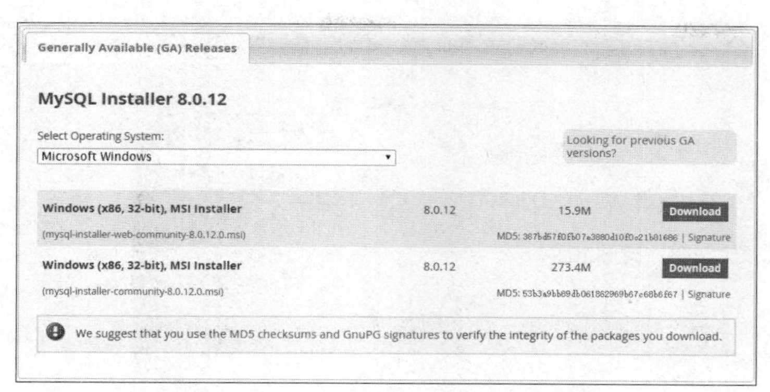

图 12-5　下载 MySQL 安装程序页面

2）安装 MySQL

运行下载的安装程序，安装过程都选择默认操作就可以了。在安装过程中会出现输入 root 用户密码的窗口，如图 12-6 所示，一定要记住输入的密码，在编程连接数据库的时候会用到这个密码，后面也都按默认操作执行，直到安装完成。

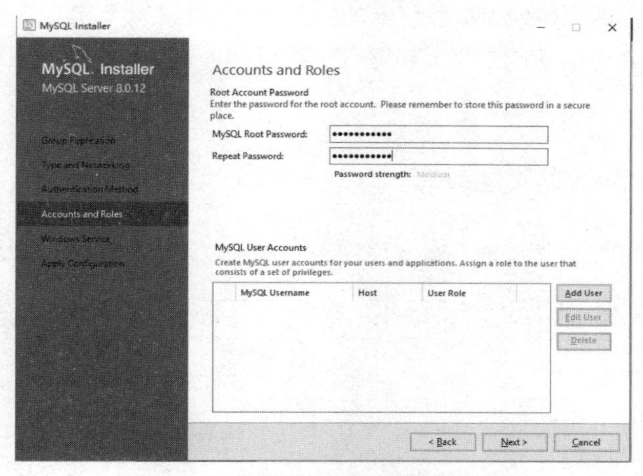

图 12-6　数据库 root 账户的密码设置

3）新建数据库

在计算机“开始”菜单中找到“MySQL”，展开后选择“MySQL Workbench8.0 CE”运行，打开图 12-7 所示的窗口，在该窗口中单击“Local instance MySQL”登录 root 用户，输入安装时输入的密码，进入“MySQL Workbench”管理窗口，如图 12-8 所示。

在“MySQL Workbench”管理窗口中间的查询区中输入：

```
CREATE SCHEMA `student` DEFAULT CHARACTER SET utf8 ;
```

新建一个名字为 student 的数据库。

然后创建数据表 stuinfo 用于保存学生信息。stuinfo 数据表有 4 个字段：学号 no(字符型，大小为 10)、姓名 name（字符型，大小为 20）、年龄 age（整型）和性别 sex（字符型，大小为 2）。创建数据表的语句为：

```
create table stuinfo (no char(10), name char(20),   age integer , sex char (2))；"
```

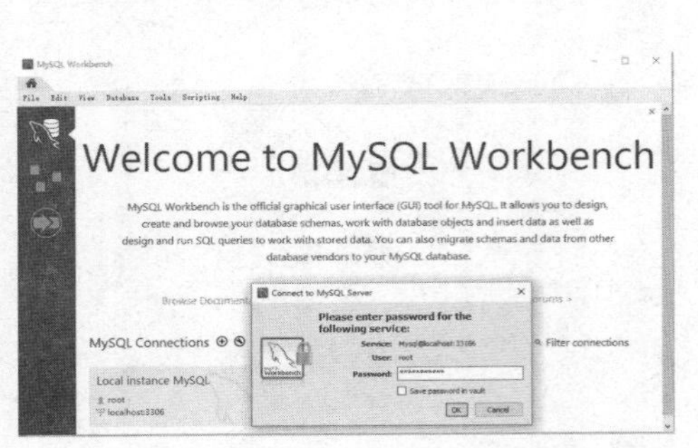

图 12-7　MySQL 登录窗口

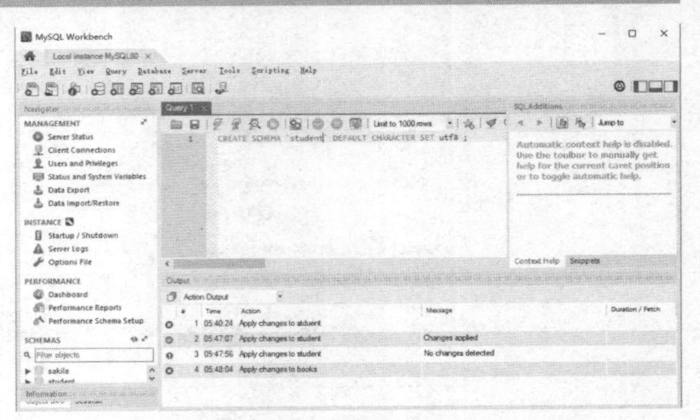

图 12-8　MySQL Workbench 管理窗口

12.4　使用 JDBC 访问数据库

JDBC 是 Java 程序连接和存取数据库的接口，它是由多个类和接口组成的 Java 类库，使用这个类库可以方便地访问数据库资源，下面介绍通过 JDBC 访问数据库用到的常用类和接口。

12.4.1　JDBC 使用基本流程

在 Java 中进行 JDBC 编程时，Java 程序通常按照以下流程进行，如图 12-9 所示。

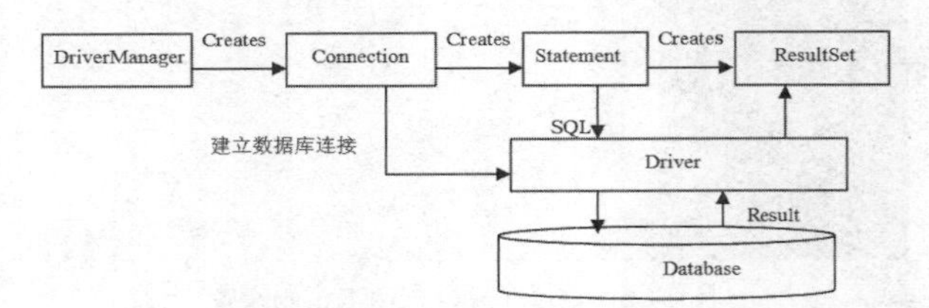

图 12-9　通过 JDBC 访问数据库基本流程

建立一个数据库连接并对数据库进行访问需要以下几个步骤。

（1）加载数据库驱动程序。

（2）创建数据库的连接。

（3）使用 SQL 语句对数据库进行操作。

（4）对数据库操作的结果进行处理。

（5）关闭数据库连接，释放系统资源。

12.4.2　数据库驱动程序的加载

每种数据库的驱动程序都提供一个实现了 java.sql.Driver 接口的类，简称 Driver 类。在加载某一数据库驱动程序的 Driver 类时，它应该创建自己的实例并向 java.sql.DriverManager

类注册该实例。

1. Driver 接口

java.sql.Driver 是所有 JDBC 驱动程序需要实现的接口，这个接口是提供给数据库厂商使用的，不同厂商实现该接口的类名是不同的。

2. 加载驱动程序

通常情况下通过 java.lang.Class 类的静态方法 forName(String className) 加载欲连接数据库的 Driver 类，该方法的入口参数为欲加载的 Driver 类的完整路径。数据库驱动程序成功加载后，会将 Driver 类的实例注册到 DriverManager 类中。

注册加载 MySQL 的 JDBC 驱动程序的语句如下：

```
Class.forname("com.mysql.jdbc.driver");
```

注册加载 MySQL8.0.12 驱动包中的 JDBC 驱动程序语句为：

```
Class.forname("com.mysql.cj.jdbc.Driver");
```

注册加载 SQL Server 的 JDBC 驱动程序的语句如下：

```
Class.forName("com.microsoft.sqlserver.jdbc.SQLServerDriver");
```

注册加载 Oracle 的 JDBC 驱动程序的语句如下：

```
Class.forName("oracle.jdbc.driver.OracleDriver");
```

12.4.3 连接数据库

首先定义 JDBC 的 URL 对象，然后通过驱动程序管理器建立数据库的连接。

1. 连接数据库的 URL 表示形式

连接不同数据库时，对应的 URL 也是不一样的。下面给出几种常用数据库的 URL 表示形式。

连接 MySQL：

```
jdbc:mysql://host:port/dbname
```

连接 SQL Server 2012：

```
jdbc:sqlserver:/ /host:port;DatabaseName=dbName
```

连接 Oracle：

```
jdbc:oracle:thin:@ host:port:dbName
```

其中，host 为数据库服务器地址，port 是端口号，dbname 为数据库名称。MySQL、SQL Server 和 Oracle 的默认端口号分别是：3306、1433 和 1521。

连接本机的 MySQL 数据库。其中，端口号为默认值，数据库名为 db1，则其 URL 可以表示为：

```
String mysqlURL= "jdbc:mysql://localhost:3306/db1";
```

连接本机的 SQL Server 2012 数据库。其中，端口号为默认值，数据库名为 db2，则其 URL 可以表示为：

```
String sqlURL="jdbc:sqlserver:// localhost:1433;DatabaseName=db2";
```

连接本机的 Oracle 数据库。其中，端口号为默认值，数据库名为 db3，则其 URL 可以表示为：

```
String oracleURL= "jdbc:oracle:thin:@localhost:1521:db3";
```

2. 建立数据库连接

通过 DriverManager 类的静态方法 getConnection() 建立数据库连接，为了存取数据还需要提供用户名和密码。具体格式为：

```
Connection con=DriverManager.getConnection(URL，"username","password");
```

其中，URL 为数据库连接对象，username 为用户名，password 为用户密码。

Connection 对象代表与数据库的连接，主要负责在连接上下文中执行 SQL 语句并返回结果。

【例 12-1】连接第 12.3 节创建的 student 数据库。

```
import java.sql.Connection;
import java.sql.DriverManager;
import java.sql.SQLException;

public class ConnectDb {
    // 定义 MySQL 的数据库驱动程序
        public static final String DBDRIVER = "com.mysql.cj.jdbc.Driver" ;
        // 定义 MySQL 数据库的连接地址
        public static final String DBURL = "jdbc:mysql://localhost:3306/student?useSSL=false&serverTimez
one=UTC" ;
        // MySQL 数据库的连接用户名
        public static final String DBUSER = "root" ;
        // MySQL 数据库的连接密码
        public static final String DBPASS = "root123" ;
        public static void main(String[] args)  {
            Connection conn = null ;                          // 连接数据库
            try {
            Class.forName(DBDRIVER) ;                         // 加载驱动程序，有异常
            // 连接 MySQL 数据库时，要写上连接的用户名和密码，有异常
```

```
                conn = DriverManager.getConnection(DBURL, DBUSER, DBPASS); // 有异常
                System.out.println(" 数据库建立连接成功 ") ;
                conn.close() ;                                              // 数据库关闭，有异常
                }
                catch(Exception ex) {
                        System.out.println(" 数据库建立连接失败！ ") ;
                        ex.printStackTrace();
                }
        }
}
```

12.4.4 执行数据库操作

对关系数据库的操作主要通过执行SQL语句来进行。而执行SQL语句并返回处理结果，需要使用Statement、PreparedStatement或CallableStatement实例对象。

1. Statement接口的使用

java.sql.Statement的主要功能是将SQL命令传送给数据库，并将SQL命令的执行结果返回。采用Statement对象执行SQL语句实现的主要步骤如下。

（1）创建Statement对象。

```
Statement  stmt=con.createStatement( ); //con 为数据库连接对象
```

（2）执行SQL语句。如果执行的是查询语句，可以通过Statement的executeQuery()方法来实现，执行结果以ResultSet对象返回。

```
ResultSet  rs= stmt.executeQuery("select * from student where sage>24");
```

如果执行的是UPDATE、INSERT或DELETE语句，可以通过Statement的executeUpdate()方法来实现，其返回值为受影响的记录个数。

```
int  count= stmt.executeUpdate("delete from student where sage>24 ");
```

（3）关闭Statement对象。每一个Statement对象在使用完毕后，都应该使用close( )方法将其关闭，释放系统资源。

```
stmt.close();
```

2. PreparedStatement接口的使用

PreparedStatement对象可以代表一个预编译的SQL语句，它是Statement接口的子接口。由于PreparedStatement类会将传入的SQL命令编译并暂存在内存中，所以当某一SQL命令在程序中被多次执行时，使用PreparedStatement对象执行速度要快于Statement对象。如果数据库不支持预编译，将在SQL语句执行时才传给数据库，其效果类似于Statement对象。

与 Statement 相比 PreparedStatement 增加了在执行 SQL 语句调用之前，将输入参数绑定到 SQL 语句中的功能。当需要在同一个数据库表中完成一组记录的更新时，使用 PreparedStatement 是一个很好的选择。该接口继承了 Statement 的所有功能，另外还添加了一些特定的方法。

3. CallableStatement 接口的使用

无论是采用 Statement 对象，还是采用 PreparedStatement 对象进行数据库操作，都会出现 SQL 语句和 Java 程序代码混在一起的现象，无法达到“黑箱”效果。为实现该目标，可以通过使用 java.sql.CallableStatement 对象来访问数据库。该对象用于调用数据库中的存储过程。

当存储过程需要输入参数时，需要使用 setXxx() 方法为其赋值；如果需要输出参数，在执行存储过程之前，需要使用 registerOutParameter() 方法进行注册，输出参数的值是在存储过程执行后通过此类提供的 getXxx() 方法检索得到。CallableStatement 可以返回一个或多个 ResultSet 象。

12.4.5 结果集的访问与处理

由于使用 SQL 语句对数据库进行的操作不同，其返回结果也不相同。对于返回值为简单数据类型的不再进行介绍，重点内容是返回值为一个结果集 ResultSet 的情况。

java.sql.ResultSet 对象表示从数据库中返回的结果集。当调用 Statement 接口或 PreparedStatement 接口提供的 executeQuery( ) 方法执行查询操作时，executeQuery( ) 方法将会把查询结果存放在 ResultSet 对象中供我们使用。ResultSet 对象具有指向当前数据行的指针，初始状态时，默认指向第一条记录之前。

ResultSet 接口提供的 getXxx() 方法，可以根据列的索引编号或列的名称检索对应列的值，其中以列的索引编号较为高效，编号从 1 开始。其中，Xxx 代表 JDBC 中的 Java 数据类型。常用的 getXxx() 方法有：getInt()、getDouble()、getString() 和 getDate() 等方法。

12.4.6 JDBC 的关闭操作

JDBC 访问数据库整个流程结束时，要关闭查询语句及与数据库的连接，以释放系统资源。注意关闭的顺序，如果有结果集，则先关闭结果集 ResultSet 对象，然后关闭 Statement 对象，最后关闭数据库连接。关闭操作可以放在异常处理的 finally 语句中来实现。

12.5 数据库编程实例

本节将以一个学生信息管理数据库为例，详细介绍如何使用 JDBC 中的类和接口建立数据库连接、执行 SQL 语句、实现数据操作等内容。在本节实例中，使用的数据库系统是 MySQL8.0.12。

12.5.1 建立数据库连接

新建一个 Java 项目 studentmanager，为了提高程序的通用性和可移植性，可以定义一个数据库连接类 DBConnection，专门用于建立数据库连接和断开数据库连接。

【例 12-2】 创建数据库连接类。

定义数据库连接类 DBConnection，实现数据库的连接与数据库连接的断开。数据库连接参数的设置和驱动程序的加载以及建立数据库连接等功能均通过该类的 getConnection() 方法实现，数据库连接保存在类的成员变量 con 中。closeConnection() 方法实现对数据库连接的关闭功能。主方法用于测试数据库连接是否建立成功。

```
package studentmanager;
import java.sql.Connection;
import java.sql.DriverManager;
import java.sql.SQLException;
public class DBConnection {
    // 驱动程序
    String dbdriver = "com.mysql.cj.jdbc.Driver";
    // 数据库连接参数
    String URL = "jdbc:mysql://localhost:33166/student?useSSL=false&serverTimezone=UTC";
    String username = "root";
    String password = "Acmroot_123";
    // 数据库连接成员变量
    Connection con = null;

    public Connection getConnection() {
            try {
                    Class.forName(dbdriver);
                    System.out.println("driver success!");
                    con = DriverManager.getConnection(URL, username, password);
                    System.out.println("Connection success!");
            } catch (ClassNotFoundException e) {
                    System.out.println("driver failure!");
            } catch (SQLException e) {
                    System.out.println("connection failure!");
            }
            // 返回数据库连接对象
            return con;
    }
    public void closeConnection() {
            if (con != null)
                    try {
                            // 关闭数据库连接对象
```

```
                con.close();
                System.out.println("close success！ ");
            } catch (SQLException e) {
                System.out.println("close failure!");
            }
    }
    public static void main(String[] args) {
        DBConnection dbc = new DBConnection();
        dbc.getConnection();
        dbc.closeConnection();
    }
}
```

程序执行结果如图 12-10 所示。

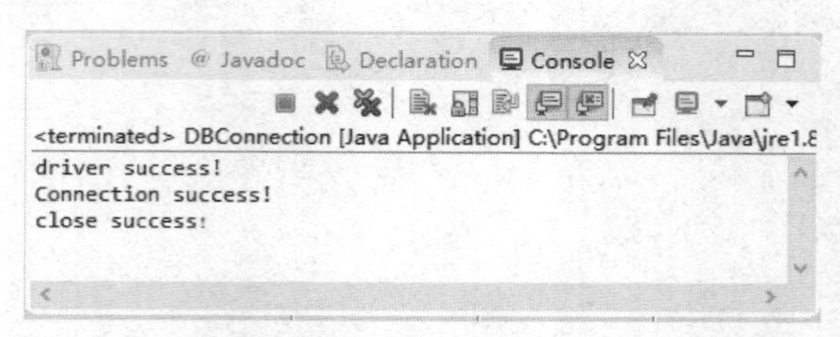

图 12-10　例 12-2 程序运行结果

12.5.2　向数据表中添加数据

数据库表创建成功后，只有数据表结构没有任何记录，下面通过一个实例介绍向数据表 stuinfo 中添加记录的方法。

【例 12-3】向数据表 stuinfo 中添加记录。

功能实现：为了提高系统的通用性和执行效率，在本例中采用了能够支持预编译 SQL 语句能力的 PreparedStatement 接口，并定义方法 addStudentDataInfo(String no, String name, int age,String sex)，使添加的数据信息以参数的形式给出，具体实参在主方法中给出。

```
package studentmanager;
import java.sql.Connection;
import java.sql.PreparedStatement;
import java.sql.SQLException;
public class AddRecord {
    DBConnection onecon = new DBConnection();
    Connection con = null;
    PreparedStatement pstmt = null;
    // 该方法的形式参数为学生表中的字段信息，返回值代表修改记录的条数
    public int addStudentDataInfo(String no, String name, int age,String sex) {
```

```
            int count = 0;
            con = onecon.getConnection();
            try {
                    // 采用预编译方式定义 SQL 语句，使添加的数据以参数的形式给出
                    String str = "insert into stuinfo values(?,?,?,?)";
                    // 创建 PreparedStatement 对象，
                    pstmt = con.prepareStatement(str);
                    // 给参数赋值
                    pstmt.setString(1, no);
                    pstmt.setString(2, name);
                    pstmt.setInt(3, age);
                    pstmt.setString(4, sex);
                    // 执行 SQL 语句
                    count = pstmt.executeUpdate();
            } catch (SQLException e1) {
                    // 执行 SQL 语句过程中出现的异常进行处理
                    System.out.println(" 数据库读异常， " + e1);
            } finally {
                    try {
                            // 释放所连接的数据库及 JDBC 资源
                            pstmt.close();
                            // 关闭与数据库的连接
                            con.close();
                    } catch (SQLException e) {
                            // 关闭数据库时的异常处理
                            System.out.println(" 在关闭数据库连接时出现了错误！ ");
                    }
            }
            return count;
    }

    public static void main(String[] args) {
            AddRecord c = new AddRecord();
            int count = c.addStudentDataInfo("20181314001", " 李梦如 ", 18," 女 ");
            System.out.println(count + " 条记录被添加到数据表中 ");
    }
}
```

程序运行结果如图 12-11 所示。

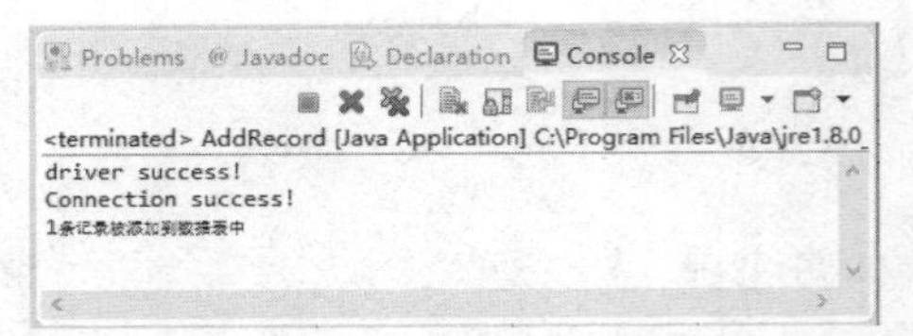

图 12-11　例 12-3 程序执行结果

12.5.3　修改数据表中的数据

在数据表使用过程中，经常需要修改其中的数据，如修改学生的年龄、专业等信息。

【例 12-4】对数据表 stuinfo 中的列 age 的值全部加 1。

通过调用方法 updateStudentDataInfo() 来实现对 age 字段加 1 操作。

```
package studentmanager;
import java.sql.Connection;
import java.sql.SQLException;
import java.sql.Statement;
public class UpdateRecord {
    DBConnection onecon = new DBConnection();
    Connection con = null;
    Statement stmt = null;
    // 该方法实现对学生年龄的修改，返回值代表被修改的记录条数。
    // 返回值为 -1 时，表示修改没有成功
    public int updateStudentDataInfo() {
            con = onecon.getConnection();
            // 被修改的记录条数
            int count = -1;
            try {
                    // 建立 Statement 类对象
                    stmt = con.createStatement();
                    // 定义修改记录的 SQL 语句
                    String sql = "Update stuinfo set age=age+1";
                    // 执行 SQL 命令
                    count = stmt.executeUpdate(sql);
                    stmt.close();
                    con.close();
            } catch (SQLException e1) {
                    System.out.println(" 数据库读异常，" + e1);
            }
            return count;
    }
    public static void main(String[] args) {
```

```
            UpdateRecord c = new UpdateRecord();
            int count = c.updateStudentDataInfo();
            System.out.println(" 数据表中 " + count + " 条记录被修改 ");
    }
}
```

程序执行结果如图 12-12 所示。

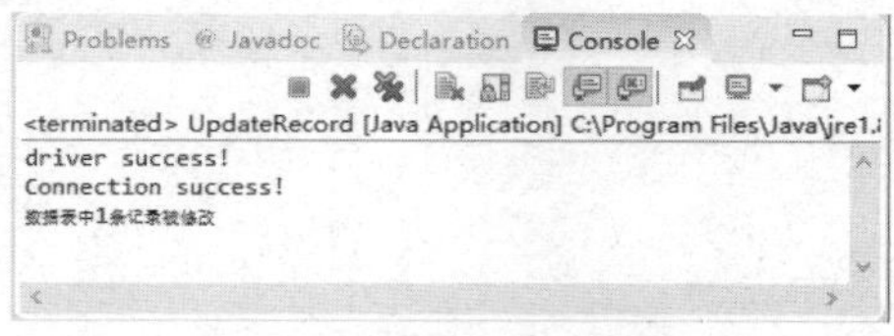

图 12-12　例 12-4 程序执行结果

12.5.4　删除数据表中的记录

在某些记录不需要的时候可以对其进行删除操作，删除时既可以通过 Statement 实例执行静态语句 DELETE 完成，也可以利用 PreparedStatement 实例通过动态 DELETE 语句完成。

【例 12-5】删除数据表 stuinfo 中指定学号的记录。

根据指定的学号 sno 的值，删除学生表对应的记录，把学号以形参传递给方法 deleteOneStudent，实参在主方法中给出。

```
package studentmanager;
import java.sql.Connection;
import java.sql.PreparedStatement;
import java.sql.SQLException;
import java.util.Scanner;
public class DeleteRecord {
    Connection con = null;
    PreparedStatement pstmt = null;

    // 该方法实现按照学号删除学生信息，如果返回值为 -1 代表修改没有成功
    public int deleteOneStudent(String no) {
            // 创建数据库连接对象
            DBConnection onecon = new DBConnection();
            // 得到数据库连接对象
            con = onecon.getConnection();
            // 删除记录的条数
            int count = -1;
            try {
                    // 在当前连接上创建一个 PrepareStatement 对象
                    pstmt = con.prepareStatement("delete from stuinfo  where no=? ");
```

```
                    //给参数设定值
                    pstmt.setString(1, no);
                    //执行删除操作
                    count = pstmt.executeUpdate();
                    //释放资源
                    pstmt.close();
                    con.close();
            } catch (SQLException e1) {
                    System.out.println(" 数据库读异常，" + e1);
            }
            return count;
    }

    public static void main(String[] args) {
            DeleteRecord c = new DeleteRecord();
            Scanner input = new Scanner(System.in);
            System.out.println(" 请输入 要删除学生信息的学号 :");
            String no = input.next();
            int count = c.deleteOneStudent(no);
            if (count > 0)
                    System.out.println(" 数据表中 " + count + " 条记录被删除 ");
            else
                    System.out.println(" 学号 '" + no + "' 不存在 ");
    }
}
```

程序执行结果如图 12-13 所示。

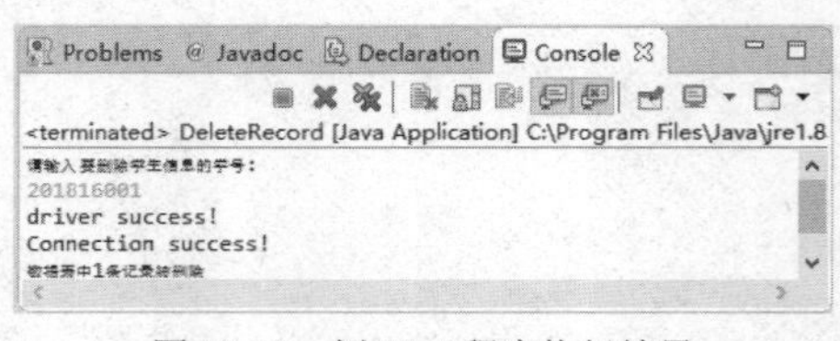

图 12-13　例 12-5 程序执行结果

12.5.5　查询数据表中的数据

查询是最常见的数据操作，既可以通过 Statement 实例完成，也可以利用 PreparedStatement 实例完成。

【例 12-6】查询数据表 student 中的所有记录。

通过调用方法 getAllStudent() 来实现查询学生信息表所有的记录。

```
package studentmanager;
import java.sql.Connection;
```

```
import java.sql.Statement;
import java.sql.ResultSet;
import java.sql.SQLException;

public class QueryStudent {
    public void getAllStudent() {
        DBConnection onecon = new DBConnection();
        Connection con = onecon.getConnection();
        try {
            Statement stmt = con.createStatement();
            ResultSet rs = stmt.executeQuery("select * from stuinfo");
            while (rs.next()) {
                // 检索当前行中指定列的值
                System.out.println(rs.getString(1) + " " + rs.getString(2) + " "
+ rs.getInt(3) + " " + rs.getString(4));
            }
            stmt.close();
            con.close();
        } catch (SQLException e1) {
            System.out.println(" 数据库读异常， " + e1);
        }
    }

    public static void main(String[] args) {
        QueryStudent qs = new QueryStudent();
        qs.getAllStudent();
    }
}
```

程序运行结果如图 12-14 所示。

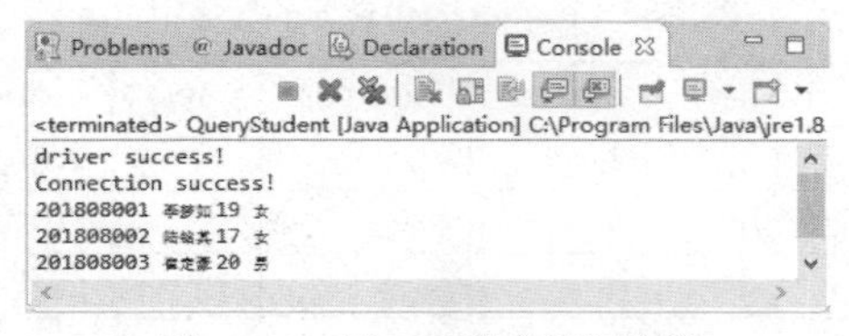

图 12-14　例 12-6 程序运行结果

通过以上实例中介绍的数据库操作方法，可以实现对数据库表的创建，数据的添加、修改、删除及查询等操作。也可以把对数据表数据的增加、删除、修改和查询等功能定义在一个类里，每一种操作定义为该类的一个方法，需要访问数据库时只需创建该类的对象，调用其相应的成员方法即可。

强化练习

本章首先对数据库基本概念进行了简单介绍。接着介绍了 JDBC 的功能结构和驱动程序类型，在此基础上，详尽地讲解了如何使用 JDBC 访问数据库。通过对本章内容的学习，读者可以开发简单的信息管理系统。通过如下的练习题读者可以强化 Java 数据库编程知识。

练习 1:

创建数据库连接类，该类至少包含创建数据库连接和断开数据库连接两个方法。

练习 2:

建立 admins 数据表，该表包含 username 和 password 两个字符型字段，并在表中增加若干条记录。然后，定义如下界面，当单击“登录”按钮时，从 admins 表中读取信息并判断用户名和密码是否正确，正确时打开自己定义的主窗口，否则以消息框提示用户名或者密码错误。当单击“退出”按钮时，关闭窗口，程序结束运行，如图 12-15 所示。

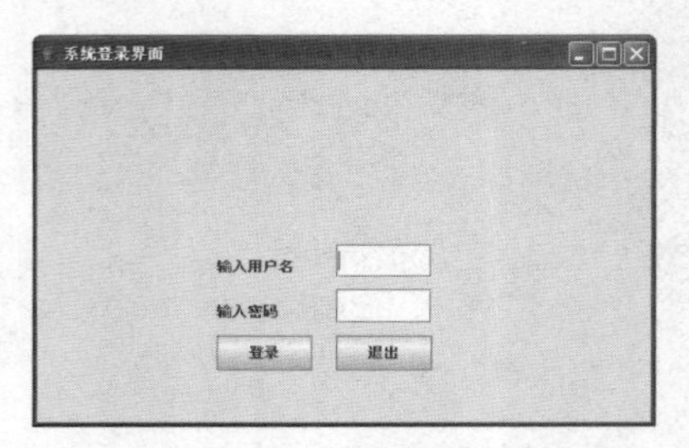

图 12-15　系统登录界面

练习 3:

编写程序在数据库 library 中创建一个借阅者表 reader，并编程向表中添加如下内容，reader 表结构和内容见表 12-1。

表 12-1　reader 表中包含的数据记录

readerid	passwd	name	gender	address	tel	startdate	enddate	type
2016016101	8888	李建	男			2016.9	2016.7	1
2017801002	8888	徐若凡	女			2017.9	2017.11	2
2018106006	8888	张立	男			2018.7	2021.12	3

（1）查询数据表中性别为“女”的借阅者信息，并显示到屏幕上。

（2）查询所有借阅者信息，并按照借阅者的编号，从小到大排列显示到屏幕上。

（3）删除借阅者编号以“2016”开头的所有记录，并输出删除后的剩余的数据信息。

练习 4:

编写一个数据库应用程序，要求通过图形用户界面方式实现学生信息的录入、修改、删除和查询等功能。

第13章 网络编程技术详解

内容概要

互联网时代的到来给人们的生活环境带来了极大的方便，网络应用程序是Java应用开发的一个重要领域，网络编程对于很多初学者来说，感觉神秘而又伟大，网络应用程序开发需要了解很多网络知识，初学者往往无从下手，不过，Java平台为我们提供了非常完善的网络应用开发类，这可以有效降低网络应用程序开发的难度。本章将对相关的知识进行介绍，掌握本章的知识后，读者将能够运用网络通信相关类开发基本的网络应用程序。

学习目标

- 理解网络通信的基本原理
- 了解InetAddress类的使用
- 了解URL类的作用
- 了解URLConnection类的作用
- 掌握Socket与ServerSocket类的作用
- 了解UDP协议的主要用处
- 了解DatagramPacket类和DatagramSocket类的作用

课时安排

- 理论学习2课时
- 上机操作2课时

13.1 计算机网络基础知识

计算机网络是通过传输介质把分散在不同地点的计算机设备互连起来，通过网络通信协议实现计算机之间的资源共享和数据传输的。网络编程就是编写程序使相互联网的计算机或网络设备之间进行通信。Java 语言对网络编程提供了良好的支持，通过其提供的接口和类可以方便地进行网络应用程序开发。

13.1.1 网络通信协议

计算机之间能够进行相互通信是因为它们都共同遵守一定的规则，即通信协议。计算机之间的通信，必须严格按照协议的格式要求进行。计算机之间进行网络通信的协议参考模型主要有 OSI 模型和 TCP/TP 模型。

1. OSI 参考模型

OSI 网络参考模型是国际标准化组织 ISO 于 1977 年提出的。由于网络通信协议本身非常复杂，OSI 参考模型提出了分层的思想，把网络通信的工作分为 7 层，分别是物理层、数据链路层、网络层、传输层、会话层、表示层和应用层等，如图 13-1 所示。

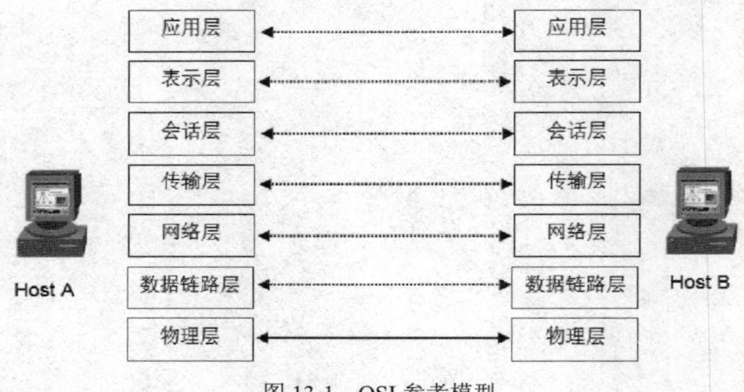

图 13-1　OSI 参考模型

物理层：物理层处于 OSI 的最底层，它的功能主要是为数据端设备提供传送数据的通路。

数据链路层：数据链路层的主要任务是实现计算机网络中相邻节点之间的可靠性传输，把原始的、有差错的物理传输线路加上数据链路协议，构成逻辑上可靠的数据链路。需要完成的功能有链路管理、成帧、差错控制以及流量控制等。其中成帧是对物理层的原始比特流进行界定。数据链路层也能够对帧的丢失进行处理。

网络层：网络层涉及源主机节点到目的主机节点之间可靠的网络传输，它需要完成的功能主要包括路由选择、网络寻址、流量控制、拥塞控制、网络互连等。

传输层：传输层起着承上启下的作用，涉及源端节点到目的端节点之间可靠的信息传输。传输层需要解决跨越网络连接的建立和释放，对于底层不可靠的网络，建立连接时需要 3 次握手，释放连接时需要 4 次挥手。

会话层：会话层的主要功能是负责应用程序之间建立、维持和中断会话，同时也提供设备和结点之间的会话控制，协调系统和服务之间的交流，并通过提供单工、半双工和全双工 3 种不同的通信方式，使系统和服务之间有序地进行通信。

表示层：表示层关心所传输数据信息的格式定义，其主要功能是把应用层提供的信息变换为能够共同理解的形式，提供字符代码、数据格式、控制信息格式、加密等的统一表示。

应用层：应用层为 OSI 的最高层，是直接为应用进程提供服务的。其作用是在实现多个系统应用进程相互通信的同时，完成一系列业务处理所需的服务。

2. TCP/IP 参考模型

ISO 制定的 OSI 参考模型过于庞大、复杂，没有在实际中得到运用。与 OSI 参考模型相似的是 TCP/IP 参考模型，TCP/IP 参考模型也是采用分层的思想，它把 OSI 参考模型的分层进行了简化，并对各层提供了完善的协议，这些协议构成了 TCP/IP 协议栈。TCP/IP 协议栈简单的分层设计，使它得到广泛的应用，已经成为事实上的国际标准。

TCP/IP 参考模型分为 4 个层次：应用层、传输层、网络互联层和主机—网络层，如图 13-2 所示。

应用层	HTTP、FTP、TELNET	SNMP、DNS
传输层	TCP	UDP
网络互联层	IP、ICMP、ARP、RARP	
主机 - 网络层	以太网	IEEE802.3
	令牌环网	IEEE802.3

图 13-2　TCP/IP 参考模型

TCP/IP 参考模型中，去掉了 OSI 参考模型中的会话层和表示层（这两层的功能被合并到应用层实现），同时将 OSI 参考模型中的数据链路层和物理层合并为主机 - 网络层。

主机 - 网络层：实际上 TCP/IP 参考模型没有真正描述这一层的实现，只是要求能够提供给其上层——网络互联层一个访问接口，以便在其上传递 IP 分组。由于这一层次未被定义，所以其具体的实现方法将随着网络类型的不同而不同。

网络互联层：网络互联层是整个 TCP/IP 协议栈的核心，它的功能是把分组发往目标网络或主机。网络互联层定义了分组格式和协议，即 IP 协议（Internet Protocol）。网络互联层除了需要完成路由的功能外，也可以完成将不同类型的网络（异构网）互联的任务。除此之外，网络互联层还需要完成拥塞控制的工作。

传输层：在 TCP/IP 模型中，传输层的功能是使源端主机和目标端主机上的对等实体可以进行会话。传输层定义了两种服务质量不同的协议，即：传输控制协议 TCP（transmission control protocol）和用户数据报协议 UDP（user datagram protocol）。

应用层：TCP/IP 模型将 OSI 参考模型中的会话层和表示层的功能合并到应用层实现。应用层面向不同的网络应用引入了不同的协议，其中，有基于 TCP 协议的，如文件传输协议（File Transfer Protocol，FTP）、虚拟终端协议（TELNET）、超文本链接协议（Hyper Text Transfer Protocol，HTTP），也有基于 UDP 协议的等。

13.1.2 IP 地址和端口

为了实现网络上不同机器之间的通信，必须标识网络上不同的计算机。TCP/IP 协议簇为接入互联网上的每个设备分配一个唯一的标识，这个标识被称为 IP 地址，通过这种地址标识，网络中的计算机可以互相通信。

目前，网络上设备的 IP 地址大多由 4 个字节组成，这种 IP 地址叫做 IPv4。除了这种由 4 个字节组成的 IP，还存在一种由 16 个字节组成的 IP 地址，叫做 IPv6。

IPV4 是由 4 个字节（共 32 位）数组成的，中间以小数点分隔，格式为 xxx.xxx.xxx.xxx，其中 x 代表的是一个三位的二进制数字，地址如 127.129.121.3，这也是目前广为使用的 IP 地址格式。

IPV6 由 16 个字节（共 128 位）组成，中间以冒号分隔。IPV6 有多种表示方法，其中一种格式为 xxxx:xxxx:xxxx:xxxx:xxxx:xxxx:xxxx:xxxx，每个 x 代表一个 4 位的十六进制数字，如 FEDC:BA98:7654:3210:FEDC:BA98:7654:3210。

13.1.3 端口号

在一台计算机中可能同时运行着多个网络应用程序，这些程序都可以和网络上的其他计算机进行通信。这时候只有主机名或 IP 地址显然是不够的，因为一个主机名或 IP 地址对应的主机可以运行多个网络应用程序。

端口就是为了在一台主机上标识多个进程而采取的一种手段，主机名（或 IP 地址）和端口的组合能唯一确定网络通信的主体——进程。端口（port）是网络通信时同一主机上的不同进程的标识，端口号（port number）是端口的数字编号，如 80、8080、3306、1433、1521 等，一台服务器可以通过不同端口提供许多不同的服务。

13.2 Java 常用网络编程类

用 Java 开发网络软件非常方便和强大，Java 的这种强大来源于它提供的一套强大的网络 API，这些 API 是一系列的类和接口，均位于包 java.net 和 javax.net 包中。主要包括两

部分的内容：①提供传输层开发的类和接口，用于处理地址、套接字、接口及相关的异常；②提供应用层开发用到的类和接口，用于处理 URI、URL 和 URL 连接等。Java 网络编程常用类见表 13-1。

表 13-1　Java 网络编程常用类

类	类说明
InetAddress	此类表示互联网协议 (IP) 地址
ServerSocket	此类实现服务器套接字
Socket	此类实现客户端套接字
URL	此类代表一个统一资源定位符，它是指向互联网“资源”的指针
URLConnection	抽象类 URLConnection 是所有类的超类，它代表应用程序和 URL 之间的通信链接
URI	表示一个统一资源标识符 (URI) 引用
DatagramSocket	此类表示用来发送和接收数据报包的套接字
DatagramPacket	此类表示数据报包
MulticastSocket	多播数据报套接字类用于发送和接收 IP 多播包
URLDecoder	HTML 格式解码的实用工具类
URLEncoder	HTML 格式编码的实用工具类

13.2.1　InetAddress 类

Java 中的 InetAddress 类是一个代表 IP 地址的封装类。IP 地址可以由字节数组和字符串来分别表示，InetAddress 将 IP 地址以对象的形式进行封装，可以更方便地操作和获取其属性。InetAddress 类没有构造方法，可以通过它的静态方法获得它的对象。InetAddress 的常用方法如下。

（1）static InetAddress getByAddress(byte[] addr)。根据提供的主机 IP 地址创建 InetAddress 对象。

（2）static InetAddress getByAddress(String host, byte[] addr)。根据提供的主机名和 IP 地址创建 InetAddress 对象。

（3）static InetAddress getByName(String host)。根据提供的主机名创建 InetAddress 对象。

（4）static InetAddress getLocalHost()。返回本地主机的 InetAddress 对象。

（5）byte[] getAddress()。返回 InetAddress 对象的 IP 地址。

（6）String getHostAddress()。返回 IP 地址字符串。

（7）String getHostName()。获取 IP 地址的主机名。

（8）boolean isMulticastAddress()。检查 InetAddress 是否是 IP 多播地址。

（9）boolean isReachable(int timeout)。测试是否可以达到该地址。

（10）String toString()。将此 IP 地址转换为 String。

13.2.2 URL 类

URL（Uniform Resource Locator，统一资源定位器）表示 Internet 上主机中某一资源的地址。通过 URL 可以访问 Internet 上的各种网络资源。

1. URL 组成

一个 URL 包括两个主要部分：协议名和资源名。

协议名（protocol）指获取资源所使用的传输协议，如 http、ftp、file 等。

资源名（resourceName）则是资源的完整地址，包括主机名、端口号、文件名或文件内部的一个引用等。

例如：

http://www.sohu.com/：协议名 :// 主机名。

http://acm.zzuli.edu.cn/problemset.php：协议名 :// 主机名＋文件名。

2. URL 类

为了表示 URL， java.net 中定义了 URL 类，可以通过下面的构造方法来初始化一个 URL 对象。

（1） public URL (String spec)。通过一个表示 URL 地址的字符串构造一个 URL 对象。

```
URL urlBase=new URL("http://www.pku.edu.cn ") ;
```

（2） public URL(String protocol, String host, String file)。

```
URL pku =new URL("http", "www.pku.edu.cn ", "/about/index.htm");
```

（3） public URL(String protocol, String host, int port, String file);

```
URL pku=new URL("http","www.pku.edu.cn",80, "/about/index.htm ");
```

注意：类 URL 的构造方法都声明抛弃非运行时异常（MalformedURLException），因此生成 URL 对象时，必须要对这一异常进行处理。

一个 URL 对象生成后，其属性是不能被改变的，但是可以通过类 URL 所提供的方法来获取这些属性。

（1）public String getProtocol()。获取该 URL 的协议名。

（2）public String getHost()。获取该 URL 的主机名。

（3）public int getPort()。获取该 URL 的端口号，如果没有设置端口，返回 -1。

（4）public String getFile()。获取该 URL 的文件名。

（5）public String getRef()。获取该 URL 在文件中的相对位置。

（6）public String getQuery()。获取该 URL 的查询信息。

（7）public String getPath()。获取该 URL 的路径。

（8）public String getAuthority()。获取该 URL 的权限信息。

（9）public String getUserInfo()。获得使用者的信息。

（10）public String getRef()。获得该 URL 的锚。

3. 通过 URL 类读取网络资源

当得到一个 URL 对象后，就可以通过它读取指定的资源。使用 URL 的方法 openStream()与指定的 URL 建立连接并返回一个 InputStream 对象，通过 InputStream 对象可以从这一连接中读取数据。

```
URL url = new URL("http://www.baidu.com");
// 使用 openStream 得到一输入流并由此构造一个 BufferedReader 对象
BufferedReader br = new BufferedReader(new InputStreamReader( url.openStream()));
String line = null;
while(null != (line = br.readLine()))
{
System.out.println(line);
}
br.close();
```

13.2.3 URLConnection 类

通过 URL 对象，只能从网络上读取数据，如果还想向对方写入数据或者想从对方获取更多的信息，必须先与 URL 建立连接，然后就可以对其进行读写，这时就要用到类 URLConnection 了。类 URLConnection 也在包 java.net 中定义，它表示 Java 程序和 URL 在网络上的通信连接。

例如，下面的程序段首先生成一个指向地址 http://www.sohu.com/index.html 的对象，然后用 openConnection（）打开该 URL 对象上的一个连接，返回一个 URLConnection 对象，如果连接过程失败，将产生 IOException 异常。

```
try{
URL sohu = new URL ("http://www.sohu.com/index.html");
URLConnectonn tc = sohu.openConnection();
}catch(MalformedURLException e){ // 创建 URL() 对象失败
    …
}catch (IOException e){ //openConnection() 失败
    …
}
```

应用程序和 URL 要建立一个连接通常需要几个步骤。

（1）通过 URL 实例调用 openConnection() 方法创建连接对象。

（2）处理设置参数和一般请求属性。

（3）使用 connect() 方法建立与远程对象的实际连接。

（4）与服务器建立连接后，远程对象变为可用，就可以查询远程对象的头信息。

（5）访问远程对象的资源数据。

针对步骤（3）：如果只是发送 GET 方式请求，使用 connect() 方法建立和远程资源的连接即可；如果是需要发送 POST 方式的请求，则需要获取 URLConnection 对象所对应的输出流来发送请求。注意，由于 GET 方法的参数传递方式是将参数显式追加在地址后面，那么构造 URL 对象的参数就应当是包含了参数的完整 URL 地址，而在获得了 URLConnection 对象之后，直接调用 connect() 方法即可发送请求。而 POST 方法传递参数时仅仅需要页面 URL，参数需要通过输出流来传递，另外还需要设置头字段。以下是两种请求方式的代码。

（1）发送 GET 方法的请求的代码：

```
String urlName = url + "?" + param;
URL realUrl = new URL(urlName);  // 创建 URL 对象
URLConnection conn = realUrl.openConnection();// 打开和 URL 之间的连接
// 设置通用的请求属性
conn.setRequestProperty("accept", "*/*");
conn.setRequestProperty("connection", "Keep-Alive");
conn.setRequestProperty("user-agent","Mozilla/5.0 (Windows NT 6.1; WOW64) AppleWebKit/537.36 (KHTML, like Gecko) Chrome/44.0.2403.89 Safari/537.36" );
conn.connect();  // 建立实际的连接
```

（2）发送 POST 方法的请求的代码：

```
URL realUrl = new URL(url); // 创建 URL 对象
URLConnection conn = realUrl.openConnection(); // 打开和 URL 之间的连接
// 设置通用的请求属性
conn.setRequestProperty("accept", "*/*");
conn.setRequestProperty("connection", "Keep-Alive");
conn.setRequestProperty("user-agent", "Mozilla/5.0 (Windows NT 6.1; WOW64) AppleWebKit/537.36 (KHTML, like Gecko) Chrome/44.0.2403.89 Safari/537.36");
// 发送 POST 请求必须设置如下两行
conn.setDoOutput(true);
conn.setDoInput(true);
out = new PrintWriter(conn.getOutputStream()); // 获取输出流对象
out.print(param); // 发送请求参数
```

URLConnection 类提供了丰富的变量和方法用于操作 URL 连接，下面给出一些常用的变量和方法。

1）URLConnection 类的几个主要变量

（1）connected。该变量表示 URL 的连接状态，true 表示已经建立了通信链接，false 表示此尚未创建与指定 URL 的通信链接。

（2）url。该变量表示此连接要在互联网上打开的远程对象。

2）URLConnection 类的构造方法

URLConnection(URL url)：创建参数为 url 的 URLConnection 对象。

3）URLConnection 类的常用方法

（1）Object getContent()。获取此 URL 连接的内容。

（2）String getContentEncoding()。返回该 URL 引用的资源的内容编码。

（3）int getContentLength()。返回此连接的 URL 引用的资源的内容长度。

（4）String getContentType()。返回该 URL 引用的资源的内容类型。

（5）URL getURL()。返回此 URLConnection 的 URL 字段的值。

（6）InputStream getInputSTream()。返回从所打开连接读数据的输入流。

（7）OutputStream getOutputSTream()。返回向所打开连接写数据的输出流。

（8）public void setConnectTimeout(int timeout)。设置一个指定的超时值（ms 为单位）。

（9）setRequestProperty(String key, String value)。设置一般请求属性，如果已存在具有该关键字的属性，则用新值改写其值。

13.3 基于 TCP 的 Socket 编程

TCP（Transfer Control Protocol）协议是一种面向连接的、可以提供可靠传输的传输层协议。使用 TCP 协议传输数据，接收端得到的是一个和发送端发出的完全一样的数据流。发送方和接收方的两个网络应用程序在通信前必须先建立连接。

13.3.1 网络套接字 Socket

Socket, 又称为套接字，是计算机网络通信的基本技术之一。如今大多数基于网络的软件，如浏览器、即时通信工具都是基于 Socket 实现的，可以说 Socket 是一种针对网络的抽象，应用程序通过它进行网络数据通信。根据 TCP 协议和 UDP 协议的不同，在网络编程方面就有面向 TCP 和 UDP 两个协议的不同 socket，一个是面向字节流的，一个是面向报文的。

Java Socket 有两个概念，ServerSocket 和 Socket，服务端和客户端之间通过 Socket 建立连接，之后它们就可以进行通信了。首先 ServerSocket 在服务端监听某个端口，当发现客户端有 Socket 来试图连接它时，就接受该 Socket 的连接请求，同时在服务端建立一个对应的 Socket 与之进行通信，这样就有两个 Socket 了，客户端和服务端各一个。服务端往 Socket 的输出流里写东西，客户端就可以通过 Socket 的输入流读取对应的内容。由于 Socket 与 Socket 之间是双向连通的，所以客户端也可以往对应的 Socket 输出流里写东西，然后服务端对应的 Socket 的输入流就可以读出对应的内容。Socket 的通信模型如图 13-3 所示。

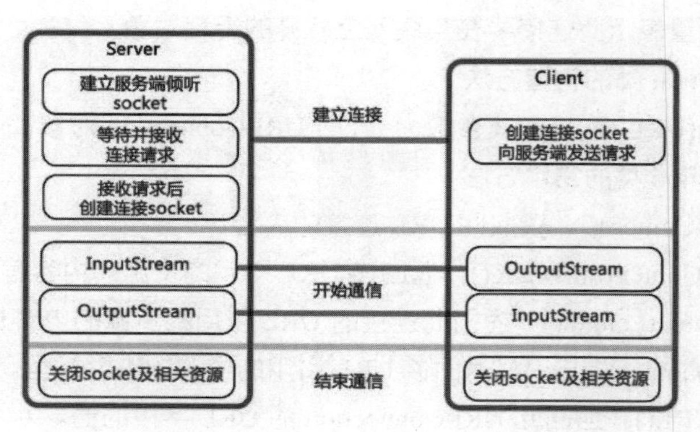

图 13-3　Socket 通信模型

13.3.2　Socket 类

Socket 类常用的构造方法如下：

Socket(InetAddress address, int port)。此方法创建一个主机地址为 address、端口号为 port 的流套接字，例如，以下语句：

```
Socket mysocket = new Socket ("218.198.118.112", 2018);
```

该语句创建了一个 Socket 对象并赋初值，要连接的远程主机的 IP 地址是 218.198.118.112，端口号是 2018。

注意：每一个端口提供一种特定的服务，只有给出正确的端口，才能获得相应的服务。为此，系统特意为一些服务保留了一些端口。例如，http 服务的端口号为 80，ftp 服务的端口号为 23 等。0~1 023 是系统预留的端口，所以在应用程序中设置自己的端口号时，最好选择一个大于 1 023 的端口号。

Socket 类常用方法如下。

（1）InetAddress getInetAddress()。返回套接字连接的地址。

（2）InetAddress getLocalAddress()。获取套接字绑定的本地地址。

（3）int getLocalPort()。返回套接字绑定到的本地端口。

（4）SocketAddress getLocalSocketAddress()。返回套接字绑定的端端的地址，如果尚未绑定则返回 null。

（5）InputStream getInputStream()。返回套接字的输入流。

（6）OutputStream getOutputStream()。返回套接字的输出流。

（7）int getPort()。返回套接字连接到的远程端口。

（8）boolean isBound()。返回套接字的绑定状态。

（9）boolean isClosed()。返回套接字的关闭状态。

（10）boolean isConnected()。返回套接字的连接状态。

（11）void connect(SocketAddress endpoint, int timeout)。将此套接字连接到服务器，并指定一个超时值。

（12）void close()。关闭此套接字。

使用 Socket 类的通常步骤如下。

（1）用服务器的 IP 地址和端口号实例化 Socket 对象。

（2）调用 connect() 方法，连接到服务器上。

（3）获得 Socket 上的流，把流封装进 BufferedReader/PrintWriter 的实例，以进行读写。

（4）利用 Socket 提供的 getInputStream() 和 getOutputStream() 方法，通过 IO 流对象，向服务器发送数据流。

（5）关闭打开的流和 Socket。

【例 13-1】通过 Socket 类编写一个客户端程序。

下面的程序实现了连接在指定的 IP 地址和端口上监听的服务器程序，连接服务器程序后可以向服务程序发送消息。

```
package network;

import java.awt.event.*;
import java.io.*;
import java.net.*;
import javax.swing.*;
public class ClientSocketDemo extends Thread implements ActionListener {
    private JFrame jf;
    private JLabel jLabel1, jLabel2;
    private JTextField jtf_ip, jtf_port, jtf_data;
    private JButton btn_connect, btn_disconn, btn_send;
    private JTextArea jta_info;
    private JPanel jp_top, jp_bottom;
    Socket socket;
    private BufferedWriter bw = null;
    private BufferedReader br = null;
    public void init() {
            jf = new JFrame("Socket 示例 ");
            jLabel1 = new JLabel(" 服务器 IP");
            jtf_ip = new JTextField(10);
            jLabel2 = new JLabel(" 端口 ");
            jtf_port = new JTextField(5);
            btn_connect = new JButton(" 连接 ");
            btn_connect.addActionListener(this);
            btn_disconn = new JButton(" 断开连接 ");
            btn_disconn.setEnabled(false);
```

```
        btn_disconn.addActionListener(this);
        jtf_data = new JTextField(30);
        btn_send = new JButton(" 发送 ");
        btn_send.addActionListener(this);
        jp_top = new JPanel();
        jp_top.add(jLabel1);
        jp_top.add(jtf_ip);
        jp_top.add(jLabel2);
        jp_top.add(jtf_port);
        jp_top.add(btn_connect);
        jp_top.add(btn_disconn);
        jta_info = new JTextArea(10, 20);
        jta_info.setLineWrap(true);
        jp_bottom = new JPanel();
        jp_bottom.add(jtf_data);
        jp_bottom.add(btn_send);
        jf.add(jp_top, "North");
        jf.add(jta_info, "Center");
        jf.add(jp_bottom, "South");
        jf.setDefaultCloseOperation(JFrame.EXIT_ON_CLOSE);
        jf.setSize(400, 300);
        jf.pack();
        jf.setVisible(true);
}
public void actionPerformed(ActionEvent arg0) {
        // TODO Auto-generated method stub
        if (arg0.getSource() == btn_connect) {
                String ip = jtf_ip.getText();
                String port = jtf_port.getText();
                try {
                        socket = new Socket(ip, Integer.parseInt(port));
                        bw = new BufferedWriter(new OutputStreamWriter(socket.getOutputStream()));
                        br = new BufferedReader(new InputStreamReader(socket.getInputStream()));
                        jta_info.append(" 连接服务器成功 \r\n");
                        btn_connect.setEnabled(false);
                        btn_disconn.setEnabled(true);
                } catch (IOException e1) {
                        e1.printStackTrace();
                }
        } else if (arg0.getSource() == btn_disconn) {
                try {
```

```
                        bw.close();
                        br.close();
                        socket.close();
                        jta_info.append(" 已断开与服务器连接 \r\n");
                        btn_connect.setEnabled(true);
                        btn_disconn.setEnabled(false);
                    } catch (IOException e) {
                        e.printStackTrace();
                    }
            } else if (arg0.getSource() == btn_send) {
                    try {
                        bw.write(jtf_data.getText() + "\n");
                        bw.flush();
                        jta_info.append(" 发送消息： " + jtf_data.getText() + "\r\n");
                    } catch (IOException e) {
                        e.printStackTrace();
                    }
            }
    }
    public static void main(String[] args) {
            new ClientSocketDemo().init();
    }
}
```

程序运行结果如图 13-4 所示。

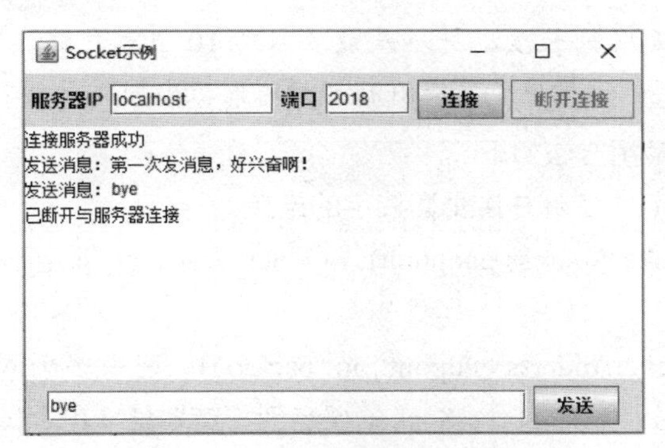

图 13-4　Socket 示例运行结果

13.3.3　ServerSocket 类

在客户 / 服务器通信模式中，服务器端需要创建监听特定端口的 ServerSocket 类对象，负责监听网络中来自客户机的服务请求，并根据服务请求运行相应的服务程序。

ServerSocket 类的构造方法如下。

（1）ServerSocket()。创建非绑定服务器的套接字。

（2）ServerSocket(int port)。创建绑定到特定端口的服务器套接字。

（3）ServerSocket(int port, int backlog)。利用指定的 backlog 创建服务器套接字并将其绑定到指定的本地端口号。

（4）ServerSocket(int port, int backlog, InetAddress bindAddr)。使用指定的端口、侦听 backlog 和要绑定到的本地 IP 地址创建服务器。

其中，port 为端口号，若端口号的值为 0，表示使用任何空闲端口。

backlog 指服务器所能支持的最长连接队列，如果队列满时收到连接请求，则拒绝该连接。

bindAddr 指服务器要绑定的 InetAddress，该参数可以在 ServerSocket 的多宿主机 (multi-homed host) 上使用，ServerSocket 仅接受属于其地址之一的连接请求。如果 bindAddr 为 null，则默认接受任何本地地址上的连接。

例如：

```
ServerSocket serverSocket = new ServerSocket(2018);
```

创建了一个 ServerSocket 对象 serverSocket，并将服务绑定在 2018 号端口。

再如：

```
ServerSocket serverSocket2 = new ServerSocket(2018, 10);
```

创建了一个 ServerSocket 对象 serverSocket2，并将服务绑定在 2018 号端口，最长连接队列为 10。

说明：这里的 10 是队列长度，并不是最多只能 10 个客户端，实际上，即使是 1 000 个客户端连接这台服务器，只要它们不是在极短的时间段内同时访问，服务器也能正常工作。

ServerSocket 类的常用方法如下。

（1）Socket accept()。侦听并接受套接字的连接。

（2）void bind(SocketAddress endpoint)。将 ServerSocket 绑定到特定地址（IP 地址和端口号）。

（3）void bind(SocketAddress endpoint, int backlog)。在有多个网卡（每个网卡都有自己的 IP 地址）的服务器上，将 ServerSocket 绑定到特定地址（IP 地址和端口号），并设置最长连接队列。

（4）void close()。关闭此套接字。

（5）InetAddress getInetAddress()。返回此服务器套接字的本地地址。

（6）int getLocalPort()。返回此套接字在其上侦听的端口。

（7）SocketAddress getLocalSocketAddress()。返回套接字绑定的端点的地址，如果尚未绑定则返回 null。

（8）boolean isBound()。返回 ServerSocket 的绑定状态。

（9）boolean isClosed()。返回 ServerSocket 的关闭状态。

（10）String toString()。作为 String 返回此套接字的实现地址和实现端口。

使用 ServerSocket 类的通常步骤如下。

（1）创建 ServerSocket 对象，绑定监听端口。

（2）通过 accept() 方法监听客户端请求。

（3）连接建立后，通过输入流读取客户端发送的请求信息。

（4）通过输出流向客户端发送响应信息。

（5）关闭打开的流和 Socket。

【例 13-2】在服务器端读取客户端发送过来的信息。

编写一个服务器端程序在指定端口监听客户机的连接请求，当有客户端连接时，建立 Socket 连接读取客户端发送过来的信息并显示。

```
package network;

import java.awt.event.*;
import java.io.*;
import java.net.*;
import javax.swing.*;
public class ServerSocketDemo {
    private JFrame jf;
    private JLabel jLabel;
    private JTextField jtf_port;
    private JButton btn_start;
    private JTextArea jta_info;
    private JPanel jp;
    ServerSocket serverSocket;
    Socket socket;
    BufferedReader in;
    BufferedWriter out;
    public void init() {
            jf = new JFrame("ServerSocket 示例 ");
            jLabel = new JLabel(" 监听端口 ");
            jtf_port = new JTextField(5);
            btn_start = new JButton(" 启动服务 ");
            btn_start.addActionListener(new ServerListener());
            jp = new JPanel();
            jp.add(jLabel);
            jp.add(jtf_port);
            jp.add(btn_start);
```

```
            jta_info = new JTextArea(10, 30);
            jta_info.setLineWrap(true);
            jf.add(jp, "North");
            jf.add(jta_info, "Center");
            jf.setDefaultCloseOperation(JFrame.EXIT_ON_CLOSE);
            jf.setSize(400, 300);
            jf.pack();
            jf.setVisible(true);
        }
        private class ServerListener implements ActionListener {
            @Override
            public void actionPerformed(ActionEvent arg0) {
                // TODO Auto-generated method stub
                if (arg0.getSource() == btn_start) {
                    String port = jtf_port.getText();
                    try {
                        serverSocket = new ServerSocket(Integer.parseInt(port));
                        jta_info.append(" 服务器在端口 " + serverSocket.getLocalPort()
+ " 监听！ \r\n");
                        new ServerThread().start();
                    } catch (IOException ex) {
                        ex.printStackTrace();
                    }
                }
            }
        }
        private class ServerThread extends Thread {
            public void run() {
                while (true) {
                    try {
                        // 调用 accept 方法，建立和客户端的连接
                        socket = serverSocket.accept();
                        jta_info.append(" 客户机端口： " + socket.getPort() + "\r\n");
                        jta_info.append(" 客户机地址： " + socket.getInetAddress() + "\r\n");
                        in = new BufferedReader(new InputStreamReader(socket.getInput
Stream()));
                        out = new BufferedWriter(new OutputStreamWriter(socket.
getOutputStream()));
                        while (true) {
                            String revinfo = in.readLine();
                            if (revinfo == null || revinfo.equals("bye")) {
```

```
                                                break;
                                        } else {
                                                jta_info.append(" 接收信息： "+revinfo+"\r\n");
                                        }
                                }
                                // 操作结束，关闭 socket.
                                in.close();
                                out.close();
                                socket.close();
                                jta_info.append(" 已经断开与客户端的连接 \r\n");
                        } catch (IOException e) {
                                e.printStackTrace();
                        }
                }
        }
    }
    public static void main(String[] args) {
        new ServerSocketDemo().init();
    }
}
```

程序运行结果如图 13-5 所示。

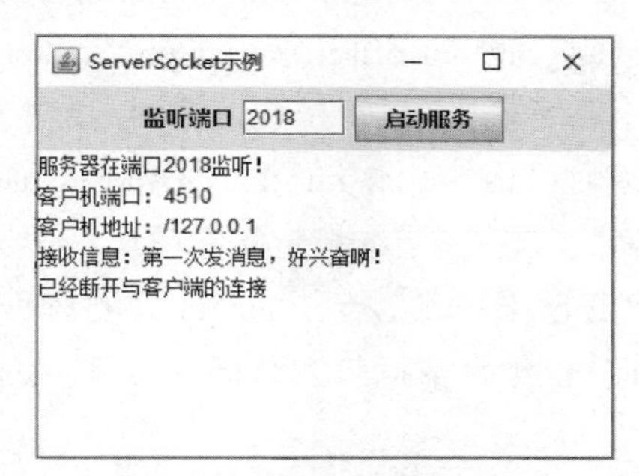

图 13-5 输出网络连接信息

13.4 基于 UDP 的 Socket 编程

UDP 协议（用户数据报协议），在网络中它与 TCP 协议一样用于处理数据包。与 TCP 不同，当报文发送之后，UDP 是无法得知其是否安全完整到达的。UDP 是一种无连接的网络通信机制，更像邮件或短信的通信方式。

尽管 UDP 是一种不可靠的通信协议，但由于其有较快的传输速度，在应用能容忍小错误的情况下，可以考虑使用 UDP 通信机制。如在视频广播中，即使丢了几个信息帧，也不影响整体效果，并且速度够快。

Java 通过两个类实现 UDP 协议顶层的数据报：DatagramPacket 对象是数据容器，DatagramSocket 是用来发送和接收 DatagramPacket 的套接字。采用 UDP 通信发送信息时，首先将数据打包，然后将打包好的数据发往目的地；接收信息时，首先接收别人发来的数据包，然后查看数据包中的内容。

13.4.1 DatagramPacket 类

要发送或接收数据报，需要用 DatagramPacket 类将数据打包，即用 DatagramPacket 类创建一个对象，称为数据包。

1. DatagramPacket 类的构造方法

（1）DatagramPacket(byte[] buf, int length)。构造数据包对象，用来接收长度为 length 的数据包。

（2）DatagramPacket(byte[] buf, int length, InetAddress address, int port)。构造数据报包，用来将长度为 length 的包发送到指定主机上的指定端口号。

（3）DatagramPacket(byte[] buf, int offset, int length)。构造数据报包对象，用来接收长度为 length 的包，在缓冲区中指定了偏移量。

（4）DatagramPacket(byte[] buf, int offset, int length, InetAddress address, int port)。构造数据报包，用来将长度为 length、偏移量为 offset 的包发送到指定主机上的指定端口号。

（5）DatagramPacket(byte[] buf, int offset, int length, SocketAddress address)。构造数据报包，用来将长度为 length、偏移量为 offset 的包发送到指定主机上的指定端口号。

（6）DatagramPacket(byte[] buf, int length, SocketAddress address)。构造数据报包，用来将长度为 length 的包发送到指定主机上的指定端口号。

其中，buf 为保存传入数据报的缓冲区，length 为要读取的字节数，address 为数据报要发送的目的套接字地址，port 为数据包的目标端口号，length 参数必须小于等于 buf. length。

2. DatagramPacket 类的常用方法

（1）InetAddress getAddress()。返回某台机器的 IP 地址，该机器为数据包的接收者或者发送者。

（2）byte[] getData()。返回数据缓冲区。

（3）int getLength()。返回将要发送或接收到的数据的长度。

（4）int getOffset()。返回将要发送或接收到的数据的偏移量。

（5）int getPort()。返回某台远程主机的端口号，该主机为数据的接收者或发送者。

（6）SocketAddress getSocketAddress()。获取接收数据包或发出数据包的远程主机的 SocketAddress（通常为 IP 地址 + 端口号）。

（7）void setAddress(InetAddress iaddr)。设置接收数据包的机器的 IP 地址。

（8）void setData(byte[] buf)。为数据包设置数据缓冲区。

（9）void setData(byte[] buf, int offset, int length)。为数据包设置数据缓冲区。

（10）void setLength(int length)。为数据包设置长度。

（11）void setPort(int iport)。设置接收数据包的远程主机的端口号。

（12）void setSocketAddress(SocketAddress address)。设置接收数据包的远程主机的 SocketAddress（通常为 IP 地址 + 端口号）。

13.4.2 DatagramSocket 类

DatagramSocket 类是用来发送和接收数据包的套接字，负责将数据包发送到目的地，或从目的地接收数据包。

1. DatagramSocket 类的构造方法

（1）DatagramSocket()。构造数据包套接字并将其绑定到本地主机上任何可用的端口。

（2）DatagramSocket(int port)。创建数据包套接字并将其绑定到本地主机上的指定端口。

（3）DatagramSocket(int port, InetAddress laddr)。创建数据包套接字，将其绑定到指定的本地地址。

（4）DatagramSocket(SocketAddress bindaddr)。创建数据包套接字，将其绑定到指定的本地套接字地址。

2. DatagramSocket 类的常用方法

（1）void bind(SocketAddress addr)。将 DatagramSocket 绑定到特定的地址和端口。

（2）void close()。关闭此数据包套接字。

（3）void connect(InetAddress address, int port)。将套接字连接到远程地址。

（4）void connect(SocketAddress addr)。将套接字连接到远程地址（IP 地址 + 端口号）。

（5）void disconnect()。断开套接字的连接。

（6）InetAddress getInetAddress()。返回套接字连接的地址。

（7）InetAddress getLocalAddress()。获取套接字绑定的本地地址。

（8）int getLocalPort()。返回套接字绑定的本地主机上的端口号。

（9）SocketAddress getLocalSocketAddress()。返回套接字绑定的端点的地址，如果尚未绑定则返回 null。

（10）SocketAddress getRemoteSocketAddress()。返回套接字连接的端点的地址，如果未连接则返回 null。

（11）void receive(DatagramPacket p)。从套接字接收数据包。

（12）void send(DatagramPacket p)。从套接字发送数据包。

例如，将“你好”这两个汉字封装成数据包，发送到目的主机“www.baidu.com”、

端口 2018 上，可以采用以下步骤：

```
byte buff[] = " 你好 ".getBytes();
InetAddress destAddress = InetAddress.getByName("www.baidu.com");
DatagramPacket dataPacket = new DatagramPacket(buff, buff.length, destAddress, 2018);
DatagramSocket sendSocket = new DatagramSocket();
sendSocket.send(dataPacket);
```

再如，接收发到本机 2018 号端口的数据包，其步骤如下：

```
byte buff[] = new byte[8192];
DatagramPacket receivePacket = new DatagramPacket(buff, buff.length);
DatagramSocket receiveSocket = new DatagramSocket(2018);
receiveSocket.receive(receivePacket);
int length = receivePacket.getLength();
String message = new String(receivePacket.getData(), 0, length);
System.out.println(message);
```

13.4.3 MulticastSocket 类

单播（Unicast）、多播（Multicast）和广播（Broadcast）都是用来描述网络节点之间通信方式的术语。单播是指对特定的主机进行数据传送；多播也称组播，就是给一组特定的主机（多播组）发送数据；广播是多播的特例，是给某一个网络（或子网）上的所有主机发送数据包。多播数据报类似于广播电台，电台在指定的波段和频率上广播信息，接收者只有将收音机调到指定的波段、频率上才能收听到广播的内容。在 Java 语言中，多播通过多播数据报套接字 MulticastSocket 类来实现。

1. MulticastSocket 的构造方法

（1）MulticastSocket()。创建多播套接字。

（2）MulticastSocket(int port)。创建多播套接字并将其绑定到特定端口。

（3）MulticastSocket(SocketAddress bindaddr)。创建绑定到指定套接字地址的 MulticastSocket。

2. MulticastSocket 的常用方法

（1）void joinGroup(InetAddress mcastaddr)。加入多播组。

（2）void leaveGroup(InetAddress mcastaddr)。离开多播组。

（3）void send(DatagramPacket p)。从套接字发送数据报包。DatagramPacket 包含的信息有将要发送的数据、其长度、远程主机的 IP 地址和远程主机的端口号等。

（4）void setTimeToLive(int ttl)。设置在 MulticastSocket 上发出的多播数据包的默认生存时间，以便控制多播的范围。

（5）public void receive(DatagramPacket p)。从套接字接收数据报包，填充到 DatagramPacket 的缓冲区。数据报包还包含发送方的 IP 地址和发送方机器上的端口号。此方法在接收到数据报前一直阻塞。数据报包对象的 length 字段包含所接收信息的长度，如果信息比包的长度长，该信息将被截短。

多播数据报套接字类用于发送和接收 IP 多播包，是一种 (UDP) DatagramSocket，它具有加入 Internet 上其他多播主机“组”的附加功能。多播组通过 D 类 IP 地址和标准 UDP 端口号指定。D 类 IP 地址在 224.0.0.0~239.255.255.255 的范围内（包括两者），地址 224.0.0.0 被保留，不应使用。

要加入多播组可以先使用所需端口创建 MulticastSocket，然后调用 joinGroup (InetAddress groupAddr) 方法来进行。如，加入一个多播组，并发送组播信息，接收广播包，离开组播组，其过程如下：

```
// 发送数据包 ...
String msg = "Hello";
InetAddress group = InetAddress.getByName("228.118.56.32");
MulticastSocket socket = new MulticastSocket(6789);
socket.joinGroup(group);
DatagramPacket helloPacket = new DatagramPacket(msg.getBytes(), msg.length(), group, 6789);
socket.send(helloPacket);
// 接收数据包
byte[] buf = new byte[2048];
DatagramPacket recv = new DatagramPacket(buf, buf.length);
socket.receive(recv);
// 离开多播接收组
socket.leaveGroup(group);
```

将消息发送到多播组时，该主机和端口的所有预定接收者都将接收到消息，套接字不必成为多播组的成员即可向其发送消息。

当套接字预定多播组和端口时，它将接收由该组和端口的其他主机发送的数据报，像该组和端口的所有其他成员一样。套接字通过 leaveGroup(InetAddress addr) 方法放弃组中的成员资格。多个 MulticastSocket 可以同时预定多播组和端口，并且都会接收到组数据报。

强化练习

本章首先介绍了网络的基本概念、网络通信协议的参考模型 OSI 和 TCP/IP，对网络编程中用到的 IP 地址和端口号的概念进行了说明；重点介绍了 Java 的 Socket 编程，对 TCP 通信协议下用到的编程类 Socket 和 ServerSocket，以及 UDP 通信协议下用到的 DatagramPacket、DatagramSocket 和 MulticastSocket 编程类进行了详细的说明。

通过下面的练习，读者将进一步加深对网络编程的理解和常用类的运用能力。

练习 1:

编写一个客户机服务器程序，使用 Socket 技术实现通信，双方约定一个通信端口，服务器端程序运行后在端口上监听客户机的连接，客户机运行后连接到服务器上，向服务器发送两个整数，服务器端计算这两个整数的和，然后把计算结果返回到客户端。

练习 2:

设计一个综合服务程序，这个综合服务程序可以接收多个客户端的连接，针对多个客户端发送的信息，服务程序可以分别进行响应，服务程序也可以向多个客户程序进行广播发送信息。要求系统设计成桌面应用程序。

第14章 即时聊天系统

内容概要

随着网络技术的飞速发展，人们对网络的依赖越来越多，人们之间的交流方式也在发生变化，即时聊天软件是目前大家最经常使用的网络通信交流方式，本章将带领读者设计一个即时聊天软件，本软件由客户端程序和服务器程序两部分组成，客户端和服务端通过Socket进行通信。通过本章的学习，读者将能够设计一个多人聊天系统，可以注册用户、添加、删除好友，与好友之间进行消息通信等功能。

学习目标

- 了解软件项目开发流程
- 理解如何对软件项目进行分析
- 掌握软件项目的设计方法
- 加强对数据库应用的理解
- 加强对网络通信技术的理解和应用
- 加强对多线程系统的理解和应用

课时安排

- 理论学习 4 课时
- 上机操作 4 课时

14.1 需求分析

需求分析在系统开发过程中有非常重要的地位，它的好坏直接关系到系统开发成本、系统开发周期及系统质量。它是系统设计的第一步，是整个系统开发成功的基础。详细周全的需求分析，既可以减少系统开发中的错误，又可降低修复错误的费用，从而大大减少系统开发成本，缩短系统开发周期。需求分析的任务不是确定系统“怎样做”的工作，而仅仅是确定系统需要“做什么”的问题，也就是对目标系统提出完整、准确、清晰、具体的要求。开发人员通过需求文档了解将实现的系统所应具备的功能、特点和其他问题。客户通过需求文档了解实现的软件是否满足其需求，并对需求进行确认和修改。最终作为该项目的概要设计、详细设计的依据。

14.1.1 需求描述

从网络聊天用户的实际出发，即时聊天系统应具有即时、快速和方便的特点。即时聊天系统一般由服务器端和客户端两部分组成，服务器端要实现建立与客户端的连接与断开功能，能即时地接收、处理和转发接收到的数据，能及时通知在线用户当前好友在线状况，能够对用户和数据进行管理。客户端应实现与服务器端的连接，能正确地获取和显示当前好友的在线情况，能够与特定好友进行聊天通信，能及时地接收到服务器端的数据并进行处理，并能将处理结果反馈给用户。

1. 服务器端功能概述

（1）服务器开启服务，开启服务后客户端才能登录到服务器。

（2）可以在设定的端口监听，等待用户的连接。

（3）建立与客户端的连接，并能通知其他好友用户。

（4）向新登录系统的好友发出已上线的好友名单。

（5）接收客户端的消息请求，对消息进行正确的解析，并转发消息到客户端。

（6）服务器端能够显示当前在线人数。

（7）当客户端断开与服务器的连接时，服务器能够通知其他好友用户。

（8）服务器端可以向所有客户端发送系统消息。

2. 客户端功能概述

（1）客户端可以设定连接服务器的 IP 地址和端口。

（2）用户可以打开客户端自己注册用户。

（3）可以用注册过的账号登录系统并建立与服务器的连接。

（4）添加、删除好友。

（5）能够看到当前好友在线状态。

（6）能够向指定好友发出消息，能够及时接收好友消息，并通知用户。

（7）可以对好友进行分组。

（8）好友之间可以进行文件传输。

14.1.2 功能需求用例图

用例图描述的是参与者所理解的系统功能，主要元素是用例和参与者，以一种图形化的方式帮助开发团队理解系统的功能需求。设计用例图处于用户需求分析的阶段，此时不用考虑系统的功能如何实现，只需要形象化地表述项目的功能就行。

客户端总体用例图如图 14-1 所示。

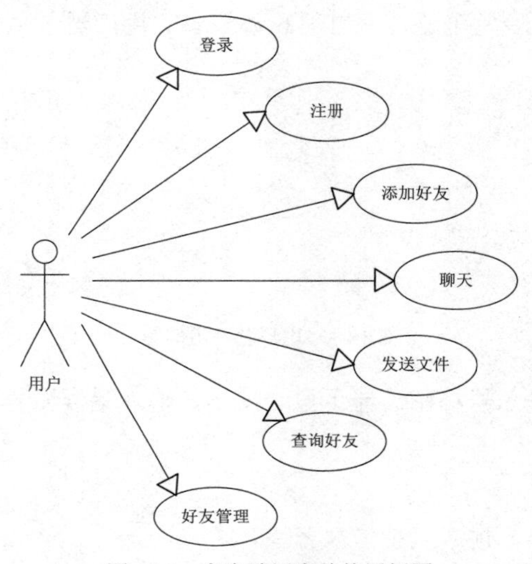

图 14-1 客户端用户总体用例图

1. 用户注册

用户第一次使用本系统时，可以单击登录窗口注册账号连接进行新用户注册。用户注册用例图如图 14-2 所示。

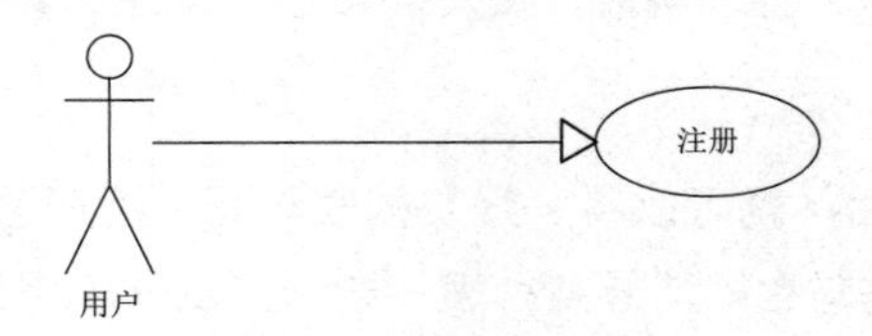

图 14-2 用户注册用例图

用例描述：用户按照相关提示信息进行正确的资料填写以申请账号并获得账号。

参与者：用户。

执行者：用户。

前置条件：需要有固定的电子邮箱，并拥有一台可以连入网络的机器终端。

事件流：

（1）按 Tab 键 , 光标可在注册窗体中进行切换。

（2）系统测试用户输入是否符合要求、是否有误。

（3）系统测试用户输入两次密码是否一样。

（4）当用户正确输入全部资料信息后，按确定键，用户得到相应的账号。

（5）用户注册成功后可以通过注册的账号登录客户端。

后置条件：用户单击返回按钮，窗口关闭，返回登录窗口。

2. 用户登录

系统启动默认进入登录界面，已经拥有账号的用户可以直接输入账号、密码进行登录。只有在账号、密码由服务器验证通过后才可正确登录。用户登录用例图如图 14-3 所示。

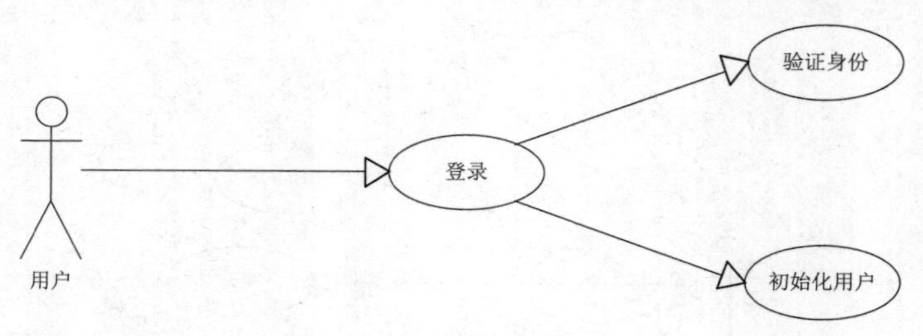

图 14-3　用户登录用例图

用例描述：输入正确账号和密码显示登录成功，输入错误账号和密码显示登录失败。

参与者：用户。

执行者：用户。

前置条件：开启程序，进入系统登录界面。

事件流：

（1）打开登录界面。

（2）输入正确账号和密码，按登录键，用户登录成功。

（3）输入未注册账号、错误账号或密码，按登录键，提示登录失败。

后置条件：无论用户输入任何信息，按关闭按钮，关闭此窗体，退出软件。

3. 刷新好友列表

当用户登录客户端之后，就可以看到好友列表界面。用户可通过按钮选择只显示在线好友还是显示全部好友。这时会刷新好友列表。刷新好友列表用例图如图 14-4 所示。

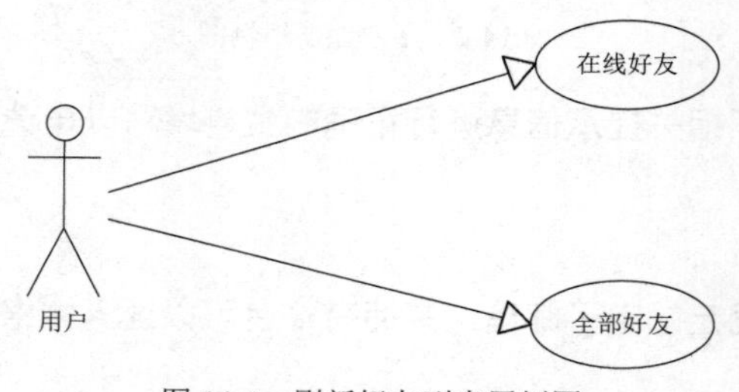

图 14-4　刷新好友列表用例图

用例描述：输入正确账号和密码登录系统，单击显示在线好友，好友列表中只显示在线好友，单击显示全部好友，好友列表中显示全部好友信息。

参与者：用户。

执行者：用户。

前置条件：正确登录系统，进行客户端主窗口。

事件流：

（1）进入客户端主窗口。

（2）单击显示在线好友按钮，刷新好友列表，只显示在线好友列表信息。

（3）单击显示全部好友按钮，刷新好友列表，显示全部的好友列表信息。

后置条件：无。

4. 添加好友

单击添加好友按钮，打开添加好友窗口，在添加好友窗口中查找要添加的好友信息，输入添加好友消息，向对方发送添加好友请求。用例图如图 14-5 所示。

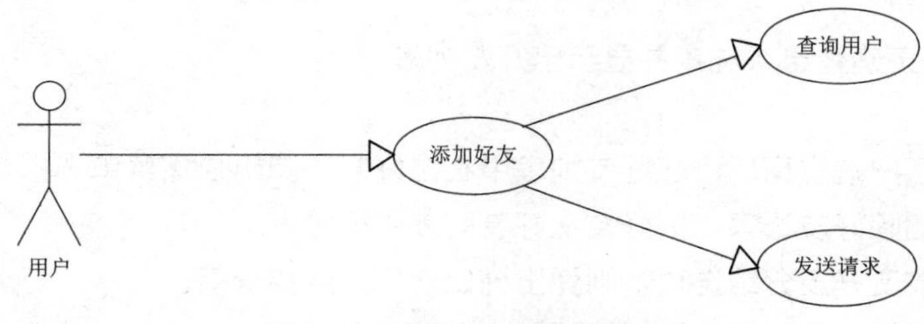

图 14-5　添加好友列表用例图

用例描述：根据查找的结果添加用户到好友列表，发送添加好友请求。

参与者：用户。

执行者：用户。

前置条件：正确登录软件并进入添加模块。

事件流：

（1）若添加陌生人可先使用查找功能添加，或者直接添加。

（2）若已知对方账号则可直接添加好友。

（3）添加成功后，更新好友列表。

后置条件：无。

5. 好友管理

在好友列表中，用户可以对选定好友执行删除、改变分组、加入黑名单和查看聊天记录等操作。好友管理用例图如图 14-6 所示。

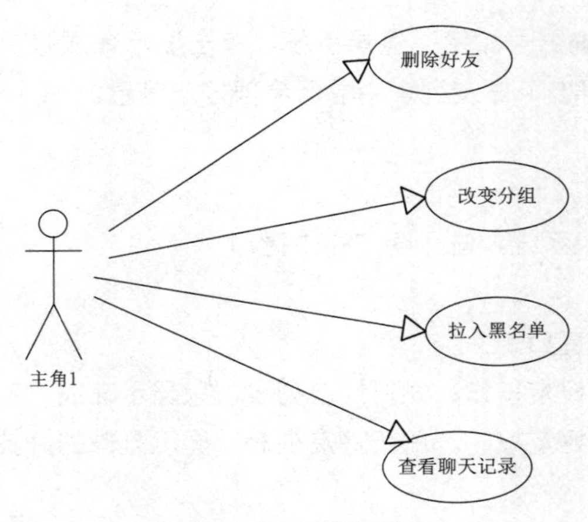

图 14-6　好友管理用例图

用例描述：用户可以对好友执行删除、改变分组、加入黑名单和查看聊天记录等操作。

参与者：用户。

执行者：用户。

前置条件：正确登录系统，并显示出好友列表。

事件流：

（1）进入客户端主窗口，在好友列表中右击好友，弹出快捷菜单选择相应操作。

（2）单击删除好友选项，则好友从好友列表中删除。

（3）单击改变好友分组选项，则弹出窗口让用户选择分组。

（4）单击拉入黑名单选项，则把好友加入到黑名单中。

（5）单击查看聊天记录选项，则弹出聊天记录窗口，显示与该好友的聊天信息。

（6）完成操作后，列表更新。

后置条件：无。

6. 聊天

用户可以选择自己的一个好友，进入聊天界面进行聊天，关闭与一个好友的聊天界面之后回到主界面。用例图如图 14-7 所示。

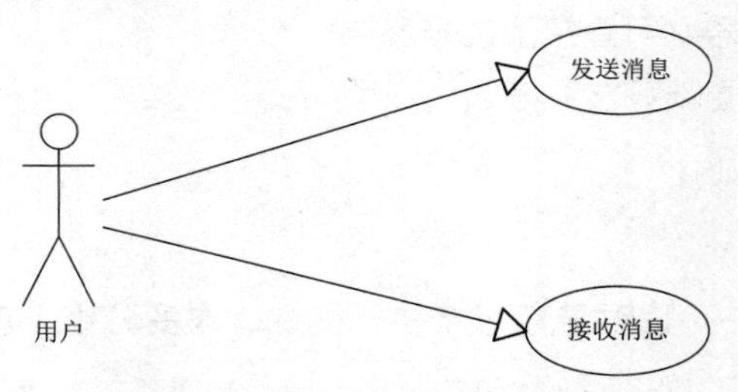

图 14-7　用户聊天通讯用例图

用例描述：用户可以根据自己的需要选择好友进行聊天。在此模块中，用户可以发送、接收信息。

参与者：用户。

执行者：用户。

前置条件：正确登录系统，并打开聊天窗口。

事件流：

（1）发送的信息能正确到达对应窗口。

（2）接收的信息能正确显示在窗口。

（3）当聊天结束，关闭窗口终止聊天。

（4）发送信息不能为空。

后置条件：关闭聊天窗口，回到主窗口，等待其他操作。

14.2 系统设计

系统设计其实就是系统建立的过程，根据前期所作的需求分析的结果，对整个系统进行设计，如系统框架、数据库设计等。

14.2.1 系统拓扑结构

本聊天系统采用客户机 / 服务器（C/S）的模式来设计，是一个 3 层的 C/S 结构：数据库服务器－＞应用程序服务器端－＞应用程序客户端。本系统包含两个子系统，客户端子系统和服务器端子系统。系统拓扑结构如图 14-8 所示。

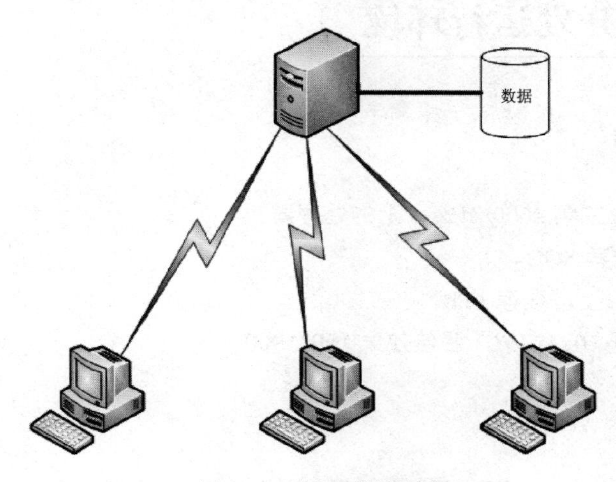

图 14-8　系统拓扑结构图

14.2.2 系统功能结构

利用层次图来表示系统中各模块之间的关系。层次方框图是用树形结构的一系列多层次的矩形框描绘数据的层次结构。其顶层是一个单独的矩形框，代表完整的数据结构，下面的各层矩形框代表各个数据的子集，最底层的各个矩形框代表组成这个数据的实际数据元素。随着结构的精细化，层次方框图对数据结构也描绘得越来越详细。从对顶层信息的分类开始，沿着图中每条路径反复细化，直到确定数据结构的全部细节为止。

即时聊天系统的功能结构图如图 14-9 所示。

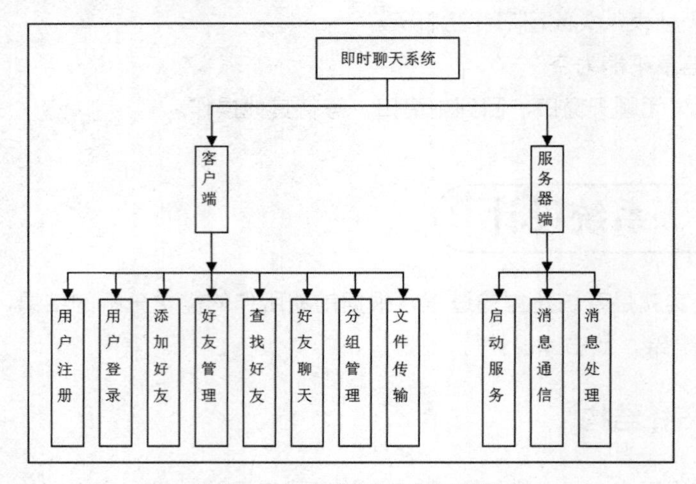

图 14-9　即时聊天系统功能结构图

14.3　开发运行环境

14.3.1　硬件环境

CPU：酷睿 I5，主频 2600MHz 以上的处理器。

内存：4GB，推荐 8GB。

硬盘：500GB 以上，推荐 1TB。

显示像素：最低 1024*768，最佳效果 1600*900。

14.3.2　软件环境

系统开发平台：Eclipse IDE，Version: Photon Release (4.8.0)。

系统开发语言：Java，version:jdk-8u173-windows-x64。

数据库：mysql8.0.12。

数据库管理软件：Navicat for MySQL。

操作系统：Windows10。

14.4 数据库与数据表设计

数据库设计是信息系统开发和建设中的核心任务，数据库设计的好坏将直接影响应用系统的效率以及实现效果。数据库如果设计不当，系统运行当中会产生大量的冗余数据，从而造成数据库的极度膨胀，影响系统的运行效率，甚至造成系统的崩溃。

14.4.1 系统数据库概念设计

在数据库概念结构设计阶段，要从用户需求的观点描述数据库的全局逻辑结构。概念模型的表示方法有很多，目前常用的是实体 - 联系方法，也称 E-R 方法，一种提供了表示实体型、属性和联系的方法，该方法用 E-R 图来描述现实世界的概念模型。

用户信息实体主要包括姓名、账号、密码、昵称、电话、电子邮箱等，其 E-R 图如图 14-10 所示。

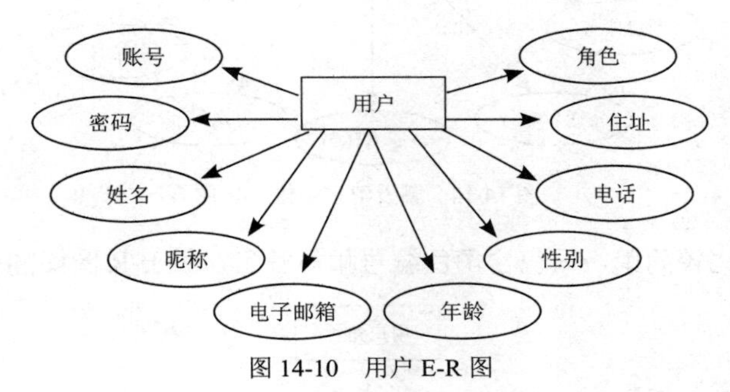

图 14-10 用户 E-R 图

用户分组信息实体比较简单，只包含分组编号和分组名，其 E-R 图如图 14-11 所示。

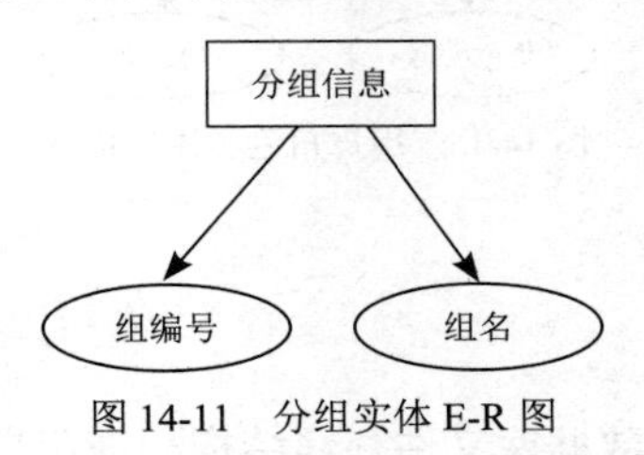

图 14-11 分组实体 E-R 图

添加好友记录实体主要包括请求用户账号、被请求用户账号、组号和备注，其 E-R 图如图 14-12 所示。

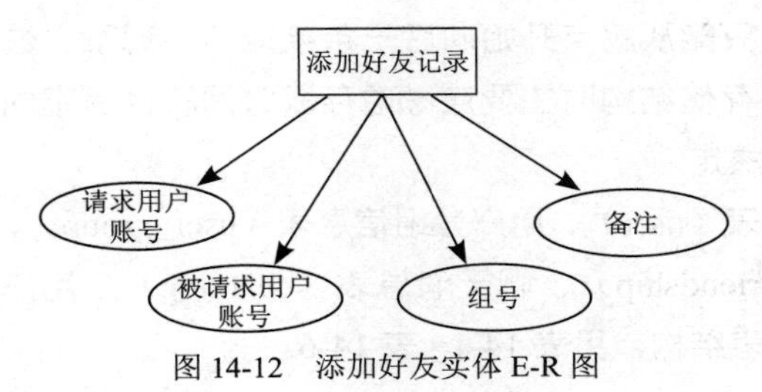

图 14-12 添加好友实体 E-R 图

好友信息实体主要包括用户账号、好友账号、组号和备注信息等，其 E-R 图如图 14-13 所示。

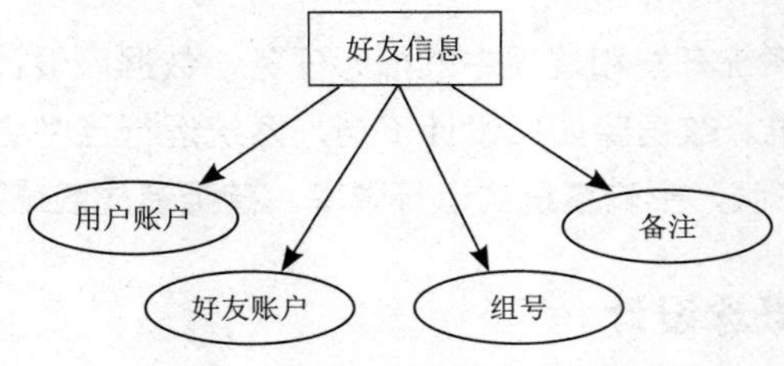

图 14-13　好友信息实体 E-R 图

聊天消息实体主要包括消息序号、发送者账号、接收者账号、发送时间和消息内容等，其 E-R 图如图 14-14 所示。

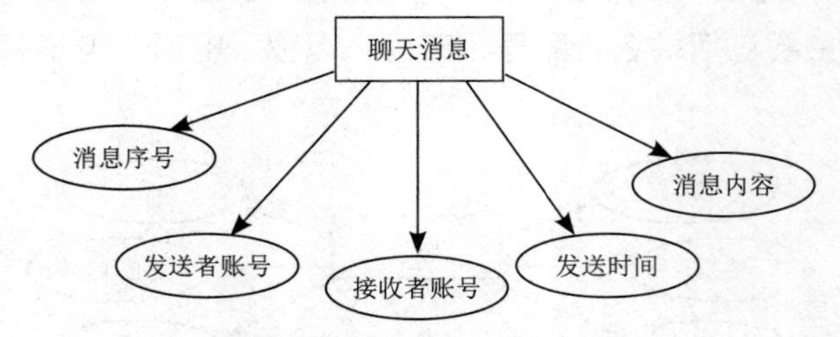

图 14-14　聊天消息实体 E-R 图

用户角色实体比较简单，只包含角色编号和角色名，其 E-R 图如图 14-15 所示。

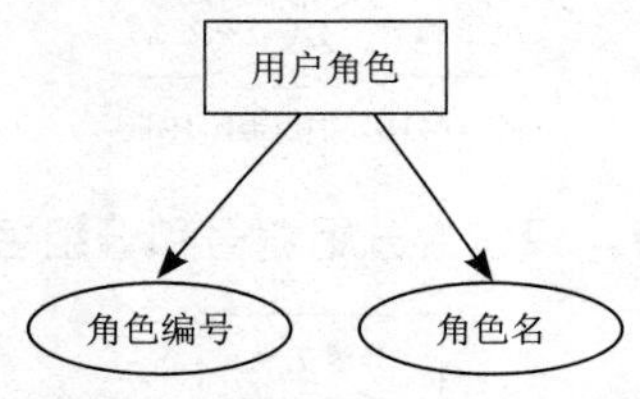

图 14-15　用户角色实体 E-R 图

14.4.2　数据库物理设计

数据库物理设计主要解决数据库文件存储结构和确定文件存取方法，其内容包括：选择存储结构、确定存取方法、选择存取路径、确定数据的存放位置等。在数据库中访问数据的路径主要表现为如何建立索引，如要直接定位到所要查找的记录，应采用索引存取方法（索引表），顺序表只能从起点开始向后一条条地访问记录。数据库的物理实现取决于特定的 DBMS，在规划存储结构时主要应考虑存取时间和存储空间，这两者通常是互相矛盾的，要根据实际情况决定。

本系统设计了用户表（user）、用户分组信息表（user_group）、添加好友记录表（add_info）、好友信息表（friendship）、聊天消息表（chat_log）、用户角色表（roles）等 6 个数据表。下面给出数据表结构，见表 14-1~ 表 14-6。

表 14-1 用户信息表（user）

字段名	数据类型	可否为空	长度	描　述
userid	字符型	NOT NULL	20	用户账号，主键
username	字符型	NOT NULL	20	用户名
nickname	字符型		50	昵称
telephone	字符型		20	电话
email	字符型		50	电子邮箱
age	字符型		11	年龄
sex	字符型		2	性别
address	字符型		200	住址
roleid	字符型		10	角色编号
question	字符型		16	问题
pass	字符型		20	密码
online	字符型		2	在线状态

表 14-2 用户分组信息表（user_group）

字段名	数据类型	可否为空	长度	描　述
groupid	字符型	NOT NULL	10	分组编号，主键
groupname	字符型	NOT NULL	20	分组名

表 14-3 添加好友记录表（addinfo）

字段名	数据类型	可否为空	长度	描　述
userid	字符型	NOT NULL	20	请求者用户账号
targetid	字符型	NOT NULL	20	被请求者用户账号
groupid	字符型		10	分组号
remark	字符型		100	备注

表 14-4 好友信息表（friendship）

字段名	数据类型	可否为空	长度	描　述
userid	字符型	NOT NULL	20	用户账号
friendid	字符型	NOT NULL	20	好友账号
groupid	字符型		10	分组号
remark	字符型		100	备注

表 14-5 聊天信息表（chat_log）

字段名	数据类型	可否为空	长度	描　述
id	数字型		10	流水号，主键
sendid	字符型	NOT NULL	20	发送者账号
recevieid	字符型		20	接收者账号
sendtime	字符型		200	发送时间
sendconent	字符型		200	消息内容

表 14-6 用户角色表（roles）

字段名	数据类型	可否为空	长度	描 述
roleid	字符型	NOT NULL	20	角色编号，主键
rolename	字符型	NOT NULL	20	角色名称

14.5 系统文件夹组织结构

在进行系统开发之前，需要规划文件夹组织结构，也就是说，建立多个文件夹，对各个功能模块进行划分，实现统一管理。这样做的好处在于：易于开发、管理和维护。本系统的文件夹组织结构如图 14-16 所示。

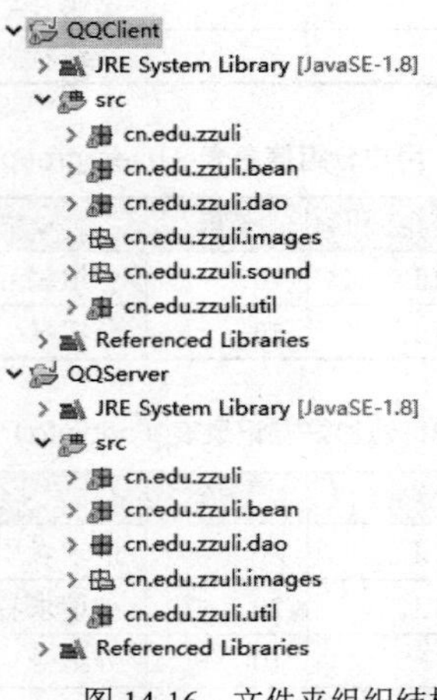

图 14-16 文件夹组织结构

14.6 公共类设计

开发项目时，通过编写公共类可以减少重复代码，有利于代码的重用和维护。本系统中创建一个数据库操作公共类，主要用来执行 SQL 语句。

JdbcUtil.java

该类是数据库访问类，包括驱动程序的加载、建立数据库连接等，各功能模块界面通过该类完成对数据库的访问操作。代码如下：

```
package cn.edu.zzuli.util;


import java.io.IOException;
import java.io.InputStream;
import java.sql.*;
```

```
import java.util.Properties;
import java.util.logging.Level;
import java.util.logging.Logger;
public class JdbcUtil {
  // 驱动类的路径
  private static String driverClass = null;
  // 连接数据库使用的 url
  private static String url = null;
  // 用户名和密码
  private static String user = null;
  private static String password = null;
  private static Connection connection = null;

  static {
    try {
      user="root";
      password="root";
      driverClass="com.mysql.jdbc.Driver";
url="jdbc:mysql://localhost:3306/chat_db?useUnicode=true&autoReconnect=true&characterEncoding=UTF-8";
      Class.forName(driverClass);
    } catch (ClassNotFoundException e) {
      e.printStackTrace();
    } catch (Exception e) {
      e.printStackTrace();
      Logger.getLogger(JdbcUtil.class.getName()).log(Level.SEVERE, null, e);
    }
  }
  // 静态方法，获取连接对象
  public static Connection getConnection() throws SQLException {
    return DriverManager.getConnection(url, user, password);
  }

  // 静态方法，获得 statement 对象
  public static Statement getStatement() throws SQLException {
    connection = getConnection();
    return connection.createStatement();
  }
  public static void release() {
    if (connection != null) {
      try {
        connection.close();
      } catch (SQLException e) {
```

```
            e.printStackTrace();
        }
    }
}

public static void release(Statement statement) {
    release(statement, null);
}

// 静态方法 用来释放资源
// 如果想要释放 Connection 对象，需要调用 Connection 对象的 close() 方法
// 然后在 release 方法中调用该对象的 close() 方法
// 释放资源 Statement 对象与 ResultSet 对象同理
public static void release(Statement statement, ResultSet resultSet) {
    release();
    if (statement != null) {
        try {
            statement.close();
        } catch (SQLException e) {
            e.printStackTrace();
        }
        if (resultSet != null) {
            try {
                resultSet.close();
            } catch (SQLException e) {
                e.printStackTrace();
            }
        }
    }
}
}
```

14.7 服务器端程序设计

14.7.1 服务器端程序主窗体

服务器端程序只有一个窗口，在该窗口中可以设定在指定的 IP 地址和端口号下监听客户端的连接，如图 14-17 所示。

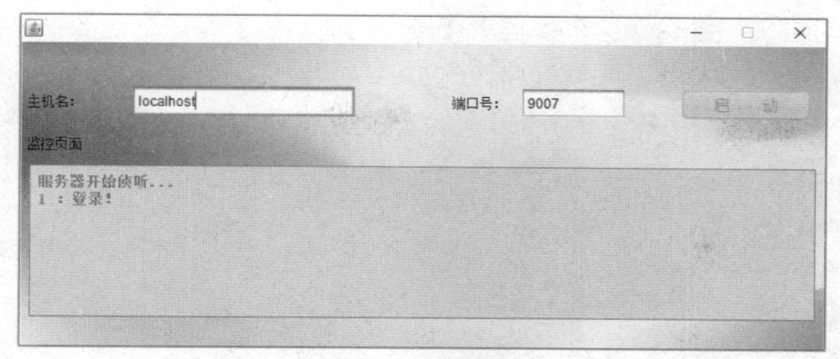

图 14-17 服务器端主窗口

单击“启动”按钮会启动一个 ReveiveTwo 线程来负责与客户端进行通信，启动服务器的主要代码如下：

```
private javax.swing.JButton btnStart;
btnStart = new javax.swing.JButton();
btnStart.setBackground(new java.awt.Color(255, 255, 255));
    btnStart.setFont(new java.awt.Font(" 幼圆 ", 0, 14)); // NOI18N
    btnStart.setText(" 启   动 ");
    btnStart.setOpaque(false);
    btnStart.addActionListener(new ActionListener() {
      public void actionPerformed(java.awt.event.ActionEvent evt) {
        btnStartActionPerformed(evt);
      }
    });
private void btnStartActionPerformed(ActionEvent evt) {
    // TODO add your handling code here:
    try {
      String hostName = txtHostName.getText();
      int hostPort = Integer.parseInt(txtHostPort.getText());
      DatagramSocket serverSocket = new DatagramSocket(hostPort);
      txtArea.append(" 服务器开始侦听 ...\n");
      Thread recvThread = new ReceiveTwo(serverSocket, getServerUI());
      recvThread.start();
    } catch (IOException e){
      JOptionPane.showMessageDialog(null, e.getMessage(), " 错误提示 ", JOptionPane.ERROR_MESSAGE);
    }
    btnStart.setEnabled(false);
  }
```

14.7.2 服务器端消息处理线程的设计

服务器端的核心是对应客户的线程，它负责与客户端进行通信。在服务器端窗口中单

击“启动”按钮会创建并启动这个线程，在设定的端口接受客户端的数据并对数据进行解析处理，ReceiveTwo 线程类的主要程序代码如下：

```
package cn.edu.zzuli.util;
public class ReceiveTwo extends Thread {
  private DatagramSocket serverSocket;
  private DatagramPacket packet;
  private List<User> userList = new ArrayList<User>();
  private byte[] data = new byte[8096];
  private ServerUI parentUI;
  public ReceiveTwo(DatagramSocket socket, ServerUI parentUI) {
    serverSocket = socket;
    this.parentUI = parentUI;
  }
  @Override
  public void run() {
    while (true) {
      try {
        packet = new DatagramPacket(data, data.length);
        serverSocket.receive(packet);
        // 收到的数据转换为消息对象
        Message msg = (Message) Translate.ByteToObject(packet.getData());
        String userId = msg.getUserId();
        String targetId = msg.getTargetId();
// 判断消息类型
        if (msg.getType().equalsIgnoreCase("M_LOGIN")) {
            Message backMsg = new Message();
            backMsg.setType("M_SUCCESS");
            byte[] buf = Translate.ObjectToByte(backMsg);
            DatagramPacket backPacket = new DatagramPacket(buf, buf.length, packet.getAddress(), packet.
getPort());
            serverSocket.send(backPacket);
            User user = new User();
            user.setUserId(userId);
            user.setPacket(packet);
            userList.add(user);
            parentUI.getArea().append(userId + "：登录！ \n");
            for (int i = 0; i < userList.size(); i++) {
              if (!userId.equalsIgnoreCase(userList.get(i).getUserId())) {
               DatagramPacket oldPacket = userList.get(i).getPacket();
               DatagramPacket newPacket = new DatagramPacket(data,
   data.length, oldPacket.getAddress(), oldPacket.getPort());
```

```
                serverSocket.send(newPacket);
            }
            Message other = new Message();
            other.setUserId(userList.get(i).getUserId());
            other.setType("M_ACK");
            byte[] buffer = Translate.ObjectToByte(other);
            DatagramPacket newPacket = new
DatagramPacket(buffer, buffer.length, packet.getAddress(), packet.getPort());
            serverSocket.send(newPacket);
        } // end for
    } else if (msg.getType().equalsIgnoreCase("M_MSG")) {
        int flag = -1;
        for (int i = 0; i < userList.size(); i++) {
            if (userList.get(i).getUserId().equals(targetId)) {
                flag = i;
                break;
            }
        }
        if (flag == -1) {
            System.out.println("---- 用户 "+targetId+" 未上线 ------");
            flag=0;
            for (int i = 0; i < userList.size(); i++) {
                if (userList.get(i).getUserId().equals(userId)) {
                    flag = i;
                    break;
                }
            }
            Message other = new Message();
            other.setUserId(userList.get(flag).getUserId());
            other.setTargetId(userList.get(flag).getUserId());
            other.setType("M_MSG");
            other.setText(" 提醒：该用户未使用系统上线！！！ \n");
            System.out.println("---- 用户 "+targetId+" 未上线 ------1");
            byte[] buffer1 = Translate.ObjectToByte(other);
            DatagramPacket oldPacket = userList.get(flag).getPacket();
            DatagramPacket newPacket = new DatagramPacket(buffer1,
buffer1.length, oldPacket.getAddress(), oldPacket.getPort());
            serverSocket.send(newPacket);
        } else {
            parentUI.getArea().append(userId + " 说： " +
msg.getText() + "--->" + targetId + "\n");
            Date day = new Date();
```

```
                    SimpleDateFormat df = new
SimpleDateFormat("yyyy-MM-dd HH:mm:ss");
                    ChatLog chatLog = new ChatLog(); // 存入聊天记录
                    chatLog.setSenderid(userId);
                    chatLog.setReceiverid(targetId);
                    chatLog.setSendtime(df.format(day));
                    chatLog.setSendcontent(msg.getText());
                    ChatLogDao.addchatlog(chatLog);
                    DatagramPacket oldPacket = userList.get(flag).getPacket();
                    DatagramPacket newPacket = new DatagramPacket(data,
data.length, oldPacket.getAddress(), oldPacket.getPort());
                    serverSocket.send(newPacket);
                }
            }else if (msg.getType().equalsIgnoreCase("M_CLOSE")) {
                int flag =-1;
                for (int i = 0; i < userList.size(); i++) {
                    if (userList.get(i).getUserId().equals(userId)) {
                        flag = i;
                        break;
                    }
                }
                Message other = new Message();
                other.setUserId(userList.get(flag).getUserId());
                other.setTargetId(userList.get(flag).getUserId());
                other.setType("M_MSG");
                other.setText("STOPTHREAD");
                byte[] buffer1 = Translate.ObjectToByte(other);
                DatagramPacket oldPacket = userList.get(flag).getPacket();
                DatagramPacket newPacket = new DatagramPacket(buffer1,
buffer1.length, oldPacket.getAddress(), oldPacket.getPort());
                serverSocket.send(newPacket);
            } else if (msg.getType().equalsIgnoreCase("M_QUIT")) {
                parentUI.getArea().append(userId + "： 下线 \n");
                for (int i = 0; i < userList.size(); i++) {
                    if (userList.get(i).getUserId().equals(userId)) {
                        userList.remove(i);
                        break;
                    }
                }//end for
                for (int i = 0; i < userList.size(); i++) {
                    DatagramPacket oldPacket = userList.get(i).getPacket();
                    DatagramPacket newPacket = new DatagramPacket(data,
```

```
data.length, oldPacket.getAddress(), oldPacket.getPort());
                    serverSocket.send(newPacket);
                }
            }
        } catch (IOException | NumberFormatException e) {
        }
    }
  }
}
```

14.8 客户端程序设计

14.8.1 客户端登录

运行客户端程序，首先打开的是登录窗口，当正确输入用户名和密码后，单击“登录”按钮，将会把输入的用户账号和密码发送到服务器端进行验证，验证无误后，进入客户端主界面，如图 14-18 所示。

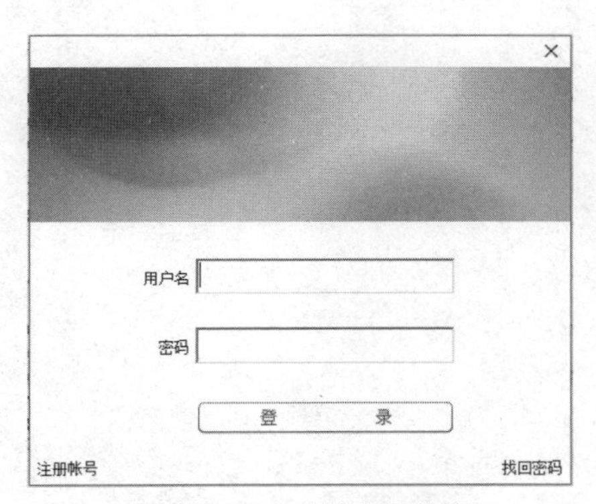

图 14-18　客户端登录界面

登录按钮单击的事件处理程序如下所示：

```
private void btnLoginActionPerformed(java.awt.event.ActionEvent evt) {
    try {
        String id = txtUserId.getText();
        String password = String.valueOf(txtPassword.getText());
        if ("".equals(id) ||"".equals(password)||" 请输入账号 ......".equals(id) ||" 请输入密码 ......".equals(password)) {
            JOptionPane.showMessageDialog(null, " 账号或密码不能为空！ ", " 错误提示 ", JOptionPane.ERROR_
MESSAGE);
            return;
```

```
}
if(Userdao.getloginrs(id, password)==1){
  if(Userdao.finduserIn(id)==1){
    JOptionPane.showMessageDialog(null, " 用户已在线！ ", " 登录失败 ", JOptionPane.ERROR_MESSAGE);
    return ;
  }
// 获取服务器端口和地址
String remoteName = "localhost";
InetAddress remoteAddr = InetAddress.getByName(remoteName);
int remotePort = Integer.parseInt("9007");
// 创建 UDP 套接字
DatagramSocket clientSocket = new DatagramSocket();
clientSocket.setSoTimeout(3000);
// 构建用户登录信息
Message msg = new Message();
msg.setUserId(id);
msg.setPassword(password);
msg.setType("M_LOGIN");
msg.setToAddr(remoteAddr);
msg.setToPort(remotePort);
byte[] data = Translate.ObjectToByte(msg);
// 定义登录报文
DatagramPacket packet = new DatagramPacket(data, data.length, remoteAddr, remotePort);
// 发送登录报文
clientSocket.send(packet);
// 接受服务器回送的报文
DatagramPacket backPacket = new DatagramPacket(data, data.length);
clientSocket.receive(backPacket);
clientSocket.setSoTimeout(0);                    // 取消超时时间
Message backMsg = (Message) Translate.ByteToObject(data);
// 处理登录结果
if (backMsg.getType().equalsIgnoreCase("M_SUCCESS")) {
  this.dispose();
  MainFrame mainFrame = new MainFrame(clientSocket, msg,id);
  Dimension dim1 = Toolkit.getDefaultToolkit().getScreenSize();
  Dimension dim2 =mainFrame.getSize();
  int x = (int)dim1.getWidth()*3/4;
  int y = (int)dim1.getHeight()/3-(int)dim2.getHeight()/2;
  mainFrame.setLocation(x,y);
  mainFrame.setTitle(msg.getUserId());
  mainFrame.setUserID(msg.getUserId());
```

```
            Userdao.makeuserIn(id);
            JOptionPane.showMessageDialog(null, "      登录成功！  ", " 登录成功 ", JOptionPane.PLAIN_MESSAGE);
            mainFrame.setVisible(true);
        }else{
            JOptionPane.showMessageDialog(null, " 登录失败！  ", " 登录失败 ", JOptionPane.ERROR_MESSAGE);
        }
        } else {
         JOptionPane.showMessageDialog(null, " 用户 ID 或密码错误！  ", " 登录失败 ", JOptionPane.ERROR_MESSAGE);
        }
    } catch (IOException e) {
        JOptionPane.showMessageDialog(null," 连接超时 ", " 登录失败 ", JOptionPane.ERROR_MESSAGE);
    }
}
```

14.8.2 客户端注册用户

运行客户端程序打开登录窗口后，如果没有账号，单击窗口左下角的“注册账号”标签可以打开注册账号窗口，如图 14-19 所示。

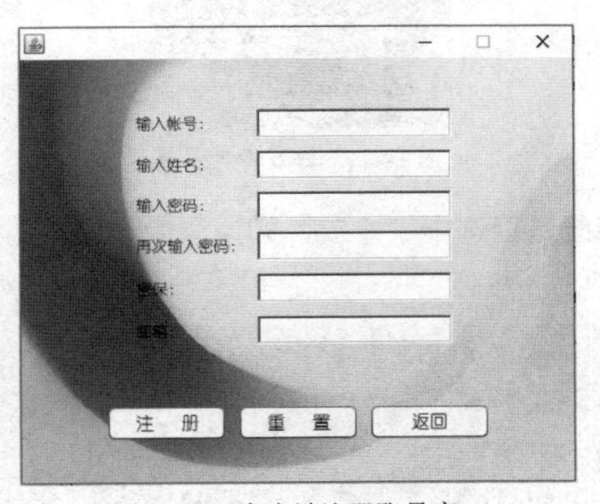

图 14-19 客户端注册账号窗口

输入注册信息后，单击注册按钮，检查所有输入项是否都不为空、输入的账号是否已经存在、两次输入的密码是否一致、邮箱格式是否正确等，如果所有检查都没有问题，注册信息写入数据库，否则给出提示信息。

14.8.3 客户端主窗口

在登录窗口中如果登录成功，将会打开客户端主窗口，如图 14-20 所示。在客户端主窗体中可以进行好友管理、添加好友、查看修改个人信息和刷新好友列表等功能。

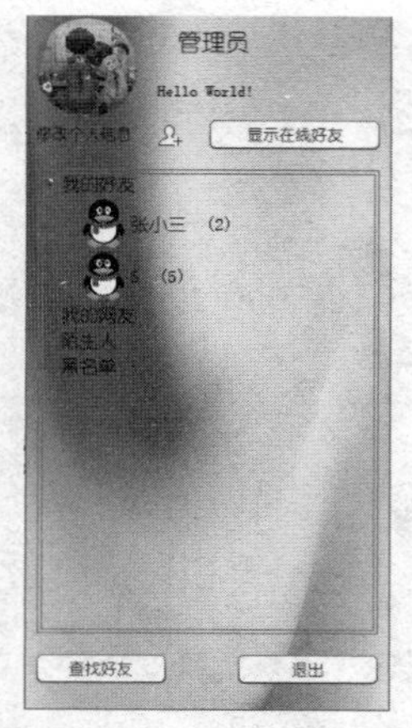

图 14-20　客户端主窗体

14.8.4　好友管理

在客户端主窗口中右击好友名称，在弹出的快捷菜单中可以选择删除好友、改变好友分组、拉入黑名单和查看聊天记录等功能，如图 14-21 所示。

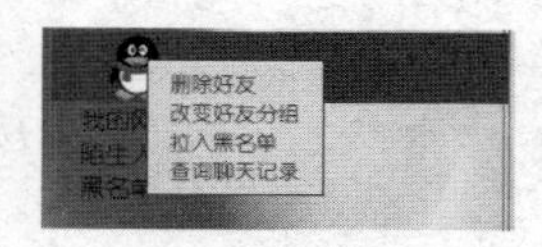

图 14-21　好友管理菜单

删除好友操作首先判断是否选中了好友，如果选中了好友，则在数据库中删除好友关系。核心代码如下：

```
private void DeleteFriendActionPerformed(java.awt.event.ActionEvent evt) {
    if (UserTree.getLastSelectedPathComponent() != null) {
      String temp = UserTree.getLastSelectedPathComponent().toString();
      if (!" 我的好友 ".equals(temp) && !" 我的网友 ".equals(temp) && !" 黑名单
".equals(temp) && !" 陌生人 ".equals(temp)) {
          temp=new SubStr().subStr(temp,"(",")");
          if(Userdao.deleteship(username.getText(), temp)==1){
            JOptionPane.showMessageDialog(null, " 删除成功 ",
" 删除提示 ", JOptionPane.OK_OPTION);
            Userdao.friendTree(username.getText(), this);
          }else{
            JOptionPane.showMessageDialog(null, " 删除失败 ", " 删除提示 ",
JOptionPane.ERROR);
          }
      }
```

```
        }
    }
```

改变好友分组可以把好友从一个分组移动到另一个分组。

拉入黑名单实际上就是把好友移动到黑名单分组中，移动到黑名单的用户不能进行消息通信。

14.8.5 查找好友

单击主窗体上的查找好友按钮，可以打开查找好友窗口，如图 14-22 所示。

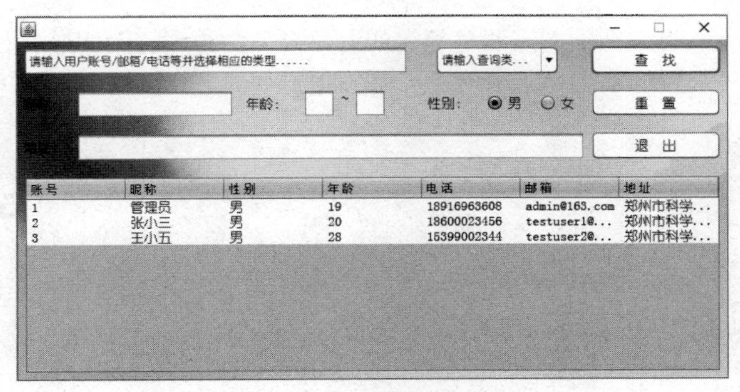

图 14-22 查找好友窗口

查找好友可以根据好友的账号、邮箱、电话、昵称、年龄段、性别和地址进行查询，查询结果以列表的形式显示出来。

在查找的好友列表中双击一条记录，打开添加好友窗口，如图 14-23 所示。单击添加按钮并选择分组，完成添加好友请求。

图 14-23 添加好友窗口

14.8.6 好友聊天

在客户端主窗体双击好友图标打开聊天窗口，如图 14-24 所示，在聊天窗口可以向好友发送消息，也可以显示好友发送过来的消息。

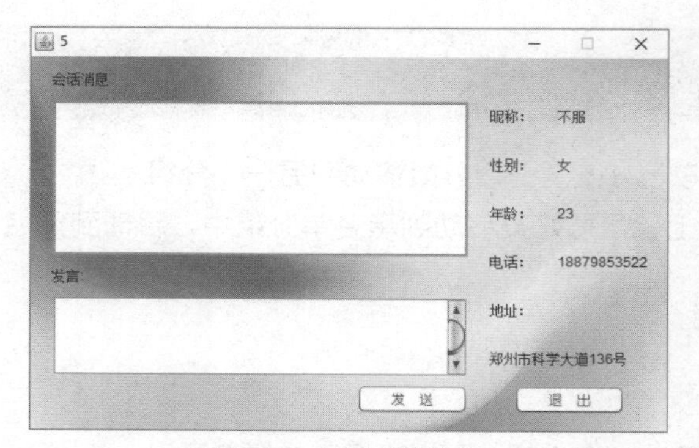

图 14-24 好友聊天窗口

发送消息过程：首先把输入的消息打包成消息报文，再通过 UDP 协议发送出去，具体处理过程如下：

```
private void btnSendActionPerformed(java.awt.event.ActionEvent evt) {
    if(txtInput.getText().equals("")){
        JOptionPane.showMessageDialog(null, " 发送内容不能为空！ ",
" 错误提示 ", JOptionPane.ERROR_MESSAGE);
        return ;
    }
    try {
        msg.setText(txtInput.getText());
        msg.setType("M_MSG");
        data = Translate.ObjectToByte(msg);
        // 构建发送报文
        DatagramPacket packet = new DatagramPacket(data, data.length,
msg.getToAddr(), msg.getToPort());
        clientSocket.send(packet);
        txtInput.setText("");
        txtArea.append(Userdao.getNickname(msg.getUserId()) + " 说： " +
msg.getText() + "\n");
    } catch (IOException e) {
        JOptionPane.showMessageDialog(null, e.getMessage(), " 错误提示 ",
JOptionPane.ERROR_MESSAGE);
    }
}
```

消息的接收和显示由同一个线程来完成，客户端接收消息线程类程序代码如下：

```
public class Receivelogin1 extends Thread {
  private final DatagramSocket clientSocket;
  private final byte[] data = new byte[8096];
```

```
    private final DefaultListModel listModel = new DefaultListModel();
    private final TwoClientUI parentUI;
    public Receivelogin1(DatagramSocket socket, TwoClientUI parentUI) {
        clientSocket = socket;
        this.parentUI = parentUI;
    }
    @Override
    public void run() {
        while (true) {
            try {
                DatagramPacket packet = new DatagramPacket(data, data.length);
                clientSocket.receive(packet);
                Message msg = (Message) Translate.ByteToObject(data); // 还原消息
                String userId = msg.getUserId();
                if (msg.getType().equalsIgnoreCase("M_MSG")) { // 新消息提示
                    System.out.println("----" +userId +"---->>>"+msg.getTargetId() +
"----"+msg.getText());
                    if (!msg.getTargetId().equals(msg.getUserId())) {
                        System.out.println(" 正常 .... 我是 "+userId+" 的窗口 ....");
                        parentUI.getArea().append(Userdao.getNickname(userId) +
" 说： " + msg.getText() + "\n");
                    } else{
                        if("STOPTHREAD".equals(msg.getText())){
                            stop();
                        }else{
                        System.out.println(" 不正常 ....");
                        parentUI.getArea().append("admin: 异常，请重新登录 ....\n");
                        parentUI.getInupt().setEditable(false);
                        }
                    }
                }
            } catch (IOException e) {
                JOptionPane.showMessageDialog(null, e.getMessage(), " 错误提示 ",
JOptionPane.ERROR_MESSAGE);
            }
        }
    }
}
```

基于篇幅所限，这里只列出系统的部分功能及代码，其他的就不再一一列举了，有兴趣的读者可以参看随书光盘，通过构建系统运行环境、运行系统程序，相信您一定能够更加详尽地了解系统使用的技术和系统的功能。

强化练习

本章从系统需求分析、系统设计、系统实现、系统的运行与发布等环节，给出了即时聊天系统的设计与开发的基本过程。通过本章的学习，读者可以了解 Java 应用程序的开发流程以及窗体设计、事件监听、数据库访问、网络通信等技术，提高程序开发的能力。

练习 1:

熟悉软件的开发流程，为本章介绍的即时聊天系统添加功能，服务端增加对用户的权限进行设定的功能，可以对用户进行锁定并能够设计锁定时间，服务器端增加统计分析功能，可以分别以年龄、性别、区域等进行统计分析，还可以增加消息过滤功能，使系统更加完善。

练习 2:

试设计一图书信息管理系统，使之能提供以下功能：

（1）图书信息包括：登录号、书名、作者名、分类号、出版单位、出版时间、价格等；

（2）具有良好的图形用户界面；

（3）图书信息录入功能；

（4）图书信息浏览功能；

（5）查询和排序功能，可按多种方式进行模糊查询；

（6）图书信息的删除与修改。

参 考 文 献

[1] 陈铁，姚晓昆 . Java 程序设计实验指导 [M]. 北京：清华大学出版社，2006.

[2] 杨昭 . 二级 Java 语言程序设计教程 [M]. 北京：中国水利水电出版社，2006.

[3] 赵文靖 . Java 程序设计基础与上机指导 [M]. 北京：清华大学出版社，2006.

[4] 赵毅 . 跨平台程序设计语言——Java[M]. 西安：西安电子科技大学出版社，2006.

[5] 王路群 . Java 高级程序设计 [M]. 北京：中国水利水电出版社，2006.

[6] 雍俊海 . Java 程序设计习题集 [M]. 北京：清华大学出版社，2006.

[7] 朱福喜 . Java 语言习题与解析 [M]. 北京：清华大学出版社，2006.